U0176088

中国科学院近海海洋观测研究网络
黄海站、东海站观测数据图集Ⅲ—Ⅳ

刘长华　王春晓
王　旭　贾思洋　王彦俊　著

海洋出版社
2022年·北京

图书在版编目(CIP)数据

中国科学院近海海洋观测研究网络黄海站、东海站观测数据图集. Ⅲ—Ⅳ / 刘长华等著. —北京：海洋出版社, 2022.5

ISBN 978-7-5210-0698-8

Ⅰ. ①中… Ⅱ. ①刘… Ⅲ. ①黄海－海洋站－海洋监测－数据集②东海－海洋站－海洋监测－数据集 Ⅳ. ①P717

中国版本图书馆CIP数据核字(2022)第075560号

中国科学院近海海洋观测研究网络

黄海站、东海站观测数据图集Ⅲ—Ⅳ

ZHONGGUO KEXUEYUAN JINHAI HAIYANG GUANCE YANJIU WANGLUO

HUANGHAI ZHAN, DONGHAI ZHAN GUANCE SHUJU TUJI Ⅲ—Ⅳ

策划编辑：白　燕
责任编辑：程净净
责任印制：安　淼

海洋出版社出版发行
http://www.oceanpress.com.cn
北京市海淀区大慧寺路 8 号　邮编：100081
鸿博昊天科技有限公司印刷　新华书店总经销
2022年5月第1版　2022年5月第1次印刷
开本：889mm × 1194mm　1 / 16　印张：12.5
字数：330千字　定价：150.00元

发行部：010-62100090　邮购部：010-62100072　总编室：010-62100034

本数据图集出版得到以下项目支持

- 国家自然科学基金（41876102）
- 中国科学院科研仪器设备研制项目（YJKYYQ20210027）
- 中国科学院网络安全和信息化专项（CAS-WX2021SF-0503）
- 中国科学院仪器设备功能开发项目“基于浮标载体的海洋可视化系统研制”
- 中国科学院战略性先导专项（A 类）地球大数据科学工程（XDA19020303）

序

海洋观测数据是海洋研究的基础，海洋科学源于观测；持续获取有效、高质量、连续的海洋观测数据是海洋科学家持之以恒的追求目标，因为只有以此为前提，才有可能更加深入地理解和认知海洋。所以，坚持获取高质量的连续海洋观测数据是一项十分重要的工作，且实属不易！这本图集即是如此，图集成册于 2022 年，2012—2013 年间获取的观测数据已过去将近 10 年，毕十年之功而成此图集，更可看出该项工作的不易。

客观地说，从观测获得的曲线来看，数据的连续性不理想，数据曲线的连续性较之以前和以后的都有较大的差距，而且有些浮标数据缺测情况较多，甚至有些参数连续几个月都不能正常获取，但为何还要出此图集呢？原因有二：一是系统图集的出版意义不一般，保持其整体的连续性尤其重要；二是以不理想数据的形式同时也记录和展示海洋观测工作的不易。因此，经过作者及其团队不断地努力，将两个年度的数据通过数据质量的校核，精选出部分相对较高质量的数据曲线，形成本图集并正式出版，实在难能可贵！

本图集数据形成困难源于 2012—2013 年间，黄海海洋观测研究站和东海海洋观测研究站运行管理处于较重大的调整期，前后衔接有些问题。2012 年 5 月，根据中国科学院海洋研究所的总体工作布局调整，组建公共技术服务与管理中心，统一负责浮标观测和数据整理及室内分析测试等工作。中国科学院黄海海洋观测研究站和东海海洋观测研究站因为工作内容基本相同，在研究所层面统一划归公共技术服务与管理中心办公室管理和运行。这是两个院级野外台站在具体运行业务层面上的重组，实质上，此布局更有利于野外台站技术队伍的锻炼和培养，在具体的管理体制机制上也更加科学、系统、高效和节约资源。但是，真正重组后，在具体的管理和运行过程中，无论是组织管理层面，还是技术应用层面，都是一个逐步适应变化的过程。在组织管理上，队伍需要重新组建和磨合，新技术队伍对工作内容的熟悉需要一定的时间；在技术方面，各海域浮标观测系统自 2009 年正式开始运行，由于海洋环境的恶劣和部分观测浮标采用的数据采集技术不成熟，浮标观测出现不稳定的情况越来越严重，浮标维护不及时，数据中断现象时有发生，导致数据获取的不连续。两个野外台站的管理和运行压力大增，他们既要应对管理运行体制机制上的变革，也要进行实际外海的浮标运行维护，可谓困难重重！

幸运的是，他们团结一致、攻坚克难，通过多措并举，逐步实现了浮标观测的平稳过渡与稳定运行。通过积极培养技术队伍，大胆尝试新技术应用，更换不稳定浮标观测系统的核心数据采集器，在相对不长的时间内，两个野外台站基本实现了观测数据的正常获取。

作者及其团队已经连续出版两个野外台站的浮标观测数据曲线图集 6 册，自 2009 年开始，最近的已经出版到 2017 年，由于上述种种原因，唯独缺少 2012 年和 2013 年两个年度的数据图集，这册图集正式出版就弥补了 2012—2013 年数据观测缺失的状况，这样 2009—2017 年共 9 个年度的系列图集就齐备完整，这充分证明了这支团队具有的认真、严谨、坚韧不拔的工作作风。更重要的是，这系列完整图集的出版必将发挥其连续观测数据应有的作用，为业务化应用和海洋科学研究提供基础性资料，在海洋高质量发展和海洋强国建设中起到基石的功能。

2022 年元月 10 日

前　言

无论是科学上对海洋环境、海洋生态系统及气候系统的认识，还是社会经济上对如在近海的养殖和捕捞、海底矿产资源的开发、海洋减灾防灾、海上航行与作业保障、海上军事活动安全保障、中长期天气气候预测等的应用，都对海洋观测提出了越来越高的要求，希望增强获取海洋数据的能力，以满足国家发展和安全的需要。

海洋观测网络的建设是有效提升获取海洋数据能力的重要技术设施，也是开展海洋环境数据长期、连续获取的技术支撑体系，观测范围由点组成，以点带线、带面，构成完备的观测系统。自2007年以来，我国在观测网络建设方面的进步成绩斐然，主要有西太平洋深海科学观测网、南海潜标观测网和中国科学院近海观测研究网络三大体系。

西太平洋深海科学观测网是中国科学院海洋研究所在战略性先导专项“热带西太平洋海洋系统物质能量交换及其影响”的支持下，在热带西太平洋区域，自主建立的国际领先面向深海的观测网络。该观测网络覆盖的区域拥有全球海洋中最大的暖水体——热带西太平洋暖池、全球最强劲的 Walker 环流和 Hadley 环流的对流中心和上升流分支。暖池在赤道太平洋上的东西移动及相应的大气环流变化，通过季风系统深刻地影响着我国气候的变化。西太平洋深海科学观测网于 2013 年开始规划建设，2014 年开始船基的综合考察和第一批潜标布放，2015 年成功回收第一批潜标，获取到宝贵的第一批潜标数据。西太平洋深海科学观测网经过多年的建设，已经建设完成 20 套深海潜标和 4 套大型浮标，通过这些设备稳定获取到大量的连续观测数据，使我国深海连续和实时观测能力稳步提升。

南海潜标观测网是中国海洋大学建设的。自 2009 年以来，中国海洋大学在南海连续布放潜标观测系统，构建了国际上规模最大的区域潜标网——南海潜标观测网，完成了南海深海盆地潜标观测的全覆盖，观测海域横跨吕宋海域、南海深海盆、南海东北部和西北部陆坡陆架区，实现了对南海大尺度环流、中尺度涡、小尺度内波、微尺度混合等多尺度海洋动力过程的长期连续观测。截至 2017 年，南海潜标观测网累计布放潜标 304 套次，回收成功率 100%，目前南海潜标观测网保持同时在位观测潜标 42 套，获取的观测数据支撑了众多南海多尺度动力过程的重要科学发现，对南海海洋科学规律的认知又提升到一个新的水平，尤其是为南海环境安全保障、资源开发利用、生态环境保护和气候变化应对提供了丰富、重要的平台和数据支撑。

中国科学院近海观测研究网络由中国科学院建设，面向我国近海海洋战略，是目前国内唯一、也是最先进的以服务于海洋科学研究为目的的海洋观测研究网络。2007 年开始，中国科学院在创新三期中部署建设了近海海洋观测研究网络，重点对东海、黄海、南海北部海域进行长期定点综合观测，该网络是中国科学院五大基础系统建设的重要组成部分，由黄海海洋观测研究站（以下简称“黄海站”）、东海海洋观测研究站（以下简称“东海站”）、胶州湾海洋生态系统定位研究站、西沙海洋观测研究站、南沙海洋观测研究站、大亚湾海洋生物综合试验站、海南热带海洋生物实验站、牟平海岸带环境综合试验站、黄河三角洲滨海湿地生态试验站和长江口海洋生态站共 10 个科学院野外台站以及中国科学院开放航次断面组成，实现点 - 线 - 面结合，空间 - 水面 - 水体 - 海底一体化的多要素同步观测，同时兼有全面调查与专项研究功能，为海洋科学研究和区域海洋经济发展提供坚实的数据支撑和保障。

实质上，海洋观测网络的建设属于条件平台的范畴。条件平台是科技创新的基础，海洋观测网络已经成为海洋科学研究与发展竞争的核心之一，发挥越来越重要的作用。

如何更加有效地发挥作用？成为一个值得关注的问题。把观测网络获取的数据整理、质量控制后，形成可以初步借鉴的曲线图，就是一个不错的办法，一则可以对数据质量有个全面把握，一则是借此方式宣传，让更多的人知道我们有这些数据，并且这些数据可以申请应用于众多的研究。

该图集是关于中国科学院近海观测研究网络黄海站和东站的观测数据集第Ⅲ分册和第Ⅳ分册（总第三卷和第四卷）的合集，起止时间为 2012 年 1 月 1 日至 2013 年 12 月 31 日，为两个年度的数据累积成果。

这两个年度获取的观测数据同其他年度基本一样，合并为一本图集出版的主要原因是数据处理非常繁杂。黄海站和东海站主体分别于 2009 年 6 月和 2009 年 8 月投入运行，建站初期由于技术人员缺乏运维经验，以及近海渔民缺乏对公共设施的保护意识，观测浮标系统故障较多（甚至人为恶意破坏），导致浮标正常在位运行时间较少。自投入运行至 2012 年，浮标已连续运行 3 年，浮标体的密封配件和仪器塔架老化严重，导致浮标故障频发，系统在位运行时间减少，数据量较少。此外，由于建站初期黄海站北黄海海域观测浮标所用数据采集系统和岸站接收系统为国家海洋技术中心研制，南黄海海域观测浮标和东海站观测浮标所用数据采集系统和岸站接收系统为原山东省科学院海洋仪器仪表研究所研制，导致两套系统采用不同的数据存储格式，后期数据处理工作量大，并且浮标数据采集器由于老化原因出现非常不稳定的情况，因此在综合考虑数据采集系统的稳定性和后续处理的统一性等因素，从 2012 年下半年开始，对北黄海 01 号进行大修和升级改造时，将浮标核心数据采集系统更换为统一的 MCA2 型数据采集系统，一直到 2013 年底，经过近两年的时间，逐渐对北黄海 5 套浮标全部完成大修和升级改造，将不稳定浮标数据采集器进行了更换和替代，新更换和替代的数据采集器在单片机型号、程序架构和逻辑结构方面完全不同于原来的数据采集器，后台的数据接收处理软件及其数据库也与原来的完全不同，这样势必造成数据管理和处理的困难，因此后期的数据归并、质量控制工作变得非常复杂和繁琐。

另外，图集出版的核心目的是宣传数据，促进数据应用和共享。图集通过数据曲线展示中国科学院近海观测研究网络黄海站和东海站的数据获取情况和数据质量情况，进而吸引广大海洋科研工作者深入挖掘数据或者是申请我们已经获取的长序列观测数据，以支持其相关研究。顺便提一句，这一宗旨与国家近几年所大力提倡的开放数据、共享数据的精神是完全符合的。基于宣传数据、促进数据应用和共享的目的，图集在观测站点的选择上和观测数据的完整性方面，就没有必要面面俱到。对所有获取的原始数据进行处理、质量控制和成图是深入研究海洋的学者们所擅长的工作。我们需要做的仅仅是将我们拥有的观测数据宣传出去，让众多的海洋科研工作者知道我们的资源，通过合作或直接申请的方式大力推进数据共享和应用。

因此，我们将 2012 年和 2013 年两个年度的图集合并为一本图集进行出版，但是为了整个图集系列的完整性和延续性，我们仍将其命名为第Ⅲ分册和第Ⅳ分册，以合集形式出版。

下面介绍一下本图集的观测范围和数据整体情况，以便于使用者参阅。

图集所涉及的观测站点主要分布于 3 个海域，分别是北黄海长海县附近海域、南黄海山东荣成楮岛和青岛灵山岛附近海域，以及东海长江口及舟山群岛外海附近海域（见技术说明中浮标分布图），观测站点选取 7 个浮标的观测数据，主要观测项目包括海洋气象、海洋水文和水质，具体使用的观测设备和获取的观测参数等内容可参见技术说明部分。

我们对该图集的编写方式进行了一些改进。选取典型站位浮标的观测数据进行曲线绘制，并针对每一个参数全年的曲线变化特征进行简要概括描述和分析，同时会就本年度该观测参数所记录的特殊天气现象进行专题描述，如寒潮和台风等。

两个年度获取典型数据情况的简单概述如下。

气象数据是两个年度中获取质量较好的参数之一。01 号浮标 2012 年度共获取 213 天的气温和气压长序列观测数据，根据数据分析，气温年平均值为 12.93 ℃，气压年平均值为 1 014. 46 hPa，2013 年度共获取 330 天的气温和气压长序列观测数据，根据数据分析，气温年平均值为 12.06 ℃，气压年平均值为 1 013.53 hPa；2012 年度共获取 226 天的长序列风速、风向观测数据，记录到 6 级以上大风日数总计 51 天，其中 6 级以上大风日数最多的月份为 11 月（14 天），2013 年度共获取 332 天的长序列风速、风向观测数据，记录到 6 级以上大风日数总计 43 天，其中 6 级以上大风日数最多的月份为 3 月（10 天）。03 号浮标 2013 年度共获取 332 天的长序列风速、风向观测数据，记录到 6 级以上大风日数总计 46 天，其中 6 级以上大风日数最多的月份为 12 月（11 天）。06 号浮标 2012 年度共获取 237 天的气温和气压长序列观测数据，根据数据分析，气温年平均值为 20.11 ℃，气压年平均值为 1 012. 64 hPa；2012 年度共获取 237 天的长序列风速、风向观测数据，记录到 6 级以上大风日数总计 79 天，其中 6 级以上大风日数最多的月份为 12 月（22 天），2013 年度共获取 352 天的长序列风速、风向观测数据，记录到 6 级以上大风日数总计 116 天，其中 6 级以上大风日数最多的月份为 7 月（16 天）。09 号浮标 2013 年度共获取 271 天的气温和气压长序列观测数据，根据数据分析，气温年平均值为 16.44 ℃，气压年平均值为 1 011.96 hPa；2012 年度共获取 231 天的长序列风速、风向观测数据记录到 6 级以上大风日数总计 25 天，其中 6 级以上大风日数最多的月份为 10 月和 11 月（均为 6 天），2013 年度共获取 271 天的长序列风速、风向观测数据，记录到 6 级以上大风日数总计 21 天，其中 6 级以上大风日数最多的月份为 10 月和 11 月（均为 5 天）。12 号浮标 2012 年度共获取 257 天的长序列风速、风向观测数据，记录到 6 级以上大风日数总计 76 天，其中 6 级以上大风日数最多的月份为 12 月（19 天），2013 年度共获取 198 天的长序列风速、风向观测数据，记录到 6 级以上大风日数总计 63 天，其中 6 级以上大风日数最多的月份为 4 月（16 天）。14 号浮标 2012 年度共获取 362 天的长序列风速、风向观测数据，记录到 6 级以上大风日数总计 122 天，其中 6 级以上大风日数最多的月份为 12 月（20 天），2013 年度共获取 184 天的长序列风速、风向观测数据，记录到 6 级以上大风日数总计 51 天，其中 6 级以上大风日数最多的月份为 4 月（13 天）。

水文数据主要选取了水温、盐度、有效波高和有效波周期 4 个参数，数据质量良好。主要浮标的水温、盐度情况如下：01号浮标2012年度共获取226天的水温和盐度长序列观测数据，根据数据分析，水温年平均值为15.42℃，盐度年平均值为31.19；2013年度共获取332天的水温长序列观测数据和315天的盐度长序列观测数据，根据数据分析，水温年平均值为13.66℃，盐度年平均值为30.83。03号浮标2013年度共获取322天的水温长序列观测数据和316天的盐度长序列观测数据，根据数据分析，水温年平均值为13.07℃，盐度年平均值为28.17。05号浮标2012年度共获取351天的水温和盐度长序列观测数据，根据数据分析，水温年平均值为12.85℃，盐度年平均值为30.73。09号浮标2012年度共获取231天的水温长序列观测数据和176天的盐度长序列观测数据，根据数据分析，水温年平均值为19.15℃，盐度年平均值为28.21；2013年度共获取258天的水温和盐度长序列观测数据，根据数据分析，水温年平均值为17.53℃，盐度年平均值为30.62。

主要浮标的有效波高和有效波周期情况如下：01号浮标2012年度共获取226天的有效波高和有效波周期长序列观测数据，根据数据分析，有效波高年平均值为0.83 m，有效波周期年平均值为4.69 s；2013年度共获取332天的有效波高和有效波周期长序列观测数据，根据数据分析，有效波高年平均值为0.74 m，有效波周期年平均值为4.54 s。03号浮标2013年度共获取362天的有效波高和有效波周期长序列观测数据，根据数据分析，有效波高年平均值为0.59 m，有效波周期年平均值为4.37 s。06号浮标2012年度共获取237天的有效波高和有效波周期长序列观测数据，根据数据分析，有效波高年平均值为1.26 m，有效波周期年平均值为6.48 s；2013年度共获取352天的有效波高和有效波周期长序列观测数据，根据数据分析，有效波高年平均值为1.30 m，有效波周期年平均值为6.18 s。09号浮标2012年度共获取231天的有效波高和有效波周期长序列观测数据，根据数据分析，有效波高年平均值为0.71 m，有效波周期年平均值为4.49 s；2013年度共获取270天的有效波高和有效波周期长序列观测数据，根据数据分析，有效波高年平均值为0.50 m，有效波周期年平均值为4.69 s。12号浮标2012年度共获取364天的有效波高和有效波周期长序列观测数据，根据数据分析，有效波高年平均值为0.76 m，有效波周期年平均值为6.63 s；2013年度共获取198天的有效波高和有效波周期长序列观测数据，根据数据分析，有效波高年平均值为0.60 m，有效波周期年平均值为6.24 s。14号浮标2012年度共获取362天的有效波高和有效波周期长序列观测数据，根据数据分析，有效波高年平均值为0.95 m，有效波周期年平均值为6.34 s；2013年度共获取216天的有效波高和有效波周期长序列观测数据，根据数据分析，有效波高年平均值为0.84 m，有效波周期年平均值为5.94 s。

上述内容是对2012—2013年两个年度获取数据情况的简单概述，详细曲线特征信息各位读者可参照图集正文对应的数据曲线，做深入分析，也可通过海洋大数据中心进行原始数据的申请（网址：http://msdc.qdio.ac.cn/）。

本图集撰写的过程中，吸取已经出版分册的数据质量控制经验，同样对原始数据进行了质量控制，但是依然存在由于观测浮标系统长时间锚系于海面，多变的天气、复杂的海况、海洋生物附着观测传感器及传感器自身的问题、通讯不畅等诸多因素造成的观测数据中断现象。因此，在本图集撰写的过程中，如前所述，首先是选择数据获取较为完整的代表性浮标，其次是对原始数据进行了较为严格的质量控制，剔除明显有悖事实的数据，并对缺失数据情况，做了简要说明。

本图集工作是集体劳动成果的结晶。自 2009 年黄海海洋观测研究站和东海海洋观测研究站正式建站以来，几十位管理与技术人员付出了艰辛的努力，中国科学院海洋研究所的孙松、侯一筠、王凡、任建明、宋金明、于非、于仁成等领导付出了很大的精力，先后指导了此项工作的实施，具体实施的技术人员包括刘长华、陈永华、贾思洋、王春晓、王旭、王彦俊、冯立强、张斌、李一凡、杨青军、张钦等。同时相关兄弟单位的管理和技术人员也给予了无私的帮助和关心，主要有上海海洋气象局的黄宁立、陈智强、费燕军，山东荣成楮岛水产公司的王军威、张义涛、王森林，大连獐子岛渔业集团的臧有才、赵学伟、张晓芳、杨殿群、张永国、杨鑫等，特向他们表示深深的感谢！

本图集由刘长华、王春晓、王旭、贾思洋和王彦俊等撰写完成，刘长华负责图集整体构思、前言部分的撰写和统稿，王春晓和王旭负责数据的整理、曲线绘制和各参数年度曲线特征的描述，王彦俊给予曲线绘制的技术支持，贾思洋负责技术说明的撰写及全稿的审校；同时在图集的撰写过程中，中国科学院海洋研究所的张光涛研究员、李雷溪教授级高工、杨德周研究员、徐振华研究员和冯兴如副研究员给予了很多宝贵的修改意见，在此一并表示诚挚的感谢！

青岛海洋科学与技术试点国家实验室副主任、中国科学院大学海洋学院副院长、国家杰出青年科学基金获得者宋金明研究员，在百忙之中为图集作序，多年来对我们这项工作给予鼓励和充分的肯定，而且还时时督促我们要以持之以恒的热情将该项工作持续开展下去，对图集板块组成、图件表达样式等都提出了非常宝贵的建议，使图集的质量得到了提升，这些都为图集得以出版起到了重要的作用，在此对他表示特别的感谢！

该图集虽然较以往出版的图集有很大改进，如撰写内容的编排、曲线的进一步标准化、部分参数年度曲线特征的简单描述等，都是总结前几分册的不足而做的改进和提升。但是整体上与我们的设想仍相距甚远，与各位读者的要求也差距更大，尤其是获取数据的质量和连续性以及采用的数据获取技术方法，均有诸多欠缺和不足，敬请读者不吝赐教，批评指正！

刘长华

2022 年 1 月于青岛汇泉湾畔

中国科学院近海海洋观测研究网络
黄海站、东海站观测数据图集Ⅲ—Ⅳ

技术说明

《中国科学院近海海洋观测研究网络黄海站、东海站观测数据图集Ⅲ—Ⅳ》根据黄海站和东海站对黄海海域、东海海域长期累积的观测数据编制完成。观测内容包括海洋气象、海洋水文和水质等参数。本图集系 2012 年 1 月至 2013 年 12 月间月度、年度所积累的观测数据，并选择部分具有代表性海域浮标的气温、气压、风速、风向、海表水温、海表盐度、有效波高和有效波周期等要素进行绘图。

黄海站、东海站主要通过布放在海上的锚泊式海洋观测研究浮标系统进行海洋参数的采集，黄海站、东海站长期安全在位运行浮标系统 20 余套。浮标系统主要搭载了风速风向仪、温湿仪、气压仪、能见度仪、声学多普勒流速剖面仪、波浪仪、温盐仪、叶绿素 - 浊度仪、溶解氧仪等观测设备，浮标的数据采集系统控制上述设备对中国近海海域的海洋气象参数、水文参数和水质参数等进行实时、动态、连续的观测，并通过 CDMA/GPRS 和北斗通信方式将观测数据传输至陆基站接收系统进行分类存储。

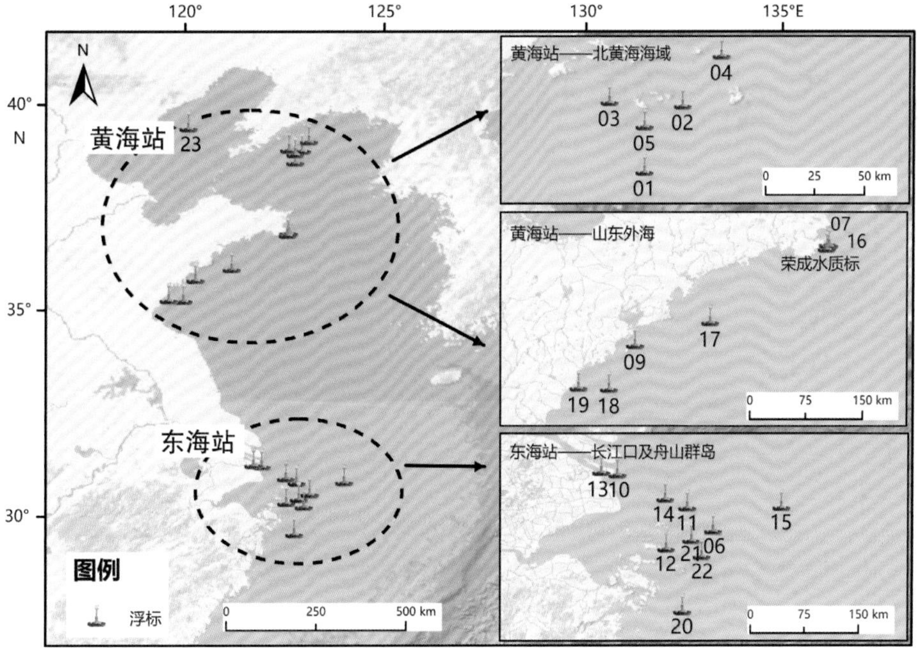

浮标分布图

海洋观测浮标系统的设计参照海洋行业标准《小型海洋环境监测浮标》（HY/T 143—2011）和《大型海洋环境监测浮标》（HY/T 142—2011）执行；观测仪器的选择参照《海洋水文观测仪器通用技术条件》（GB/T 13972—1992）执行。重要海洋气象、海洋水文、水质等参数的观测工作参照《海洋调查规范》（GB/T 12763—2007）和《海滨观测规范》（GB/T 14914—2006）执行。

一、浮标情况介绍

黄海站、东海站布放的浮标包括多种类型，每一个浮标可观测的参数也有所不同，各浮标具体情况介绍以及获取参数的详细技术指标参见如下两个列表。

黄海站、东海站浮标情况列表

站位	浮标	开始运行时间	布放位置	观测参数类型	备注
黄海站	01 号	2009 年 6 月	大连獐子岛附近海域	气象、水文、表层水质	直径 3 m 钢制浮标
	02 号	2009 年 6 月	大连獐子岛附近海域	水文、表层水质	直径 2 m 钢制浮标
	03 号	2009 年 6 月	大连獐子岛附近海域	气象（风）、水文、表层水质	直径 2 m 钢制浮标
	04 号	2009 年 6 月	大连獐子岛附近海域	水文、表层水质	直径 2 m 钢制浮标
	05 号	2009 年 6 月	大连獐子岛附近海域	水文、表层及剖面水质	直径 2 m 钢制浮标
	07 号	2010 年 6 月	荣成楮岛附近海域	气象、水文、表层水质	直径 3 m 钢制浮标
	荣成水质标	2014 年 7 月	荣成楮岛附近海域	表层水质	直径 1 m 钢制浮标
	09 号	2010 年 7 月	青岛灵山岛附近海域	气象、水文、表层水质	直径 3 m 浮标
	16 号	2018 年 5 月	荣成楮岛附近海域	气象、水文、表层及剖面水质	直径 2.3 m EVA 浮标
	17 号	2014 年 10 月	青岛仰口附近海域	气象、水文、表层水质	直径 10 m 钢制浮标
	18 号	2014 年 10 月	青岛董家口外海海域	气象、水文、表层水质	直径 10 m 钢制浮标
	19 号	2014 年 8 月	日照近海海域	气象、水文、表层水质	直径 3 m 钢制浮标
	23 号	2021 年 4 月	秦皇岛外海海域	气象、水文、表层水质	直径 6 m 钢制浮标
东海站	06 号	2009 年 8 月	舟山海礁附近海域	气象、水文、表层水质	直径 10 m 钢制浮标
	10 号	2013 年 9 月	长江口崇明附近海域	气象、水文、表层水质	直径 3 m 钢制浮标
	11 号	2010 年 4 月	舟山花鸟岛附近海域	气象、水文、表层水质	直径 10 m 钢制浮标
	12 号	2010 年 5 月	舟山黄泽洋附近海域	气象、水文、表层水质	10 m 船型浮标
	13 号	2010 年 5 月	舟山小洋山附近海域（2018 年 9 月布放于长江口崇明附近海域）	气象、水文、表层水质	直径 3 m 钢制浮标
	14 号	2011 年 3 月	舟山长江口外海海域	气象、水文、表层水质	10 m 船型浮标
	15 号	2012 年 7 月	124° E 附近海域	气象、水文、表层水质	直径 10 m 钢制浮标
	20 号	2012 年 6 月	舟山六横岛附近海域	气象、水文、表层水质	直径 10 m 钢制浮标
	21 号	2020 年 12 月	舟山东半洋礁附近海域	气象、水文、表层水质	直径 10 m 钢制浮标
	22 号	2021 年 1 月	舟山浪岗附近海域	气象、水文、表层及剖面水质	直径 15 m 钢制浮标

黄海站、东海站浮标观测参数技术指标列表

类型	测量参数	测量范围	测量准确度	分辨率
气象参数	风速	0 ~ 100 m/s	±0.3 m/s 或读数的 1%	0.1 m/s
	风向	0° ~ 360°	±3°	1°
	气温	−50 ~ 50℃	±0.3℃	0.1℃
	气压	500 ~ 1 100 hPa	±0.2 hPa（25℃），±0.3 hPa（−40 ~ 60℃）	0.01 hPa
	相对湿度	0 ~ 100%RH	±2%RH	1%RH
	能见度	10 ~ 20 000 m	±10% ~ ±15%	1 m
水文参数	水温	−3 ~ +45℃	±0.01℃	0.001℃
	电导率	2 ~ 70 mS/cm	±0.01 mS/cm	0.001 mS/cm
	波高	0.2 ~ 25.0 m	±[0.1+(5% 或 10%)*H*]，*H* 为实测波高值	0.1 m
	波周期	2 ~ 30 s	±0.25 s	0.1 s
	波向	0° ~ 360°	±5° 或 ±10°	1°
	流速	±5 m/s	±0.5%*V*±0.5 cm/s，*V* 为实测流速值	1 mm/s
	流向	0° ~ 360°	±10°	1°
水质参数	叶绿素	0.1 ~ 400 μg/L	±1%	0.01 μg/L
	浊度	0 ~ 1 000 FTU	±0.2%	0.03 FTU
	溶解氧	0 ~ 200%	±2%	0.01%

二、数据采集设备

（一）温湿仪

观测气温使用的设备为美国 RM Young 公司生产的 41382LC 型温湿仪，气温测量采用高精度铂电阻温度传感器，观测范围为 −50 ~ 50℃，观测精度为 ±0.3℃，响应时间为 10 s。

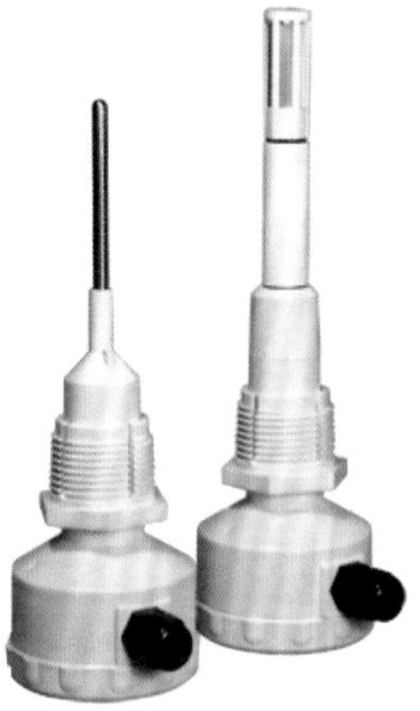

41382LC 型温湿仪

（二）气压仪

观测气压使用的设备为美国 RM Young 公司生产的 61302V 型气压仪，在浮标上使用时配备防风装置保证数据的稳定可靠，观测范围为 500 ~ 1 100 hPa ，观测精度为 ±0.2 hPa（25℃），±0.3 hPa（−40 ~ 60℃）。

61302V 型气压仪

（三）风速风向仪

观测风速风向使用的设备为美国 RM Young 公司生产的 05106 型风速风向仪，是专门为海洋环境设计的增强型风速风向仪，能够适应海洋上高湿度、高盐度、高腐蚀性的环境，具有卓越的性能和优异的环境适应性，能够适应各种复杂的测量环境。同时，它对强沙尘环境也拥有良好的适应性，拥有比同类型其他产品更长的使用寿命。该风速风向仪的风速测量范围为 0 ~ 100 m/s，精度为 ±0.3 m/s 或读数的 1%，启动风速为 1.1 m/s；风向测量范围为 0° ~ 360°，精度为 ±3°，启动风速（10° 位移）为 1.1 m/s。

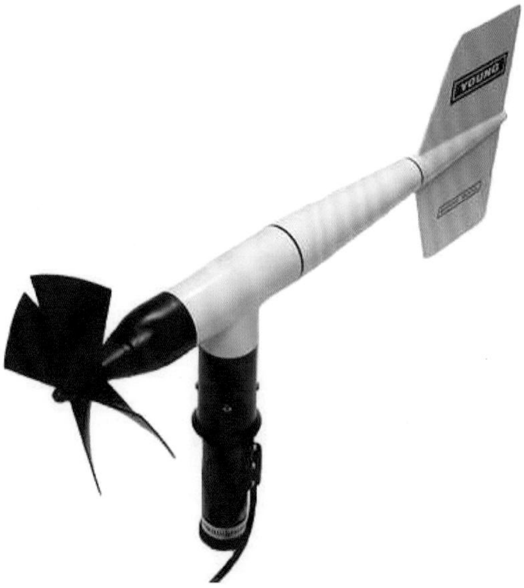

05106 型风速风向仪

（四）温盐仪

浮标上安装的获取水温、盐度的设备为日本JFE公司生产的ACTW-CAR型温盐仪，该设备的电导率测量采用七电极探头并安装有可自动上下移动的防污刷，在每次测量时，活塞式防污刷自动清洁探头内壁，从而有效防止生物附着，保证2～3个月不用维护也能获得稳定的测量数据。该设备水温测量范围为−3～45℃，精度为±0.01℃；电导率测量范围为2～70 mS/cm，精度为±0.01 mS/cm。

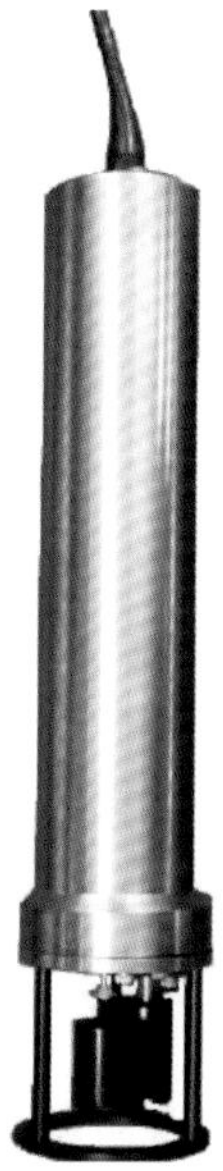

ACTW-CAR型温盐仪

（五）波浪仪

2012年8月之前，黄海站01～05号浮标使用国产OSB型波浪仪，该设备利用重力测波的基本原理进行波高测量，在倾角罗盘的配合下，经过复杂计算，可提供波向数据。该设备波高的测量范围为0.2～25.0 m，精度为±（0.1 + 5%H），H为实测波高值；波周期的测量范围为2～30 s，准确度为±0.25 s；波向的测量范围为0°～360°，准确度为±5°。

自建站之初，黄海站的07号和09号浮标，以及东海站的06号浮标上安装的获取波浪相关（波高、波向和波周期）数据的设备为国产SBY1-1型波浪仪，采用最先进的三轴加速度计与数字积分算法，具备高可靠性、低功耗和稳定性好等特点。该设备波高的测量范围为0.2～25.0 m，精度为±（0.1+10%H），H为实测波高值；波周期的测量范围为2～30 s，准确度为±0.25 s；波向的测量范围为0°～360°，准确度为±10°。为方便数据处理和保障数据观测的一致性，自2012年8月开始，黄海站和东海站的全部浮标均统一为国产SBY1-1型波浪仪。

浮标在位运行过程中，若遇到风平浪静或波周期极短的情况，实际波高或波周期数据超出设备测量范围时，两种波浪仪均只给出参考值，如波高0.0 m或0.1 m以及波周期小于2.0 s的参考数据。考虑到数据准确性问题，本图集对超出设备测量范围的波高和波周期仅用于曲线绘制，参考值不参与平均值计算。

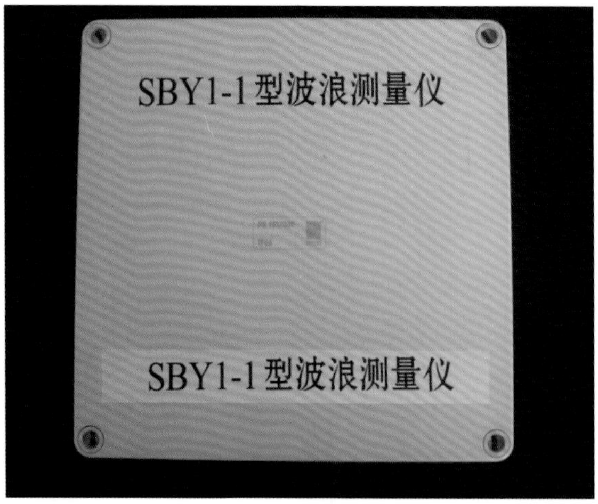

SBY1-1 型波浪仪

三、数据采集方法及采样周期

常规观测参数采集频率为每 10 min 1 次（波浪参数每 30 min 1 次），数据传输间隔可设置为 10 min、30 min、60 min（可选）。

（一）气象观测

1. 风

采用双传感器工作。每点次进行风速、风向观测，观测参数为：每 1 min 风速和风向、最大风速、最大风速的风向、最大风速出现的时间、极大风速、极大风速的时间、瞬时风速、瞬时风向、10 min 平均风速、10 min 平均风向、2 min 平均风速和 2 min 平均风向。风速单位：m/s。风向单位：（°）。

项　目	采样长度 / min	采样间隔 / s	采样数量 / 次
10 min 平均风速	10	1	600
10 min 平均风向	10	1	600

2. 气温与湿度

每 10 min 观测 1 次。

项　目	采样长度 / min	采样间隔 / s	采样数量 / 次
气温	4	6	40
湿度	4	6	40

3. 气压与能见度

每 10 min 观测 1 次。

项　目	采样长度 / min	采样间隔 / s	采样数量 / 次
气压	4	6	40
能见度	4	6	40

（二）水文观测

1. 波浪

波浪仪安装在浮标重心所在位置，每 30 min 观测 1 次，观测内容：有效波高和对应的周期、最大波高和对应的周期、平均波高和对应的周期、十分之一波高和对应的周期及波向（每 10° 区间出现的概率，并确定主要波向）。

2. 剖面流速流向

剖面流速流向的观测采用直读式声学多普勒海流剖面仪，从水深 3 m 开始，每 2 m 水深一层，每 10 min 观测 1 次，每次 Ping 数 60。

3. 水温、盐度

表层水温、盐度传感器安装于水深 2 m 上下，每 10 min 观测 1 次。

（三）水质观测

表层水质观测包括浊度、叶绿素、溶解氧 3 项，传感器安装于水深 2 m 上下，每 10 min 观测 1 次。

四、英文缩写范例

气温：AT，Air Temperature	风速：WS，Wind Speed
气压：AP，Air Pressure	风向：WD，Wind Direction
水温：WT，Water Temperature	有效波高：SignWH，Significant Wave Height
盐度：SL，Salinity	有效波周期：SignWP，Significant Wave Period

01 号浮标

03 号浮标

06 号浮标

07 号浮标

09 号浮标

21 号浮标

22 号浮标

23 号浮标

中国科学院近海海洋观测研究网络
黄海站、东海站观测数据图集Ⅲ－Ⅳ

目　录

气象观测

01 号浮标观测数据概述及曲线
(气温和气压)

2012 年，01 号浮标共获取 213 天的气温和气压长序列观测数据。获取数据的主要区间共两个时间段，具体为 3 月 7 日 10:00 至 5 月 25 日 09:00 和 8 月 4 日 11:00 至 12 月 15 日 02:00。

2013 年，01 号浮标共获取 330 天的气温和气压长序列观测数据。获取数据的主要区间共三个时间段，具体为 1 月 3 日 08:30 至 1 月 22 日 22:30、1 月 30 日 12:00 至 11 月 21 日 8:30 和 12 月 15 日 09:00 至 12 月 31 日 23:30。

通过对获取数据质量控制和分析，01 号浮标观测海域 2012 年度和 2013 年度气温、气压数据和季节数据特征如下。

2012 年度气温年平均值为 12.93℃，气压年平均值为 1 014.46 hPa；测得的年度最高气温和最低气温分别为 34.3℃和 −8.8℃；测得的年度最高气压和最低气压分别为 1 033.2 hPa 和 983.2 hPa。以 5 月为春季代表月，观测海域春季的平均气温是 12.35℃，平均气压是 1 011.66 hPa；以 8 月为夏季代表月，观测海域夏季的平均气温是 24.45℃，平均气压是 1 005.84 hPa；以 11 月为秋季代表月，观测海域秋季的平均气温是 6.43℃，平均气压是 1 017.97 hPa。

2013 年度气温年平均值为 12.06℃，气压年平均值为 1 013.53 hPa；测得的年度最高气温和最低气温分别为 32.1℃和 −12.6℃；测得的年度最高气压和最低气压分别为 1 040.1 hPa 和 987.0 hPa。以 2 月为冬季代表月，观测海域冬季的平均气温是 −1.55℃，平均气压是 1 024.94 hPa；以 5 月为春季代表月，观测海域春季的平均气温是 12.50℃，平均气压是 1 008.48 hPa；以 8 月为夏季代表月，观测海域夏季的平均气温是 26.45℃，平均气压是 1 003.32 hPa；以 11 月为秋季代表月，观测海域秋季的平均气温是 10.70℃，平均气压是 1 019.64 hPa。

2012 年和 2013 年，01 号浮标观测海域月度气温、气压变化特征与该海域常年季节气候变化特点基本吻合。浮标观测的气温、气压月平均值和最高值、最低值数据参见表 1。

2012 年，01 号浮标记录到 2 次台风过程。第一次台风过程，8 月 27—29 日，01 号浮标获取到了第 15 号强台风“布拉万”的相关数据，获取到的最低气压为 983.2 hPa（8 月 28 日 16:30）。第二次台风过程，9 月 17—19 日，01 号浮标获取到了第 16 号超强台风“三巴”的相关数据，获取到的最低气压为 1 000.6 hPa（9 月 18 日 03:00 和 03:30）。

2013 年，01 号浮标记录到 1 次寒潮过程。寒潮具体的过程中，2 月 6 日 15:30（−0.5℃）至 2 月 7 日 07:30（−12.6℃），16 h 气温下降 12.1℃，寒潮期间气压最高值为 1 038.3 hPa（2 月 8 日 00:30）。

表 1　01 号浮标各月份气温、气压观测数据

月份		气温 / ℃			气压 / hPa			备注
		平均	最高	最低	平均	最高	最低	
1	2012 年	—	—	—	—	—	—	缺测数据
	2013 年	−1.24	5.0	−8.5	1 026.52	1 040.1	1 018.9	缺测 9 天数据
2	2012 年	—	—	—	—	—	—	缺测数据
	2013 年	−1.55	4.3	−12.6	1 024.94	1 038.3	1 006.5	记录 1 次寒潮
3	2012 年	0.38	5.9	−5.7	1 021.19	1 029.4	1 009.5	缺测 6 天数据
	2013 年	1.78	7.6	−3.9	1 017.33	1 033.1	996.2	
4	2012 年	4.93	15.8	1.1	1 012.64	1 025.4	998.3	
	2013 年	5.94	12.5	1.5	1 011.96	1 022.1	999.2	
5	2012 年	12.35	20.6	6.1	1 011.66	1 019.1	1 000.2	缺测 6 天数据
	2013 年	12.50	19.6	8.4	1 008.48	1 019.1	991.7	
6	2012 年	—	—	—	—	—	—	缺测数据
	2013 年	19.14	26.5	12.6	1 005.51	1 015.6	993.6	
7	2012 年	—	—	—	—	—	—	缺测数据
	2013 年	23.06	30.2	19.4	999.78	1 008.4	987.0	
8	2012 年	24.45	34.3	19.2	1 005.84	1 014.1	983.2	缺测 3 天数据，记录 1 次台风
	2013 年	26.45	32.1	20.1	1 003.32	1 010.2	992.0	
9	2012 年	20.83	27.4	14.1	1 012.11	1 019.1	1 000.6	缺测 1 天数据，记录 1 次台风
	2013 年	22.62	27.2	16.9	1 013.17	1 020.4	1 003.9	
10	2012 年	15.31	23.7	4.1	1 016.75	1 025.4	1 006.3	
	2013 年	17.04	22.1	9.6	1 018.58	1 027.4	1 004.9	缺测 2 天数据
11	2012 年	6.43	13.9	−4.4	1 017.97	1 032.2	1 001.2	
	2013 年	10.70	16.9	3.4	1 019.64	1 026.5	1 008.4	缺测 10 天数据
12	2012 年	—	—	—	—	—	—	缺测 16 天数据
	2013 年	2.00	10.5	−5.7	1021.62	1 032.7	1 005.1	缺测 14 天数据

注：全书中各月份数据统计表格中如果某月获取的数据不足 15 天，则不进行极值统计。

01 号浮标 2012 年气温、气压观测数据曲线
AT and AP of 01 buoy in 2012

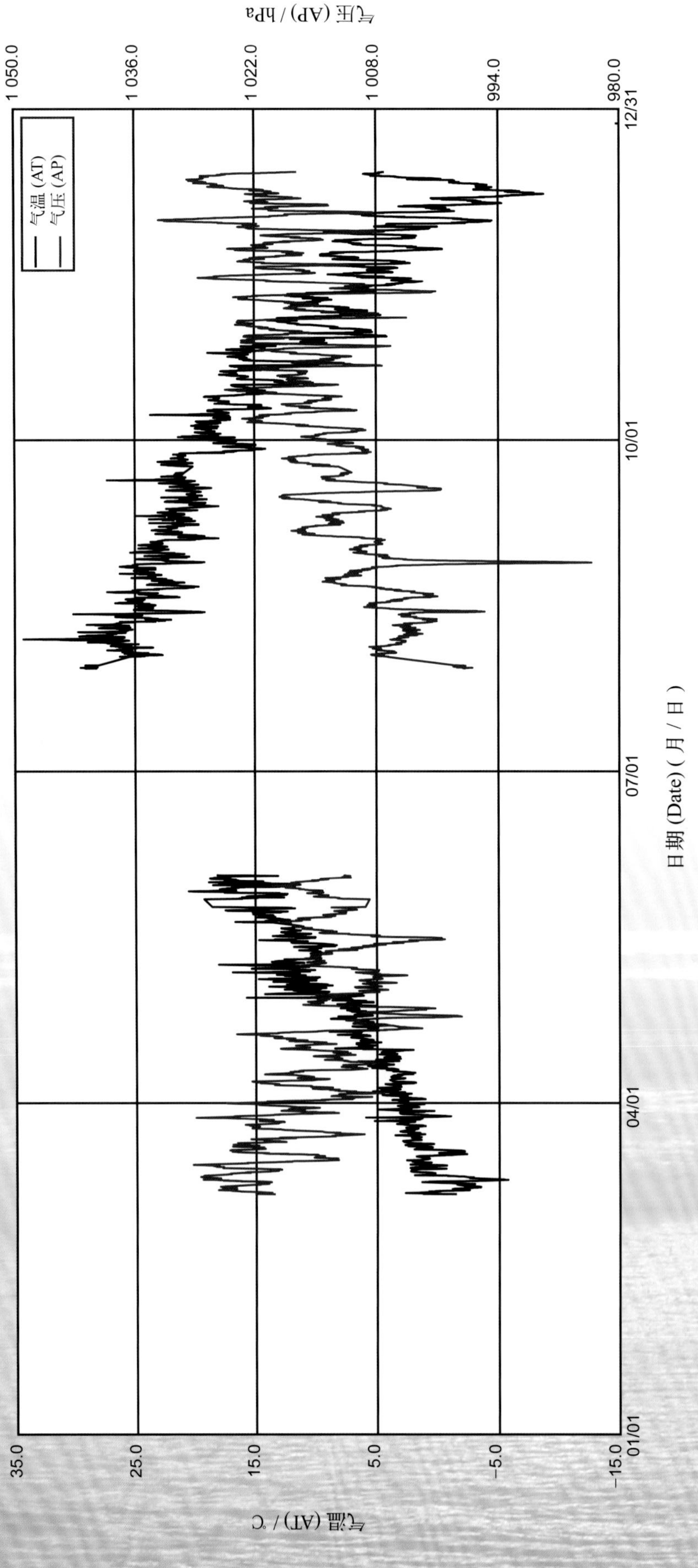

01 号浮标 2013 年气温、气压观测数据曲线
AT and AP of 01 buoy in 2013

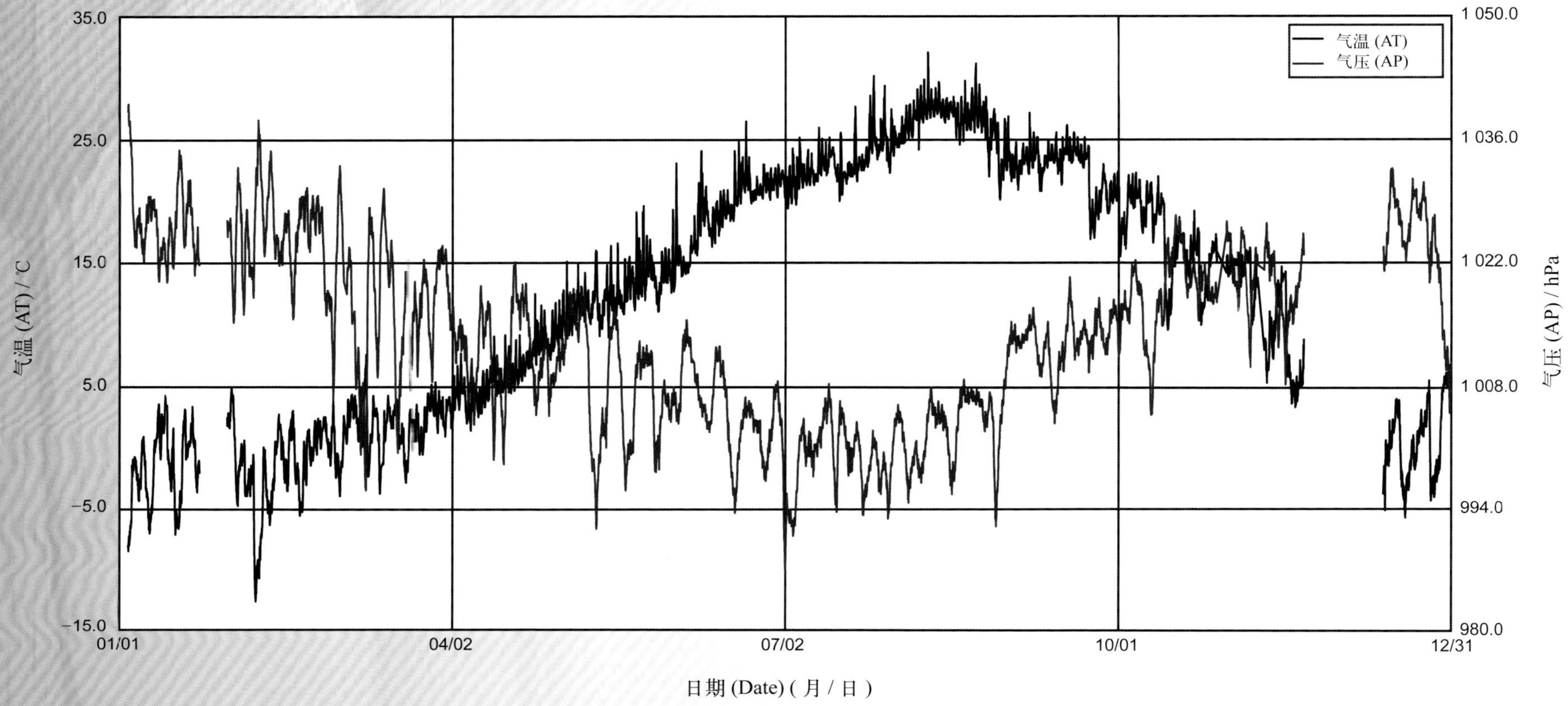

01 号浮标 2012 年 03 月气温、气压观测数据曲线
AT and AP of 01 buoy in Mar. 2012

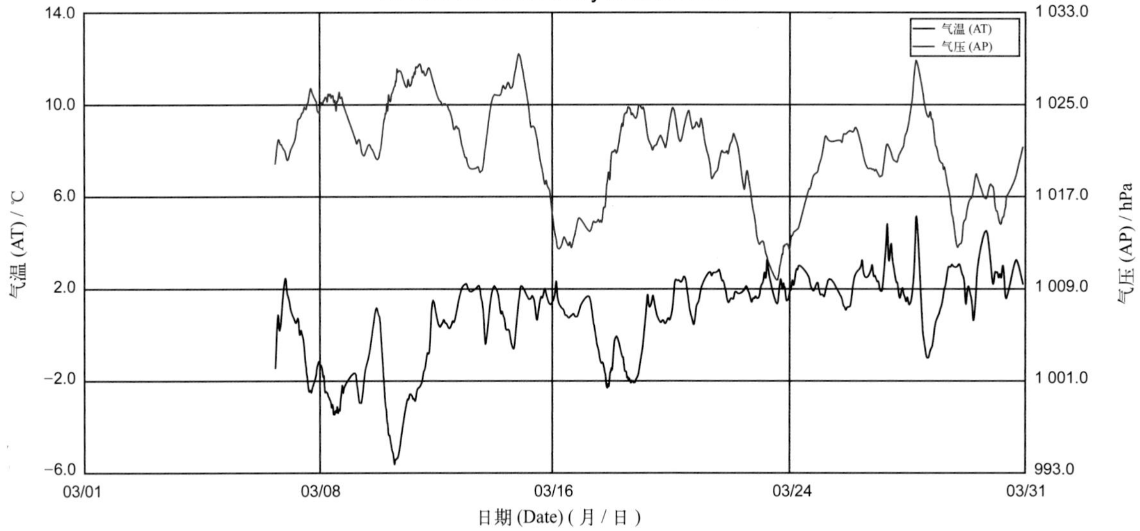

01 号浮标 2012 年 04 月气温、气压观测数据曲线
AT and AP of 01 buoy in Apr. 2012

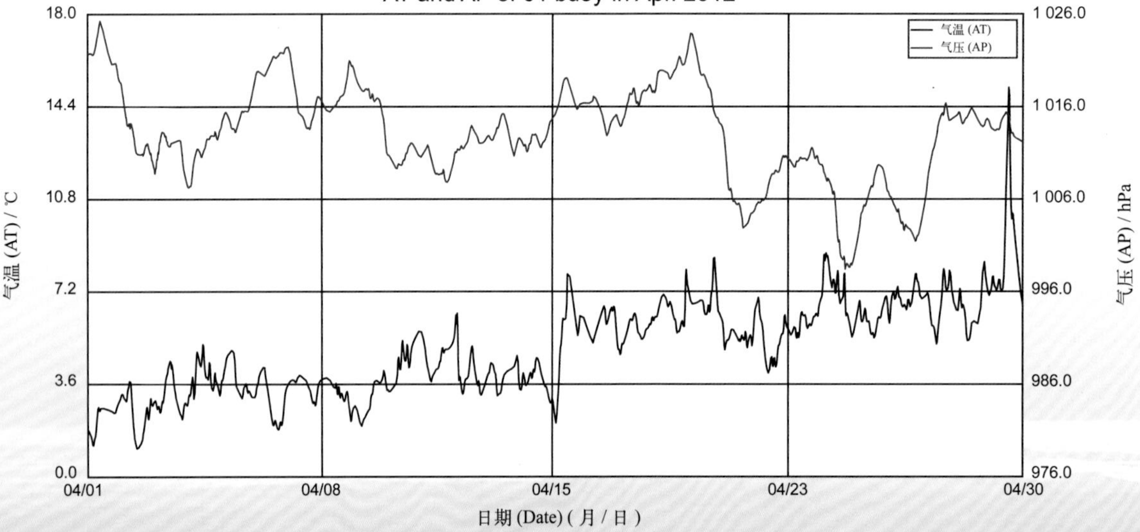

01 号浮标 2012 年 05 月气温、气压观测数据曲线
AT and AP of 01 buoy in May 2012

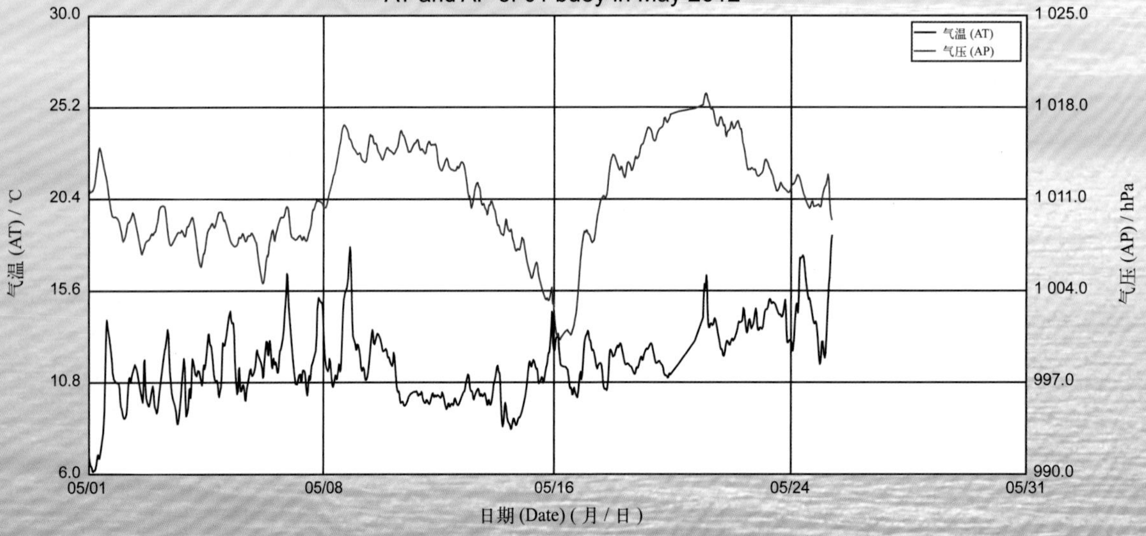

01 号浮标 2012 年 08 月气温、气压观测数据曲线

AT and AP of 01 buoy in Aug. 2012

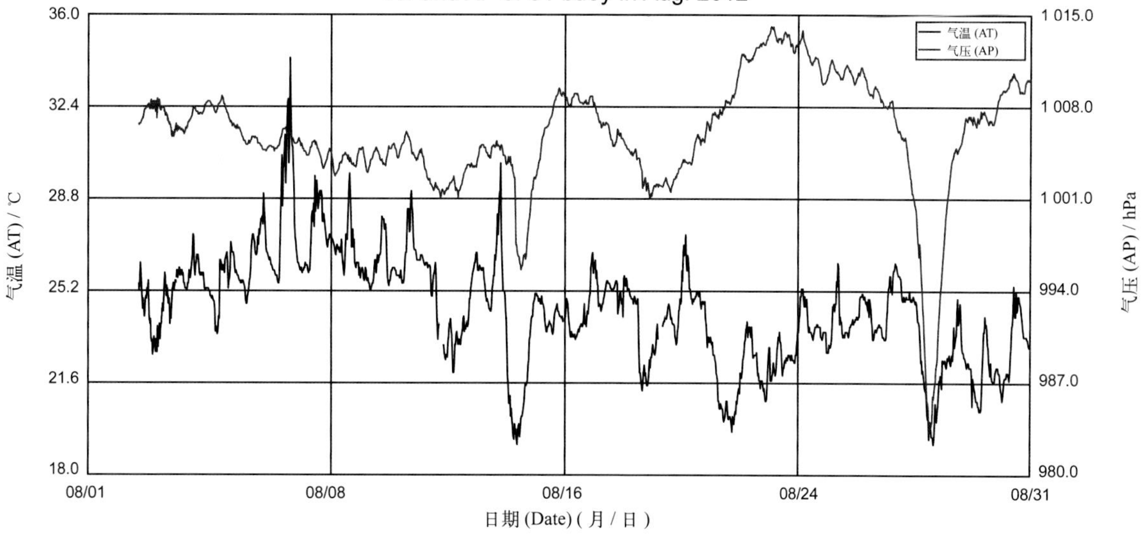

01 号浮标 2012 年 09 月气温、气压观测数据曲线

AT and AP of 01 buoy in Sep. 2012

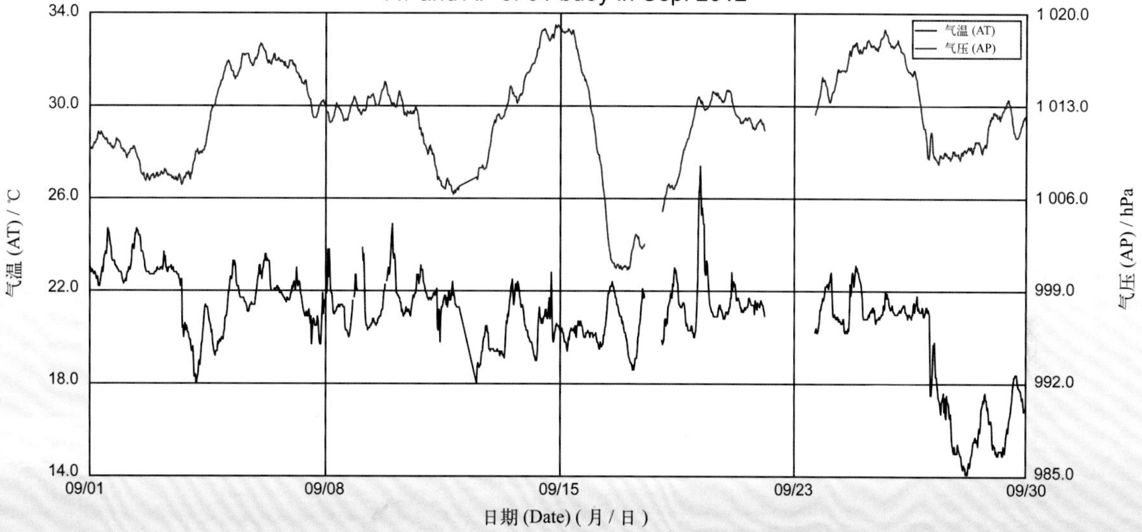

01 号浮标 2012 年 10 月气温、气压观测数据曲线

AT and AP of 01 buoy in Oct. 2012

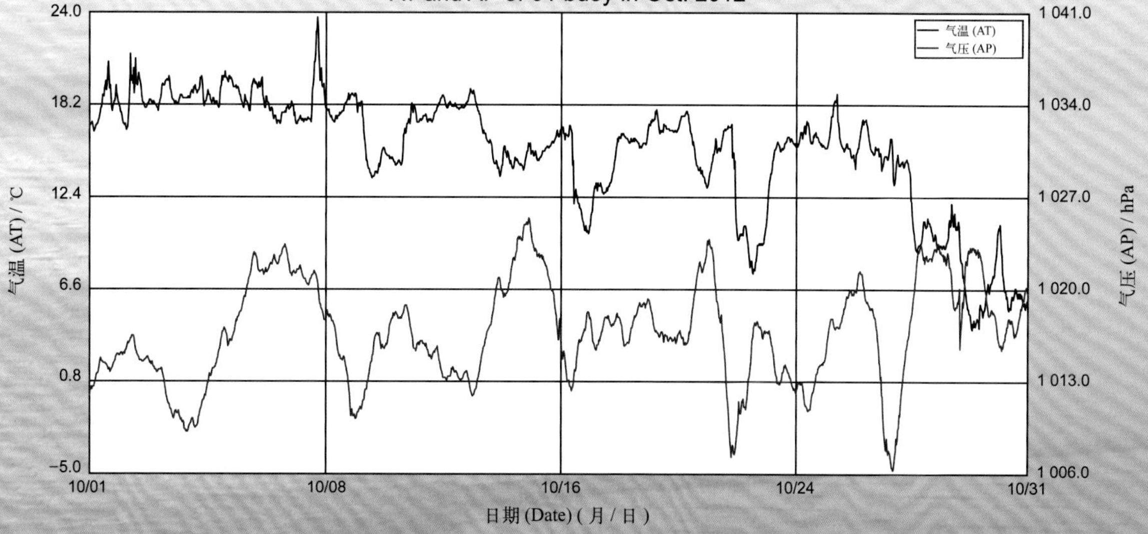

01 号浮标 2012 年 11 月气温、气压观测数据曲线
AT and AP of 01 buoy in Nov. 2012

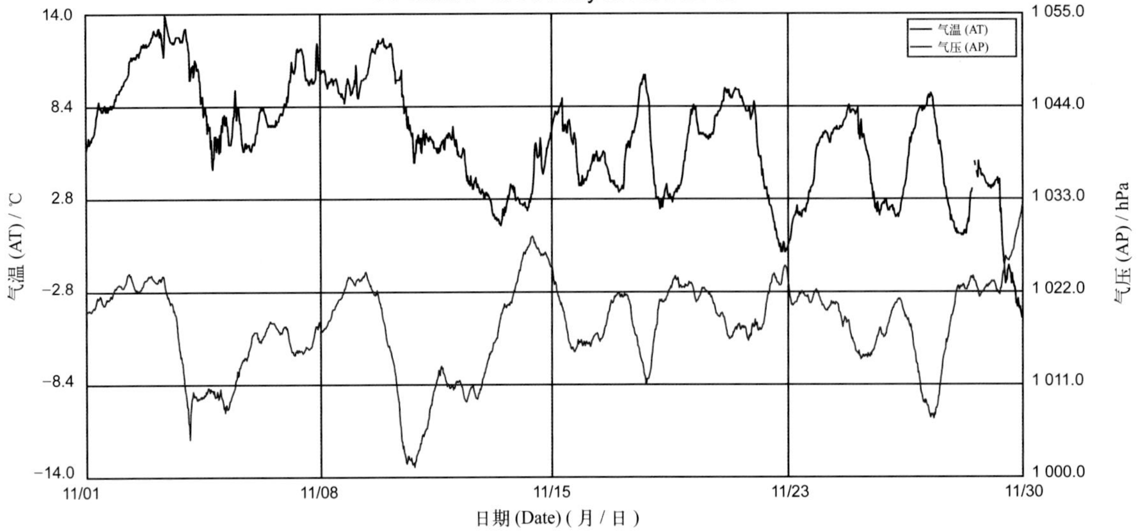

01 号浮标 2013 年 01 月气温、气压观测数据曲线
AT and AP of 01 buoy in Jan. 2013

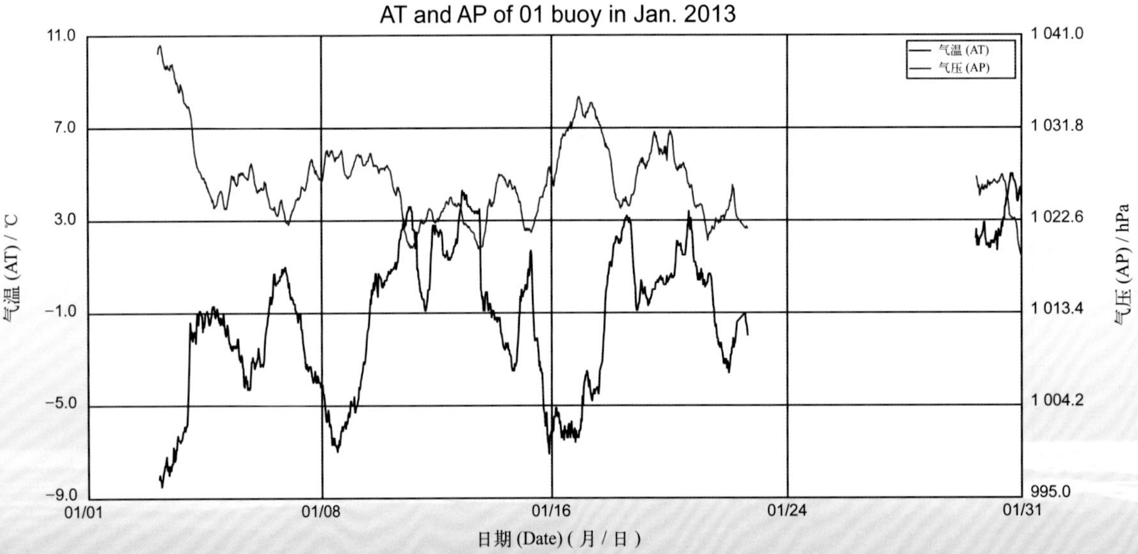

01 号浮标 2013 年 02 月气温、气压观测数据曲线
AT and AP of 01 buoy in Feb. 2013

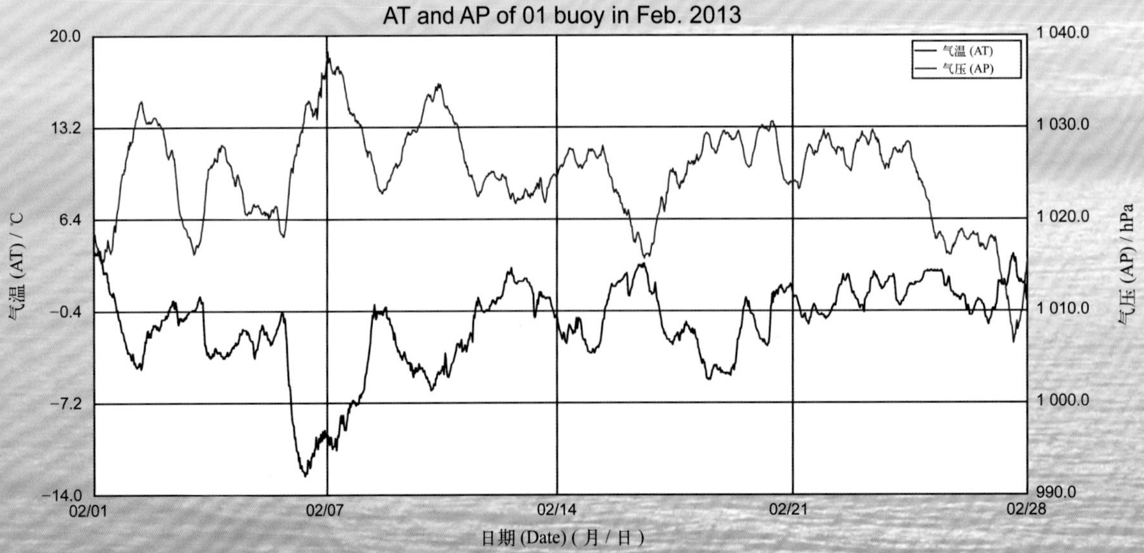

01 号浮标 2013 年 03 月气温、气压观测数据曲线
AT and AP of 01 buoy in Mar. 2013

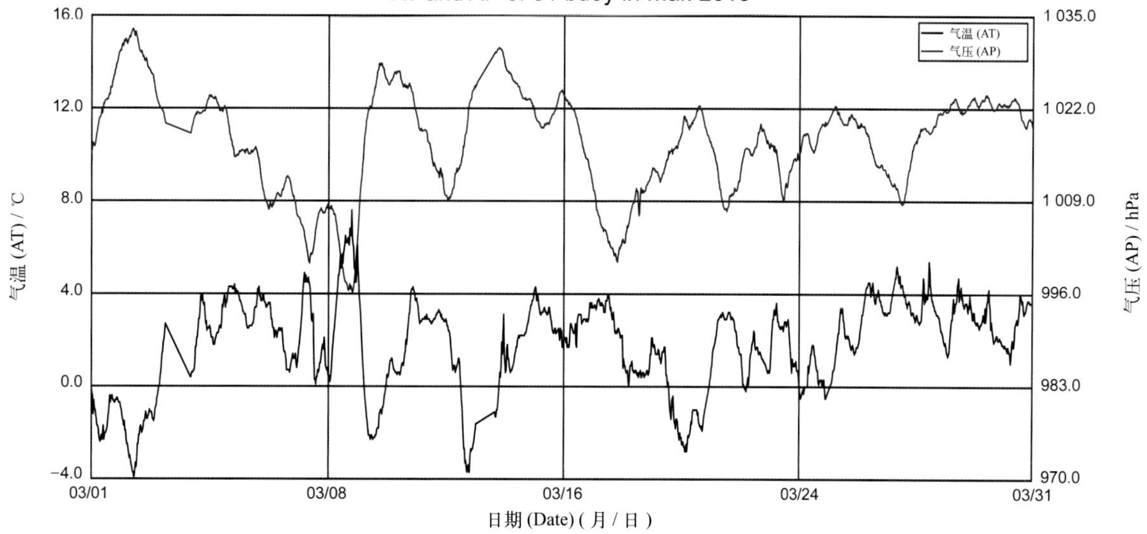

01 号浮标 2013 年 04 月气温、气压观测数据曲线
AT and AP of 01 buoy in Apr. 2013

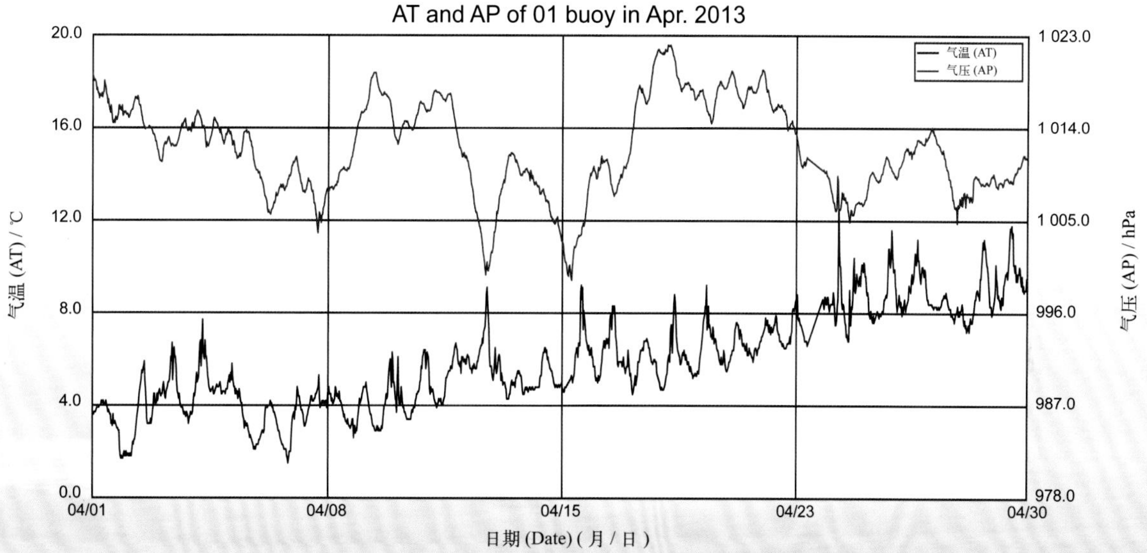

01 号浮标 2013 年 05 月气温、气压观测数据曲线
AT and AP of 01 buoy in May 2013

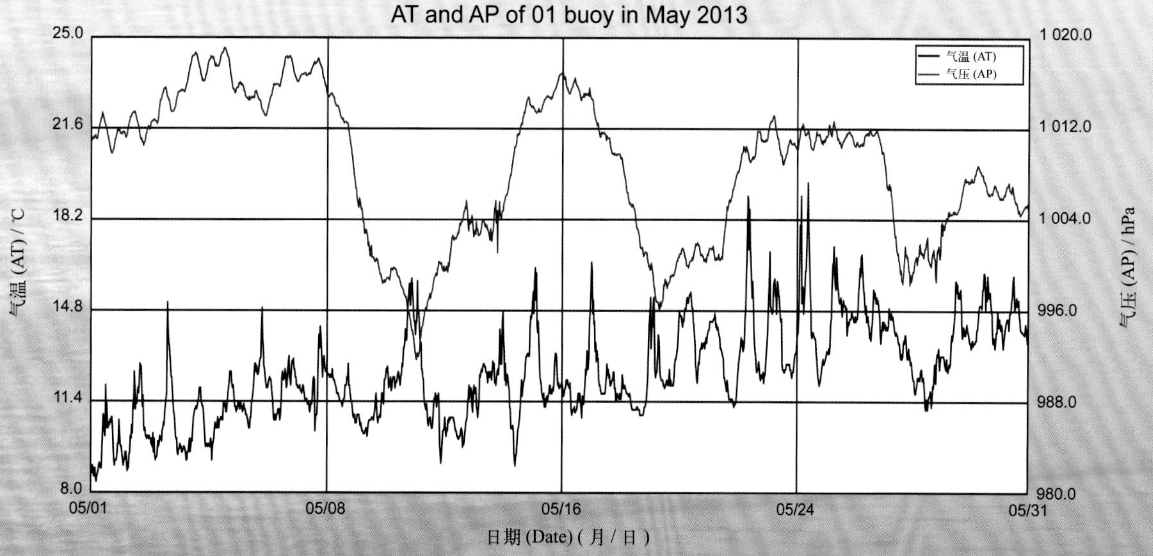

01 号浮标 2013 年 06 月气温、气压观测数据曲线
AT and AP of 01 buoy in Jun. 2013

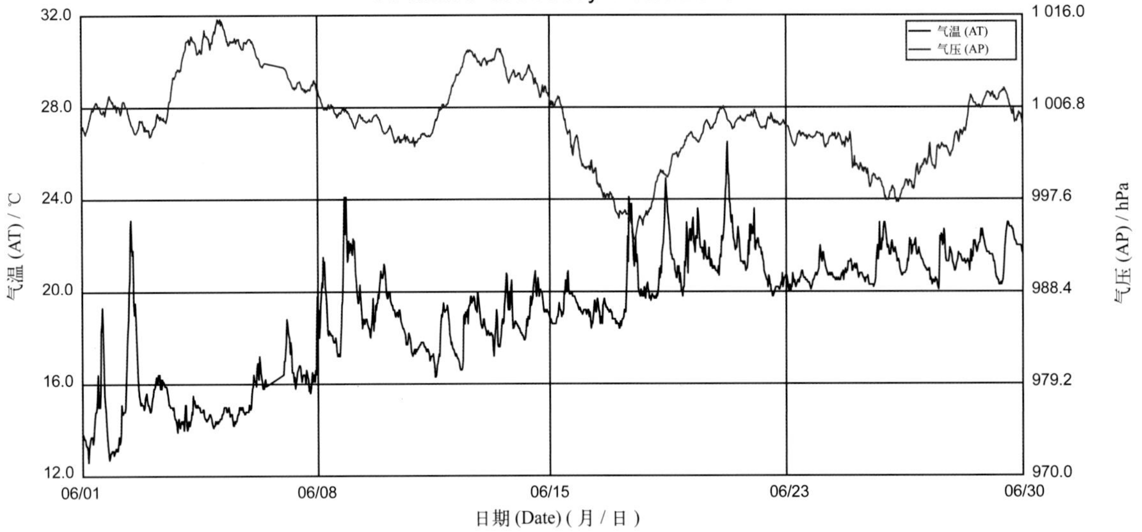

01 号浮标 2013 年 07 月气温、气压观测数据曲线
AT and AP of 01 buoy in Jul. 2013

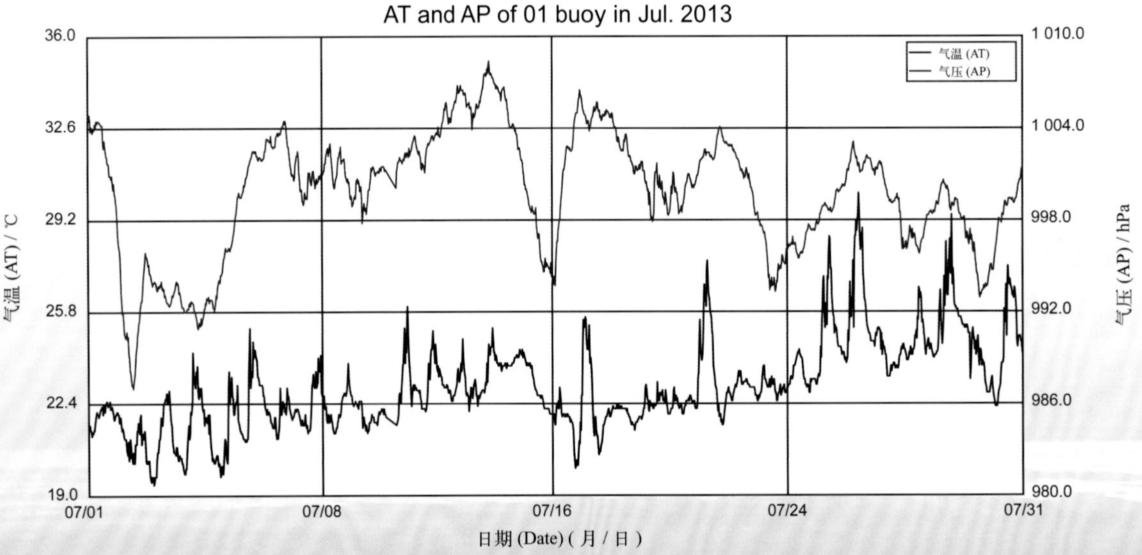

01 号浮标 2013 年 08 月气温、气压观测数据曲线
AT and AP of 01 buoy in Aug. 2013

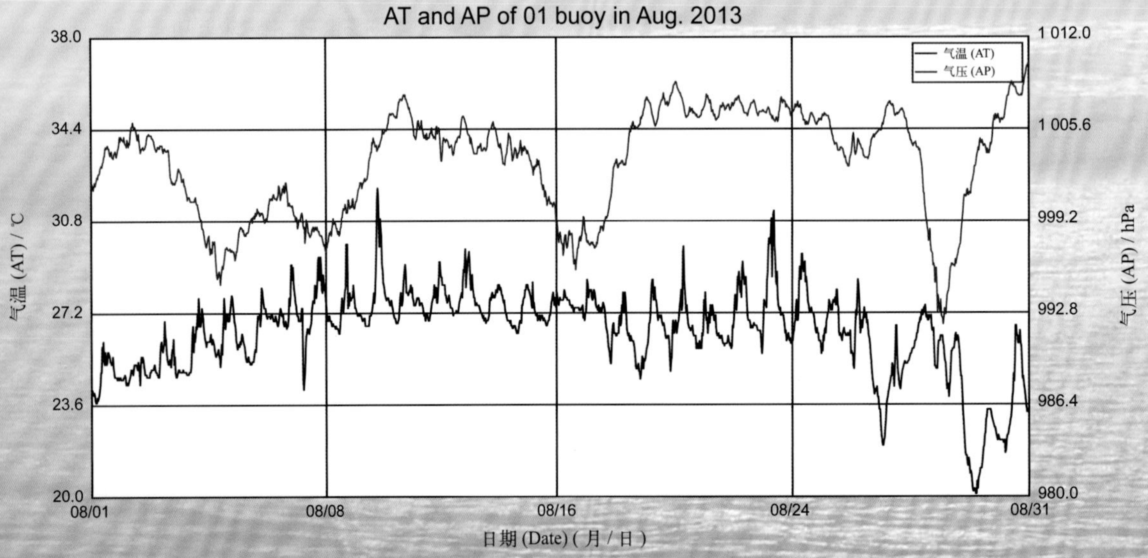

01 号浮标 2013 年 09 月气温、气压观测数据曲线
AT and AP of 01 buoy in Sep. 2013

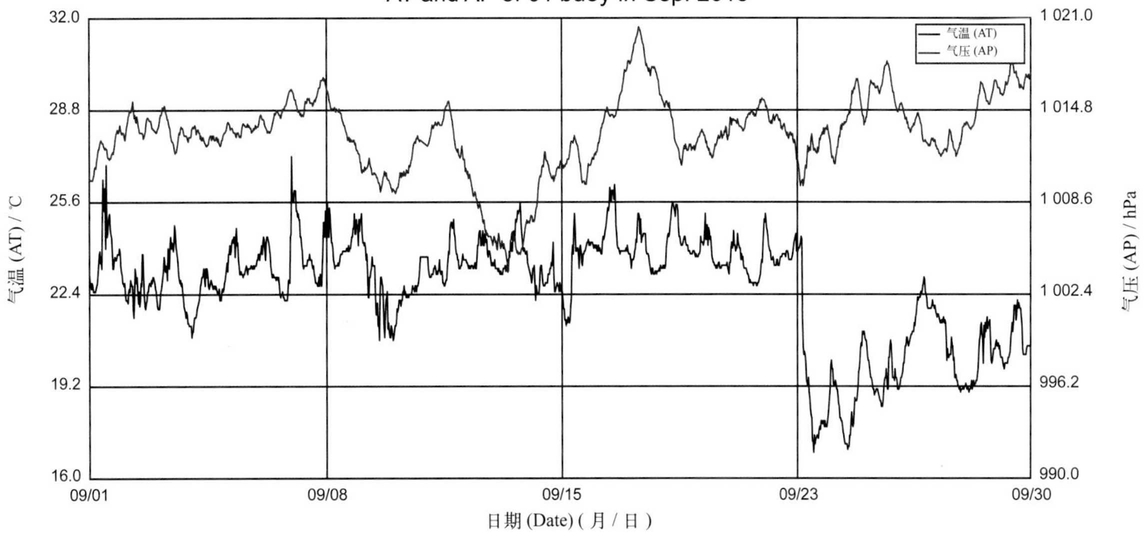

01 号浮标 2013 年 10 月气温、气压观测数据曲线
AT and AP of 01 buoy in Oct. 2013

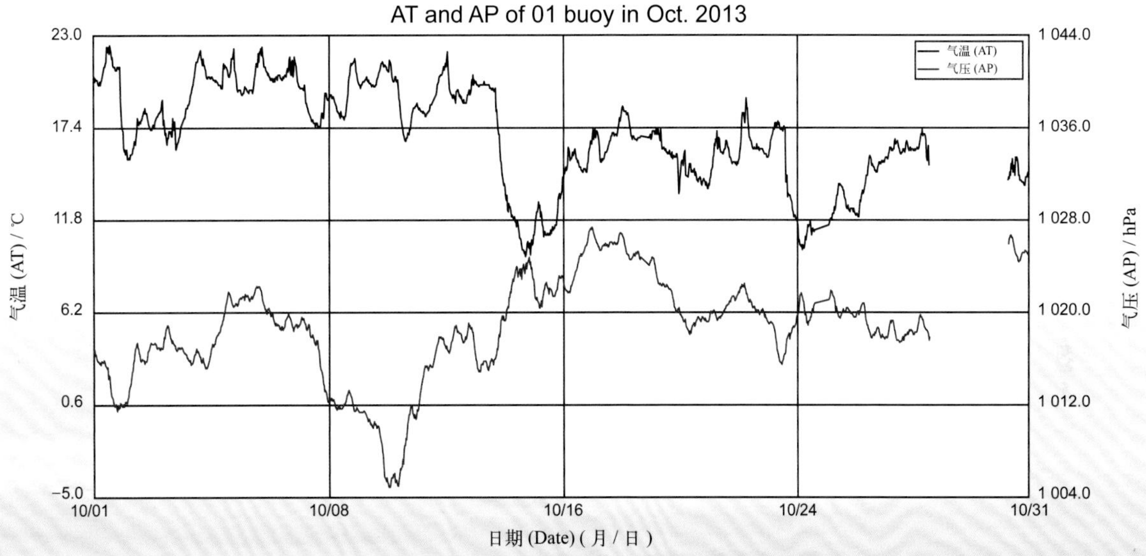

01 号浮标 2013 年 11 月气温、气压观测数据曲线
AT and AP of 01 buoy in Nov. 2013

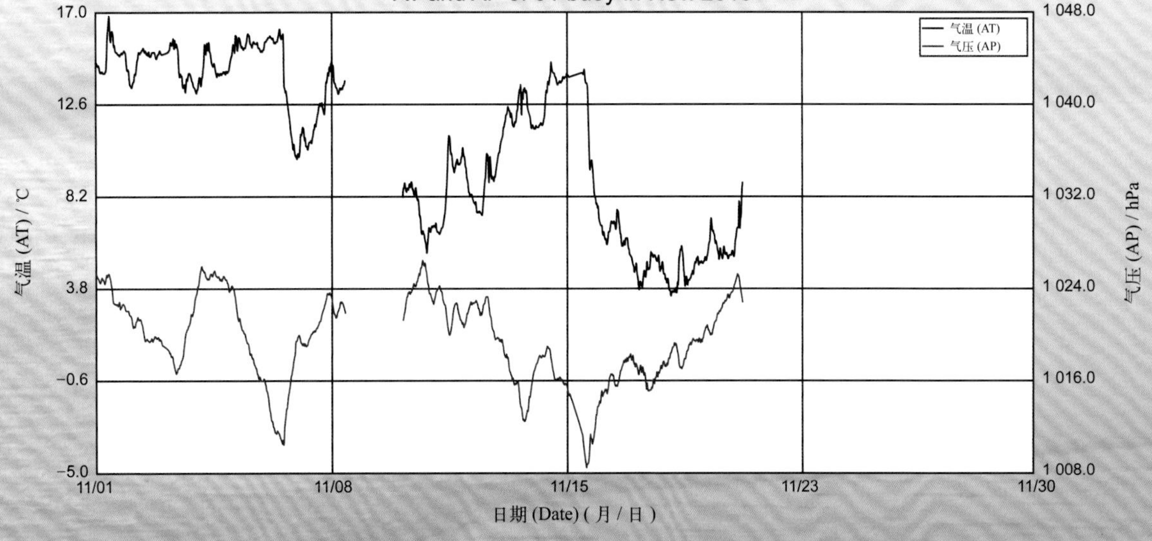

01 号浮标 2013 年 12 月气温、气压观测数据曲线
AT and AP of 01 buoy in Dec. 2013

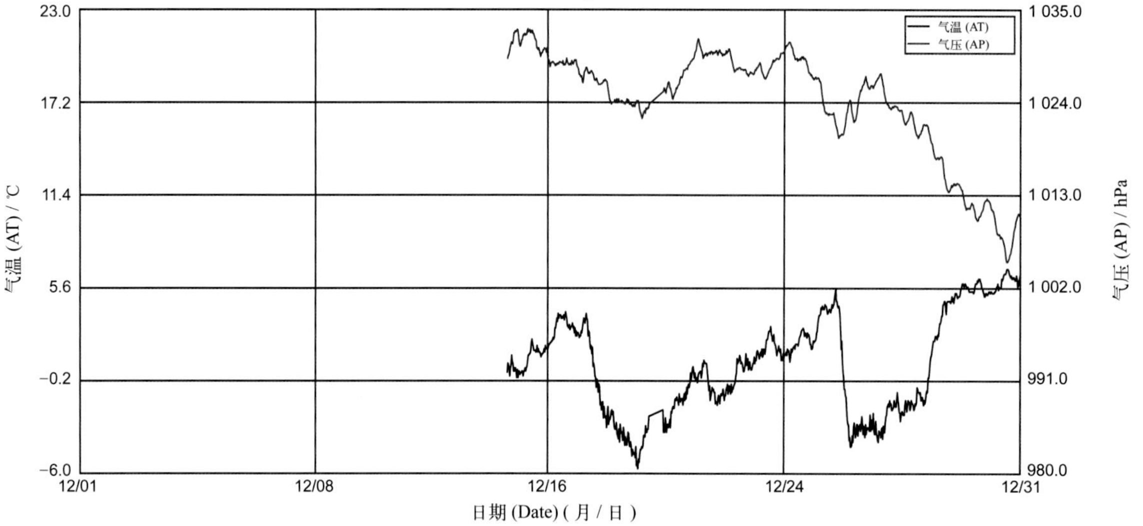

06 号浮标观测数据概述及曲线
（气温和气压）

2012 年，06 号浮标共获取 237 天的气温和气压长序列观测数据。获取数据的主要区间共两个时间段，具体为 3 月 30 日 14:10 至 9 月 12 日 18:40 和 10 月 20 日 09:50 至 12 月 28 日 03:20。

通过对获取数据质量控制和分析，06 号浮标观测海域 2012 年度气温、气压数据和季节数据特征如下：气温年平均值为 20.11℃，气压年平均值为 1 012.64 hPa，测得的年度最高气温和最低气温分别为 30.2℃和 1.5℃，测得的年度最高气压和最低气压分别为 1 032.8 hPa 和 982.8 hPa。以 5 月为春季代表月，观测海域春季的平均气温是 18.35℃，平均气压是 1 011.08 hPa；以 8 月为夏季代表月，观测海域夏季的平均气温是 27.51℃，平均气压是 1 005.05 hPa；以 11 月为秋季代表月，观测海域秋季的平均气温是 15.12℃，平均气压是 1 019.92 hPa。

2012 年，06 号浮标观测海域月度气温、气压变化特征与该海域常年季节气候变化特点基本吻合。浮标观测的气温、气压月平均值和最高值、最低值数据参见表 2。

表 2　2012 年 06 号浮标各月份气温、气压观测数据

月份	气温 / ℃			气压 / hPa			备注
	平均	最高	最低	平均	最高	最低	
1	—	—	—	—	—	—	缺测数据
2	—	—	—	—	—	—	缺测数据
3	—	—	—	—	—	—	缺测 29 天数据
4	13.8	19.8	8.3	1 013.90	1 024.7	999.2	
5	18.35	21.9	14.4	1 011.08	1 018.5	1 003.0	
6	22.81	26.4	19.4	1 005.42	1 015.8	997.5	
7	27.06	29.7	22.9	1 005.61	1 013.2	997.9	
8	27.51	30.2	23.8	1 005.05	1 014.1	982.8	记录 4 次台风
9	—	—	—	—	—	—	缺测 18 天数据
10	—	—	—	—	—	—	缺测 19 天数据
11	15.12	20.6	10.2	1 019.92	1 027.5	1 010.0	
12	10.45	19.0	1.5	1 024.21	1 032.8	1 012.3	缺测 3 天数据，记录 1 次寒潮

2012 年，06 号浮标记录到 1 次寒潮过程和 4 次台风过程。寒潮具体的过程中，12 月 22 日 02:00（11.7℃）至 12 月 24 日 02:00（1.5℃），48 h 气温下降 10.2℃，寒潮期间气压最高值为 1 032.8 hPa（12 月 23 日 10:20）。第一次台风过程，8 月 1—3 日，06 号浮标获取到了第 10 号台风“达维”的相关数据，获取到的最低气压为 998.0 hPa（8 月 2 日 03:00）。第二次台风过程，8 月 7—8 日，06 号浮标获取到了第 11 号强台风“海葵”的相关数据，获取到的最低气压为 992.6 hPa（8 月 8 日 03:30）。第三次台风过程，8 月 27—28 日，06 号浮标获取到了第 15 号强台风“布拉万”的相关数据，获取到的最低气压为 982.8 hPa（8 月 27 日 18:00）。第四次台风过程，8 月 29—30 日，06 号浮标获取到了第 14 号强台风“天秤”的相关数据，获取到的最低气压为 1 001.9 hPa（8 月 29 日 19:40）。

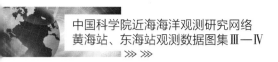

06 号浮标 2012 年气温、气压观测数据曲线
AT and AP of 06 buoy in 2012

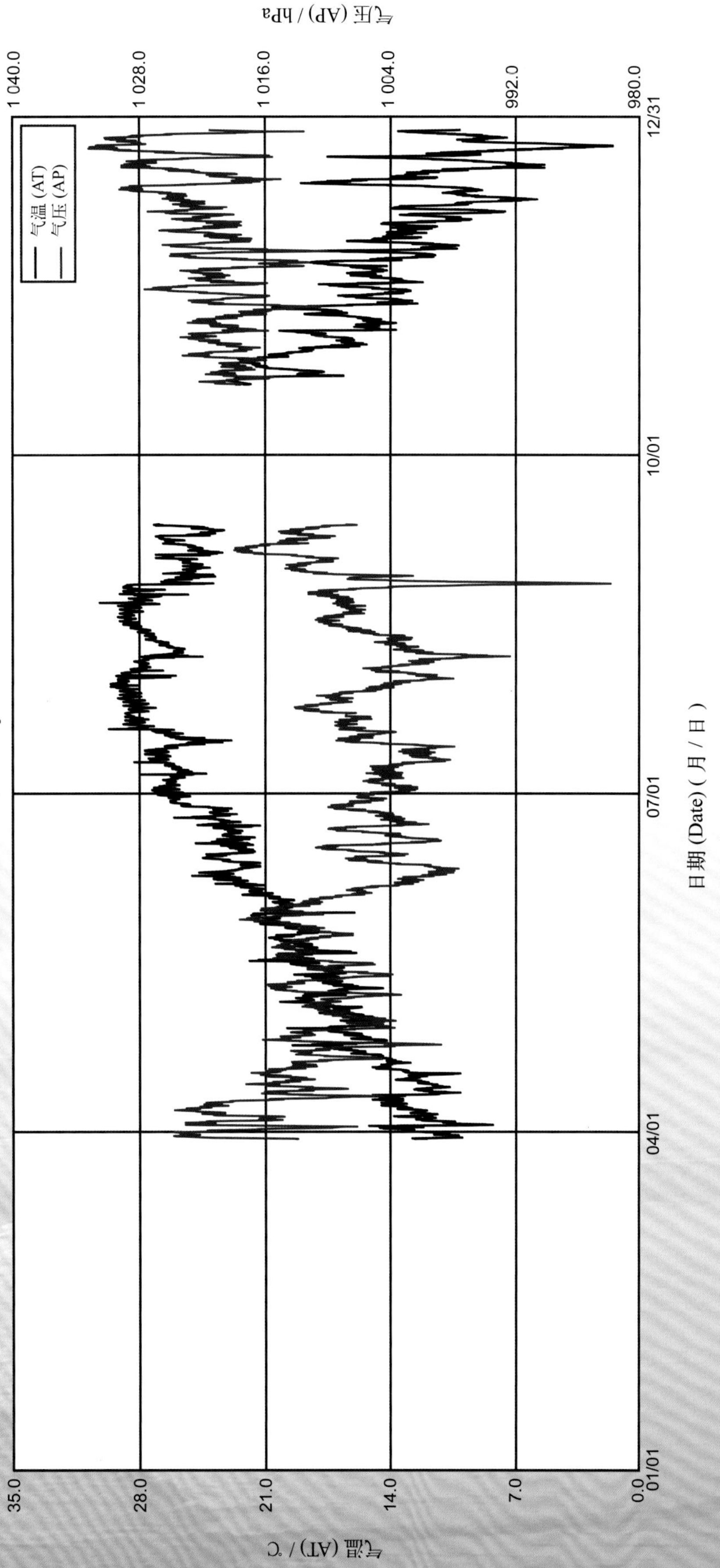

06 号浮标 2012 年 04 月气温、气压观测数据曲线
AT and AP of 06 buoy in Apr. 2012

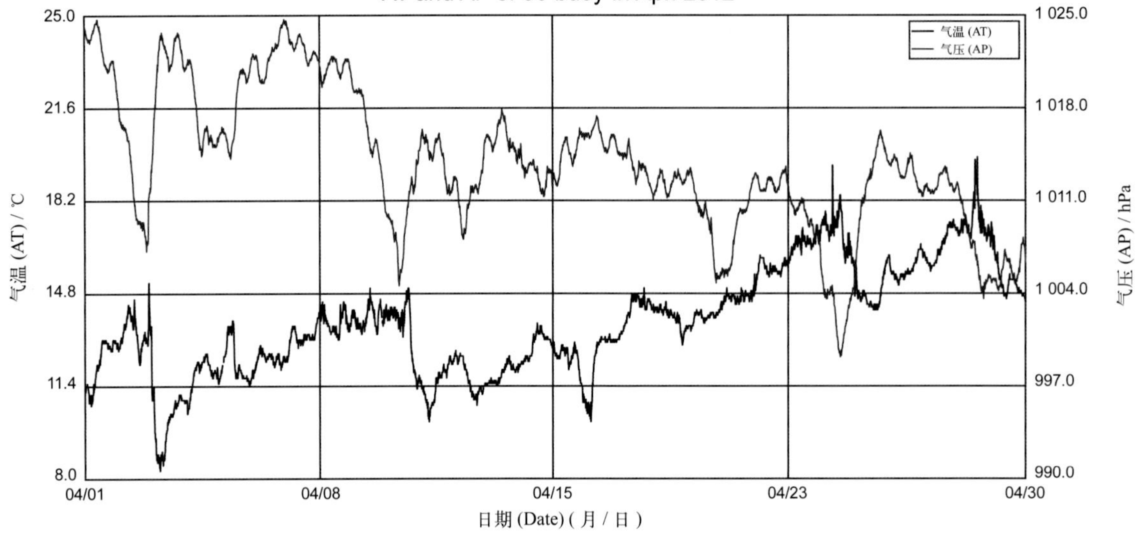

06 号浮标 2012 年 05 月气温、气压观测数据曲线
AT and AP of 06 buoy in May 2012

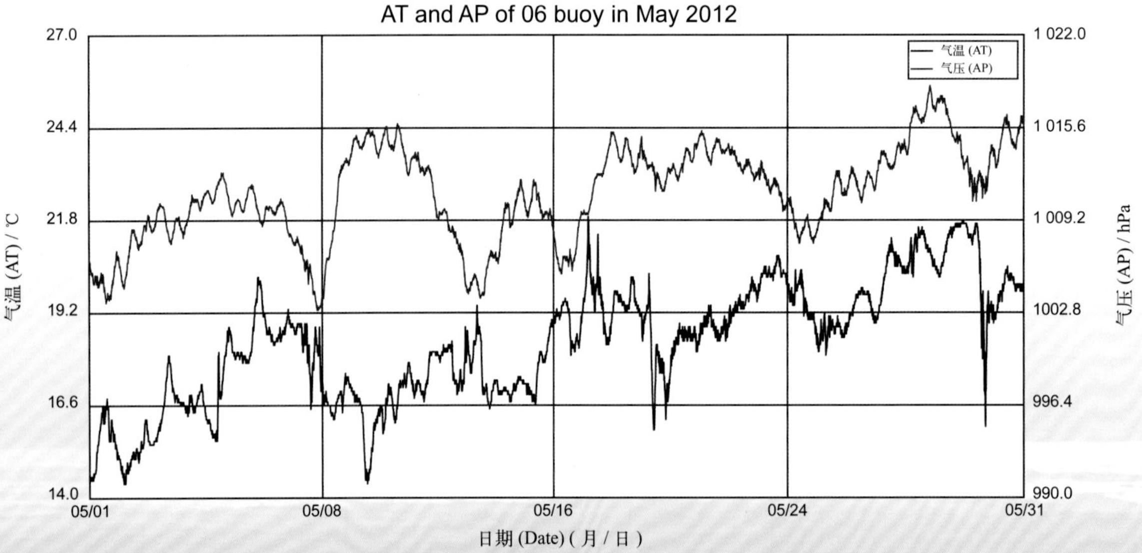

06 号浮标 2012 年 06 月气温、气压观测数据曲线
AT and AP of 06 buoy in Jun. 2012

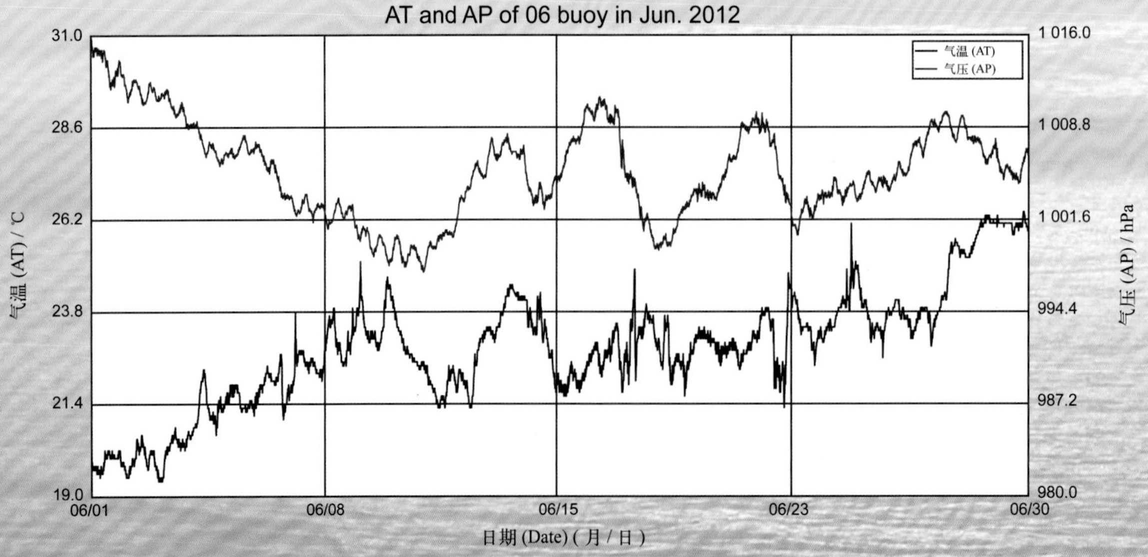

06 号浮标 2012 年 07 月气温、气压观测数据曲线

AT and AP of 06 buoy in Jul. 2012

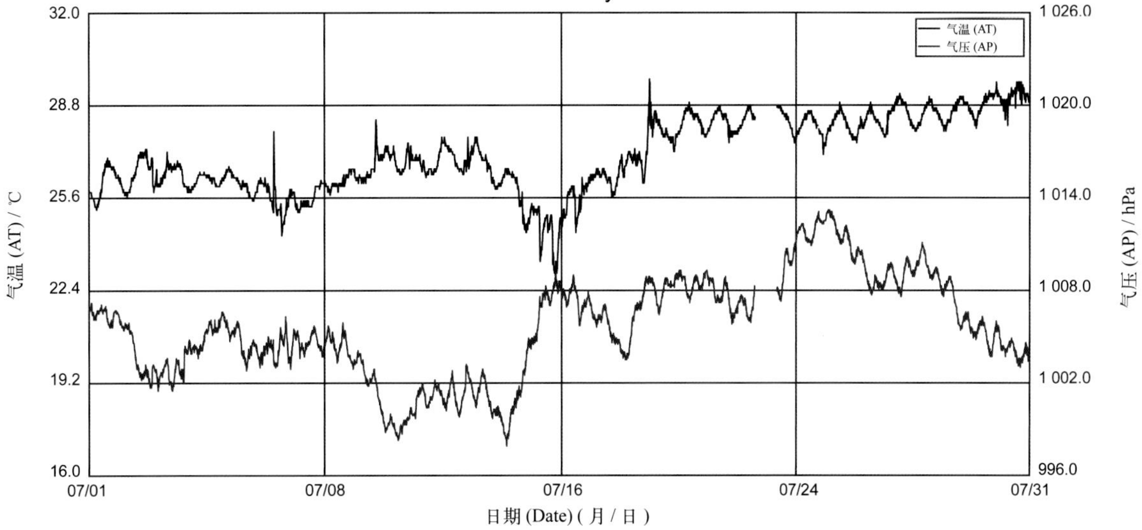

06 号浮标 2012 年 08 月气温、气压观测数据曲线

AT and AP of 06 buoy in Aug. 2012

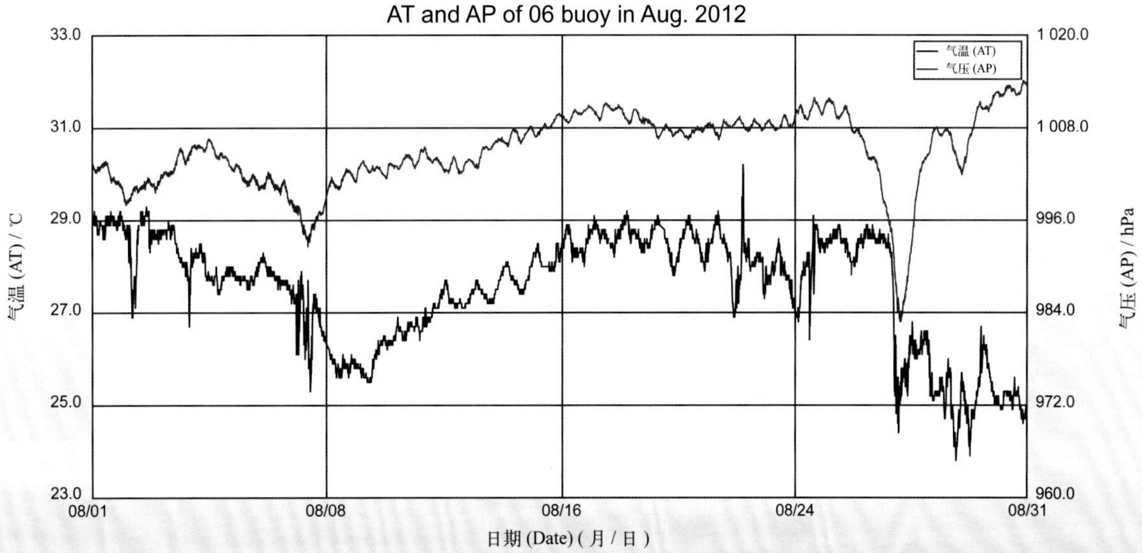

06 号浮标 2012 年 09 月气温、气压观测数据曲线

AT and AP of 06 buoy in Sep. 2012

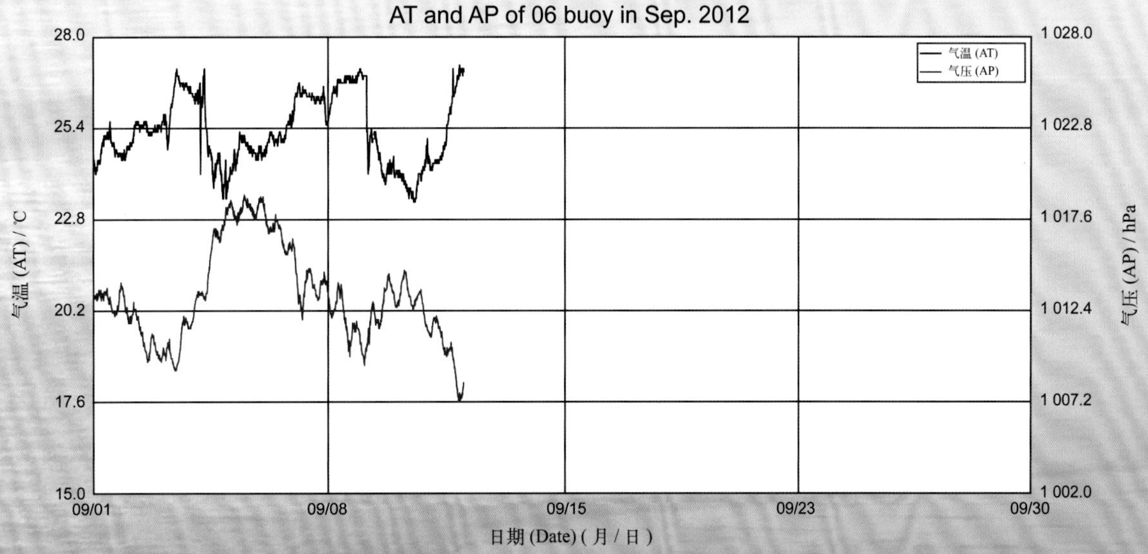

06 号浮标 2012 年 10 月气温、气压观测数据曲线
AT and AP of 06 buoy in Oct. 2012

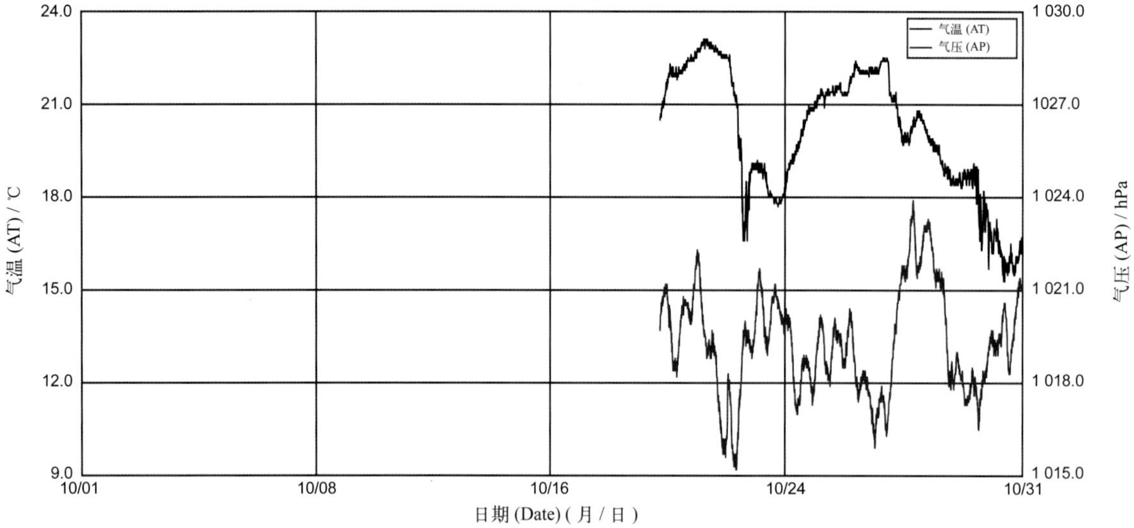

06 号浮标 2012 年 11 月气温、气压观测数据曲线
AT and AP of 06 buoy in Nov. 2012

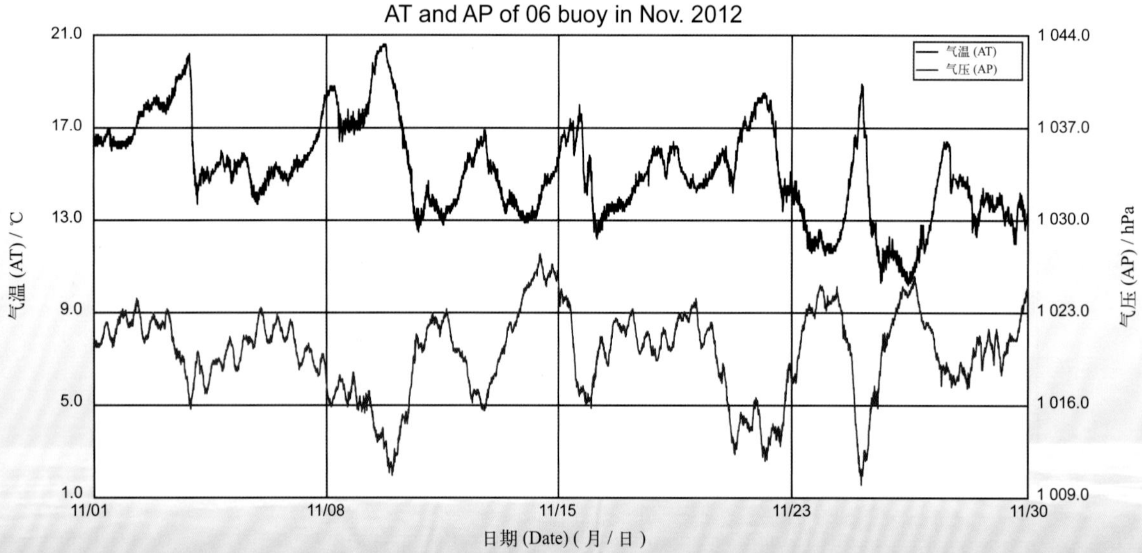

06 号浮标 2012 年 12 月气温、气压观测数据曲线
AT and AP of 06 buoy in Dec. 2012

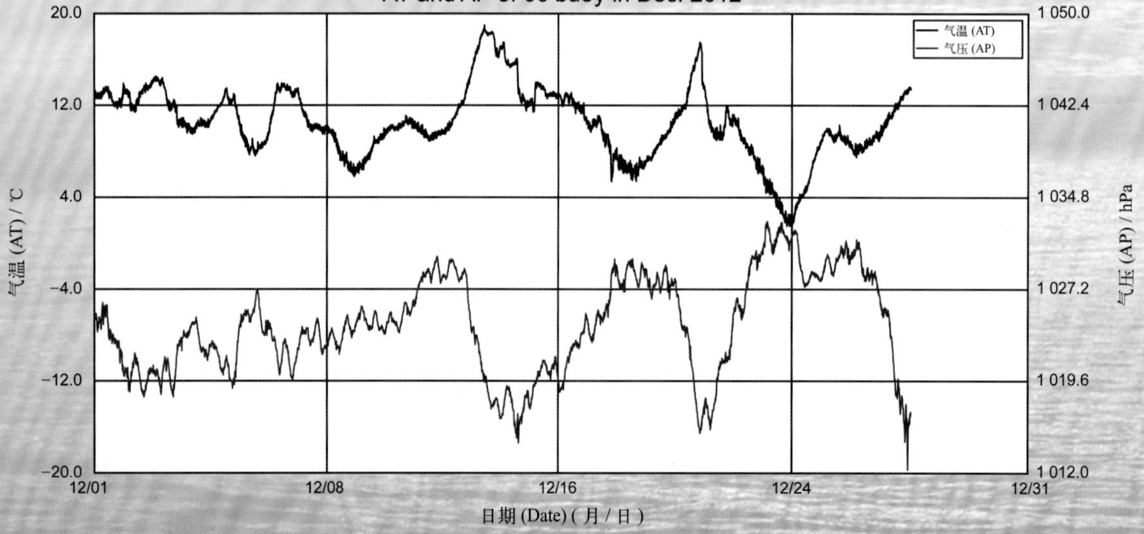

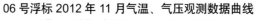

09 号浮标观测数据概述及曲线
（气温和气压）

2013 年，09 号浮标共获取 271 天的气温和气压长序列观测数据。获取数据的主要区间为 4 月 2 日 12:00 至 12 月 31 日 23:30。

通过对获取数据质量控制和分析，09 号浮标观测海域 2013 年度气温、气压数据和季节数据特征如下：气温年平均值为 16.44℃，气压年平均值为 1 011.96 hPa；测得的年度最高气温和最低气温分别为 29.1℃和 −2.6℃；测得的年度最高气压和最低气压分别为 1 033.7 hPa 和 992.2 hPa。以 5 月为春季代表月，观测海域春季的平均气温是 14.29℃，平均气压是 1 008.66 hPa；以 8 月为夏季代表月，观测海域夏季的平均气温是 25.17℃，平均气压是 1 003.94 hPa；以 11 月为秋季代表月，观测海域秋季的平均气温是 10.90℃，平均气压是 1 021.04 hPa。

2013 年，09 号浮标观测海域月度气温、气压变化特征与该海域常年季节气候变化特点基本吻合。浮标观测的气温、气压月平均值和最高值、最低值数据参见表 3。

表 3　2013 年 09 号浮标各月份气温、气压观测数据

月份	气温 / ℃			气压 / hPa			备注
	平均	最高	最低	平均	最高	最低	
1	—	—	—	—	—	—	缺测数据
2	—	—	—	—	—	—	缺测数据
3	—	—	—	—	—	—	缺测数据
4	8.97	18.6	2.5	1 013.08	1 023.3	996.9	缺测 1 天数据
5	14.29	20.5	9.4	1 008.66	1 021.4	994.1	
6	19.06	26.1	14.8	1 005.87	1 014.4	994.3	
7	22.63	28.3	19.2	1 000.75	1 006.5	992.2	
8	25.17	29.1	19.6	1 003.94	1 011.6	994.8	
9	23.04	27.2	16.3	1 013.36	1 019.7	1 005.6	
10	18.44	23.8	10.7	1 019.29	1 027.9	1 007.3	缺测 2 天数据
11	10.90	18.4	−0.1	1 021.04	1 028.5	1 003.8	缺测 1 天数据
12	4.28	11.9	−2.6	1 024.01	1 033.7	1 010.6	

09 号浮标 2013 年气温、气压观测数据曲线
AT and AP of 09 buoy in 2013

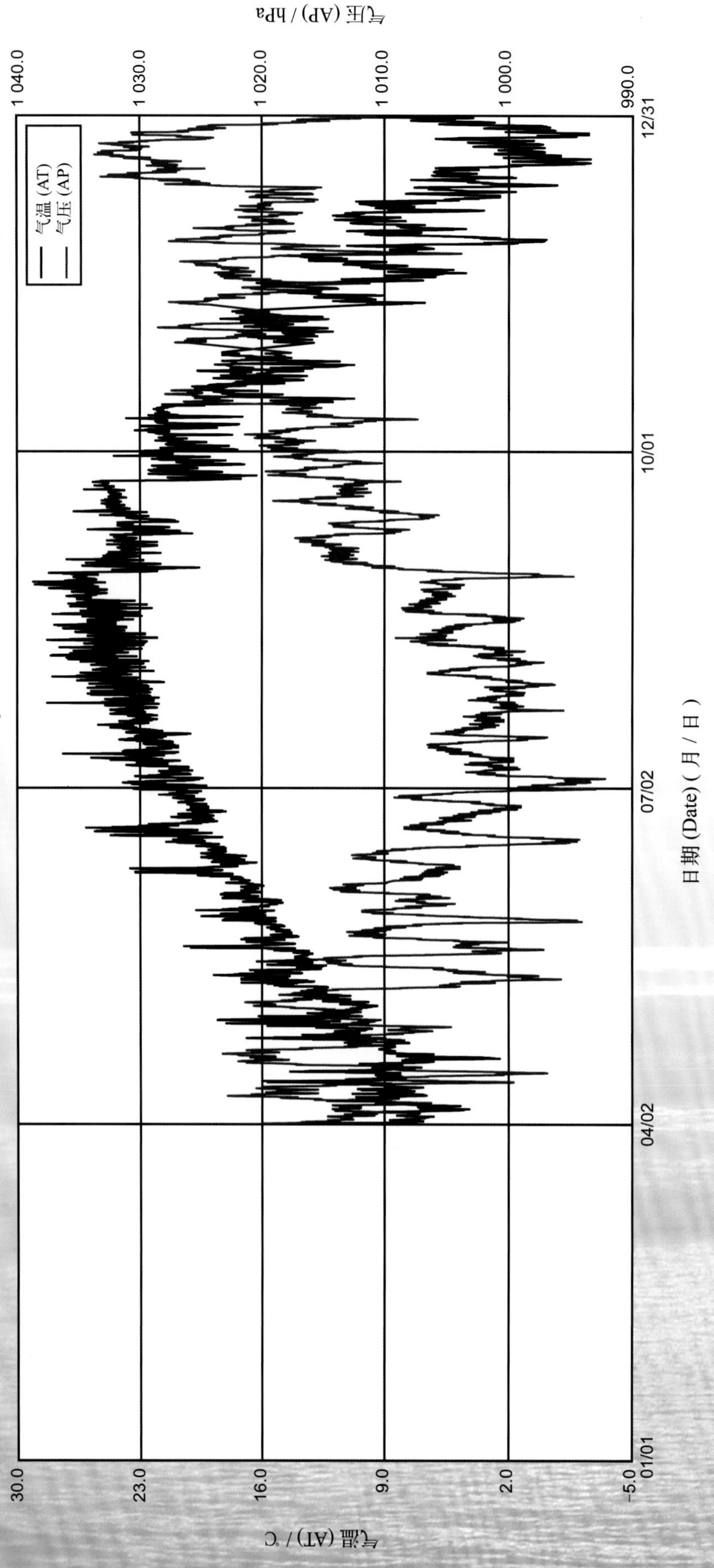

09 号浮标 2013 年 04 月气温、气压观测数据曲线

AT and AP of 09 buoy in Apr. 2013

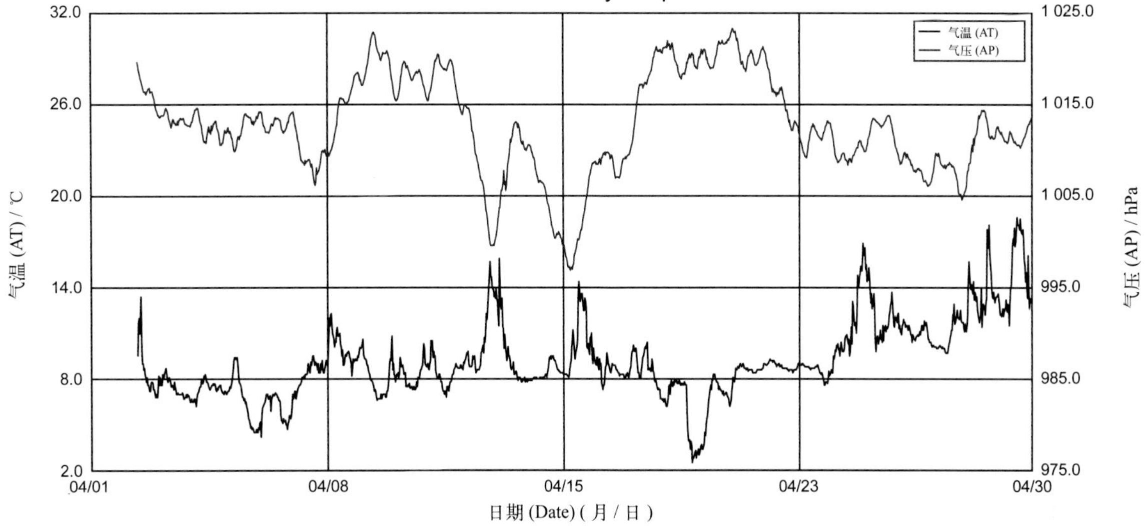

09 号浮标 2013 年 05 月气温、气压观测数据曲线

AT and AP of 09 buoy in May 2013

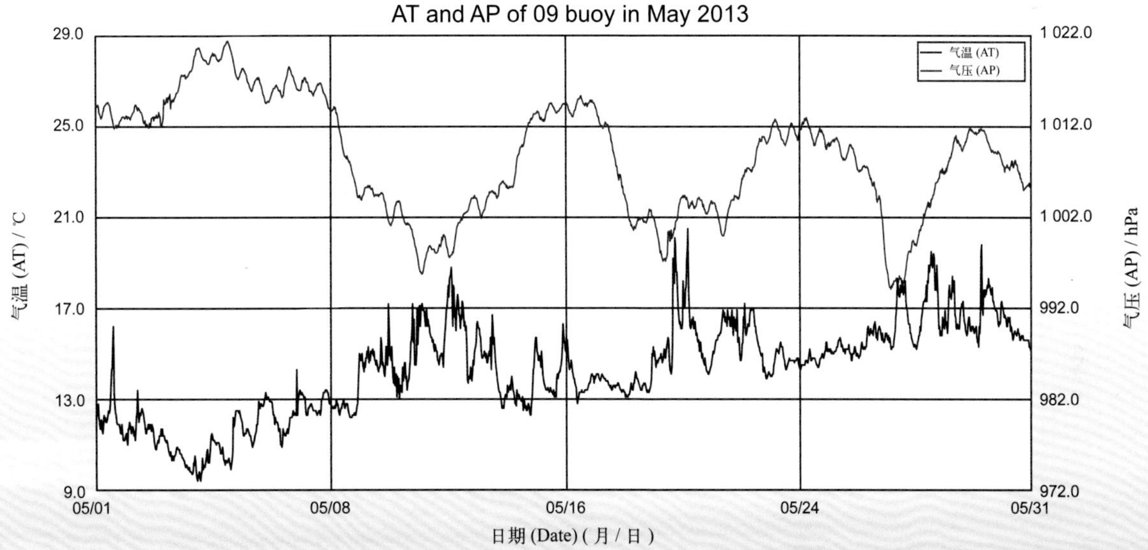

09 号浮标 2013 年 06 月气温、气压观测数据曲线

AT and AP of 09 buoy in Jun. 2013

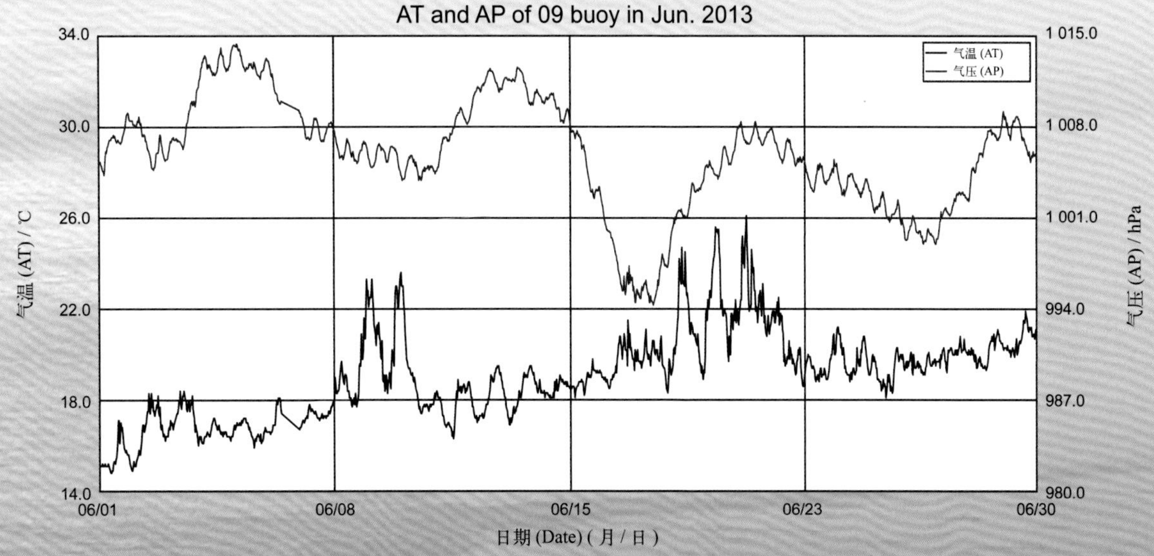

09 号浮标 2013 年 07 月气温、气压观测数据曲线
AT and AP of 09 buoy in Jul. 2013

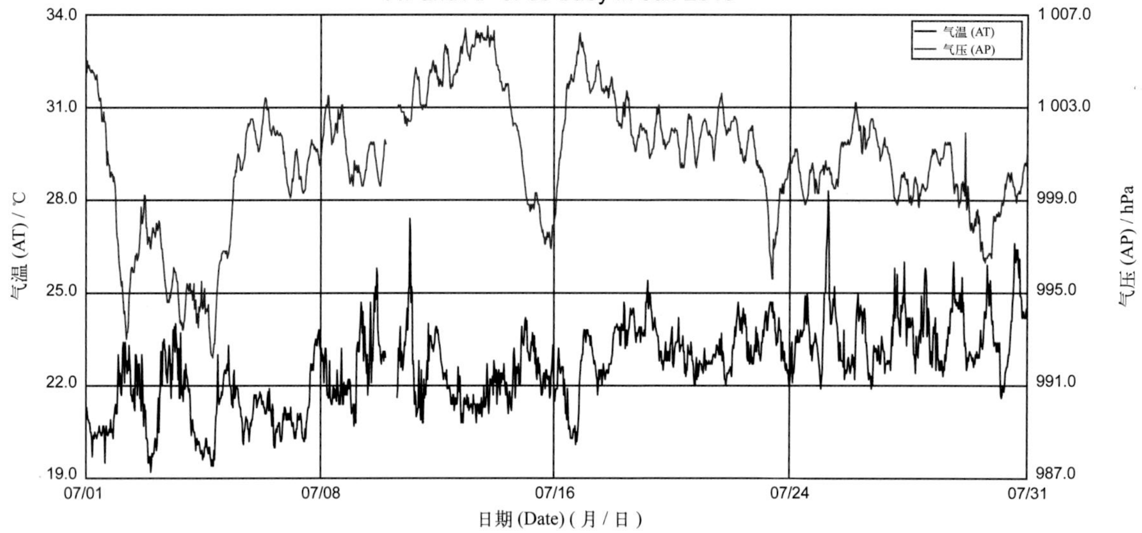

09 号浮标 2013 年 08 月气温、气压观测数据曲线
AT and AP of 09 buoy in Aug. 2013

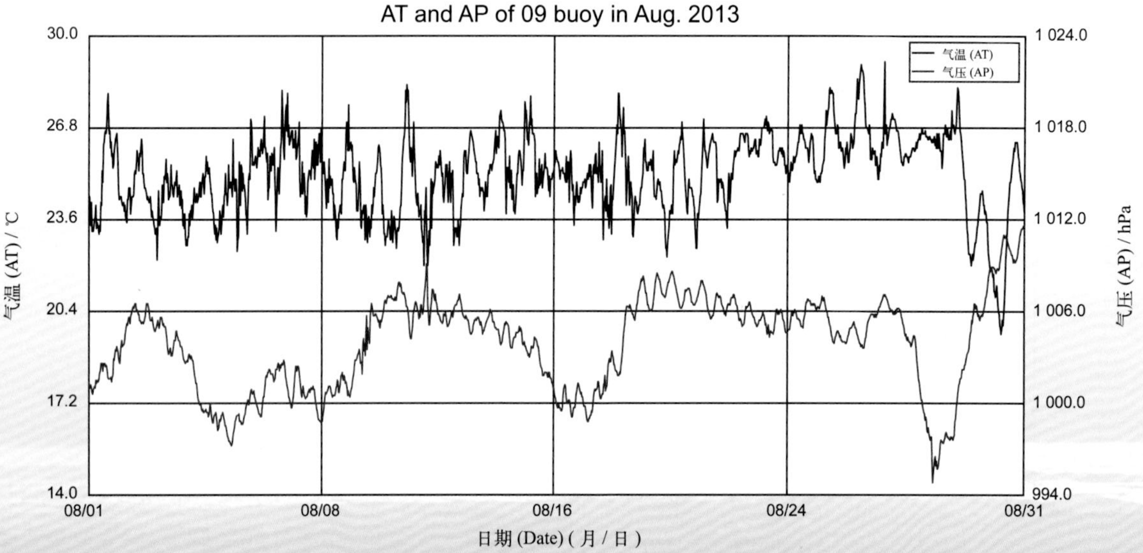

09 号浮标 2013 年 09 月气温、气压观测数据曲线
AT and AP of 09 buoy in Sep. 2013

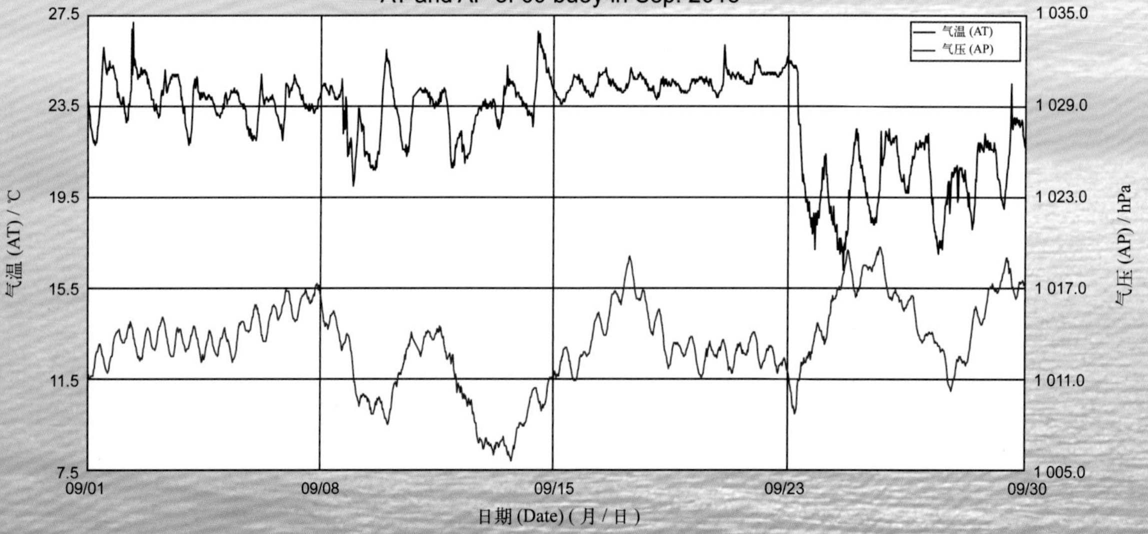

09 号浮标 2013 年 10 月气温、气压观测数据曲线
AT and AP of 09 buoy in Oct. 2013

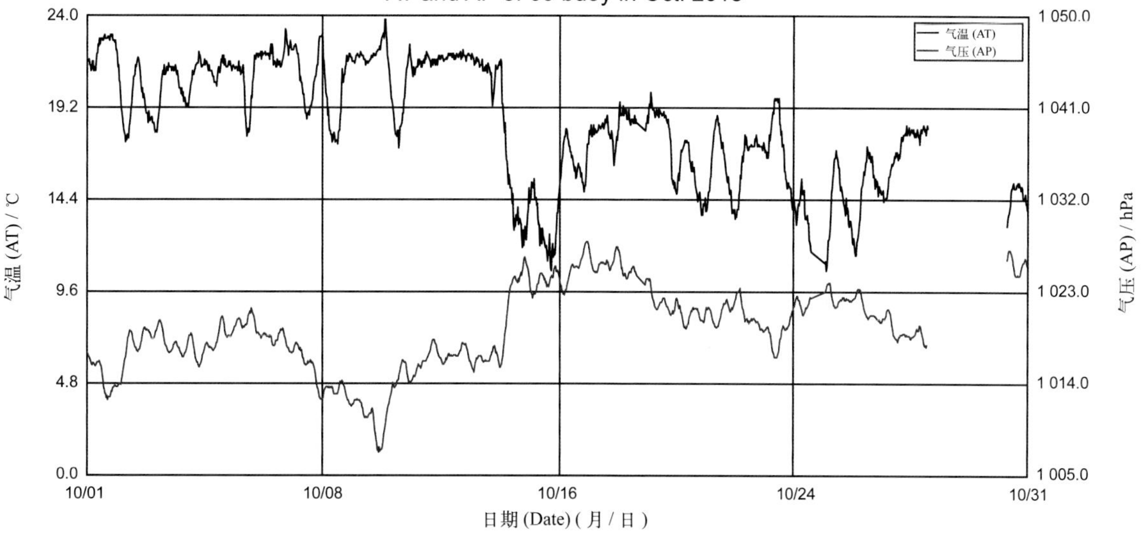

09 号浮标 2013 年 11 月气温、气压观测数据曲线
AT and AP of 09 buoy in Nov. 2013

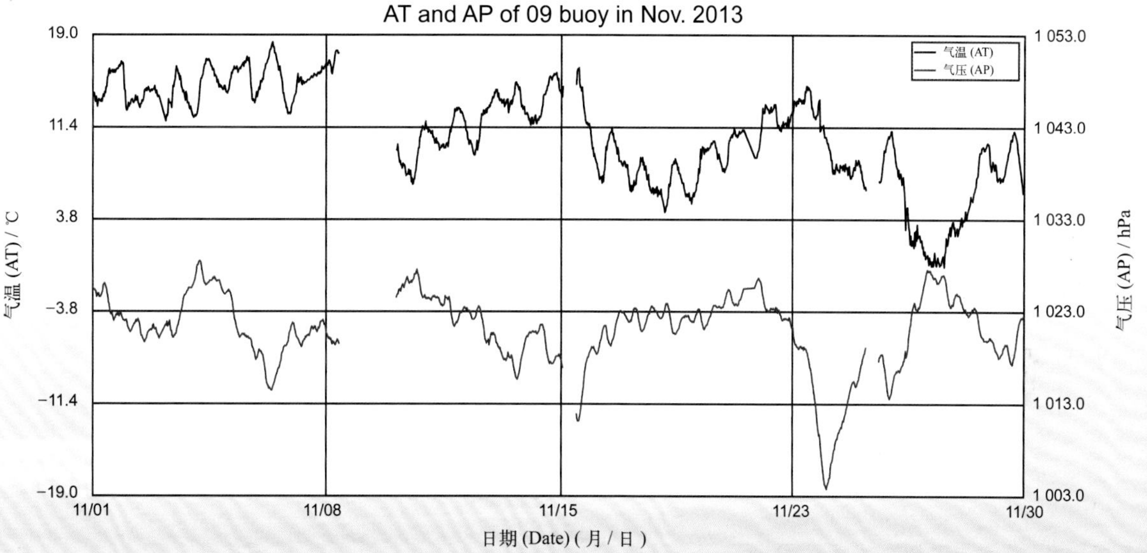

09 号浮标 2013 年 12 月气温、气压观测数据曲线
AT and AP of 09 buoy in Dec. 2013

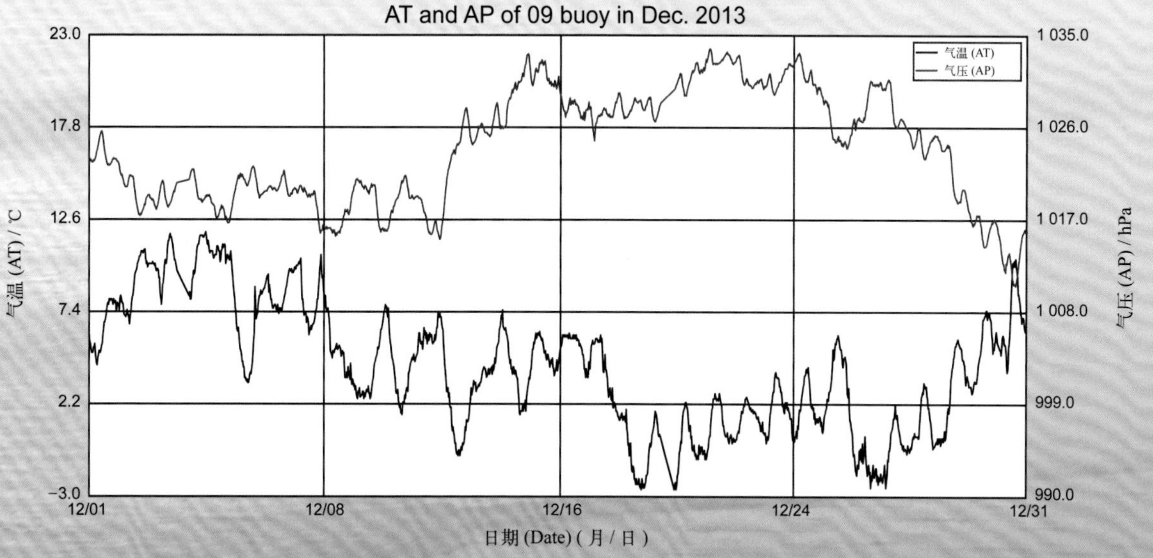

01 号浮标观测数据概述及玫瑰图
（风速和风向）

2012 年，01 号浮标共获取 226 天的长序列风速、风向观测数据。获取数据的主要区间共两个时间段，具体为 3 月 7 日 10:00 至 5 月 25 日 09:00 和 8 月 4 日 11:00 至 12 月 28 日 03:00。

2013 年，01 号浮标共获取 332 天的长序列风速、风向观测数据。获取数据的主要区间共三个时间段，具体为 1 月 1 日 00:00 至 1 月 22 日 22:30、1 月 30 日 12:00 至 11 月 21 日 8:30 和 12 月 15 日 09:00 至 12 月 31 日 23:30。

表 4　01 号浮标各月份 6 级以上大风日数及主要风向

月份	6 级以上大风日数		6 级以上大风主要风向		备注
	2012 年	2013 年	2012 年	2013 年	
1	—	4 天	—	NNW	2012 年缺测数据；2013 年缺测 7 天数据
2	—	8 天	—	NNW	2012 年缺测数据；2013 年记录 1 次寒潮过程
3	7 天	10 天	WNW	NNW	2012 年缺测 6 天数据
4	2 天	3 天	WNW	NW	
5	0 天	1 天	—	E	2012 年缺测 6 天数据
6	—	0 天	—	—	2012 年缺测数据
7	—	1 天	—	SSW	2012 年缺测数据
8	2 天	1 天	NW	SSW	2012 年缺测 3 天数据，记录 1 次台风
9	5 天	2 天	NW	NNW	2012 年缺测 1 天数据，记录 1 次台风
10	9 天	2 天	NNW	NNW	2013 年缺测 2 天数据
11	14 天	3 天	NNW	NW	2013 年缺测 10 天数据
12	12 天	8 天	NW	NNW	2012 年缺测 3 天数据；2013 年缺测 14 天数据

通过对获取数据质量控制和分析，01 号浮标观测海域两个年度的风速、风向数据和季节数据特征如下：2012 年测得的年度最大风速为 20.2 m/s（8 月 28 日），对应风向为 335°；2013 年测得的年度最大风速为 17.9 m/s（3 月 9 日），对应风向为 13°。2012 年，01 号浮标记录到的 6 级以上大风日

数总计 51 天，其中 6 级以上大风日数最多的月份为 11 月（14 天）。观测海域春季代表月（5 月）的 6 级以上大风日数为 0 天；观测海域夏季代表月（8 月）的 6 级以上大风日数为 2 天，大风主要风向为 NW；观测海域秋季代表月（11 月）的 6 级以上大风日数为 14 天，大风主要风向为 NNW。2013 年，01 号浮标记录到的 6 级以上大风日数总计 43 天，其中 6 级以上大风日数最多的月份为 3 月（10 天）。观测海域冬季代表月（2 月）的 6 级以上大风日数为 8 天，大风主要风向为 NNW；观测海域春季代表月（5 月）的 6 级以上大风日数为 1 天，大风主要风向为 E；观测海域夏季代表月（8 月）的 6 级以上大风日数为 1 天，大风主要风向为 SSW；观测海域秋季代表月（11 月）的 6 级以上大风日数为 3 天，大风主要风向为 NW。

2012 年，01 号浮标记录到 2 次台风过程。第一次台风过程，受第 15 号强台风“布拉万”影响，01 号浮标获取到的最大风速达 20.2 m/s（8 月 28 日 16:00），对应的风向为 335°，7 级以上大风持续了 10 h（8 月 28 日 11:00—21:00），台风影响期间的主要风向为 NW。第二次台风过程，受第 16 号超强台风“三巴”影响，01 号浮标获取到的最大风速为 11.3 m/s（9 月 17 日 18:00 和 20:30），对应风向为 319° 和 324°，台风影响期间的主要风向为 NW。

2013 年，01 号浮标记录到 1 次寒潮过程。寒潮具体的过程中，最大风速为 15.3 m/s（7 级，2 月 6 日 19:30），对应风向为 336°，寒潮影响期间的主要风向为 NNW。

01 号浮标 2012 年风速、风向观测数据玫瑰图
WS and WD of 01 buoy in 2012

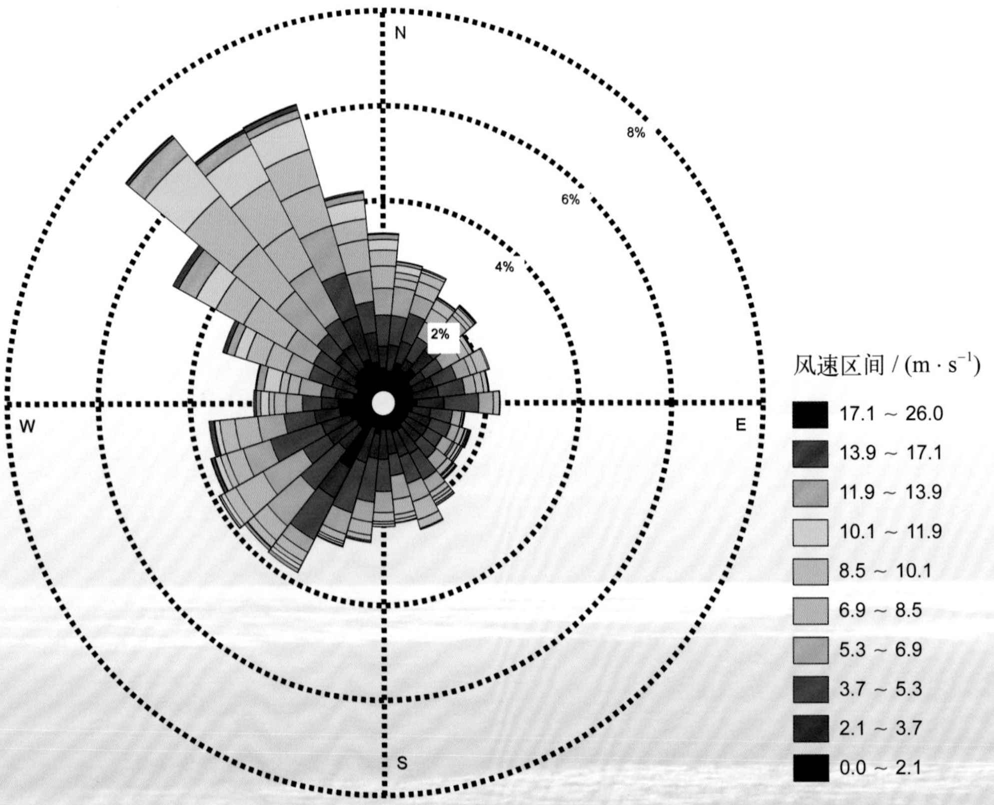

01 号浮标 2013 年风速、风向观测数据玫瑰图

WS and WD of 01 buoy in 2013

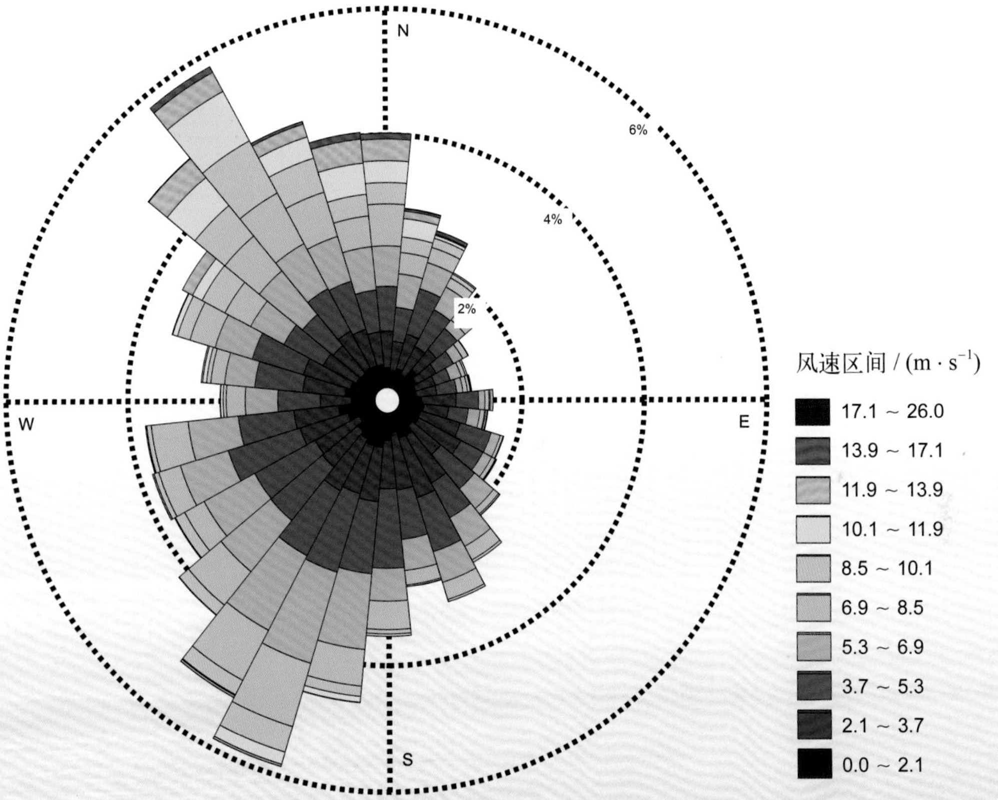

01 号浮标 2012 年 03 月风速、风向观测数据玫瑰图

WS and WD of 01 buoy in Mar. 2012

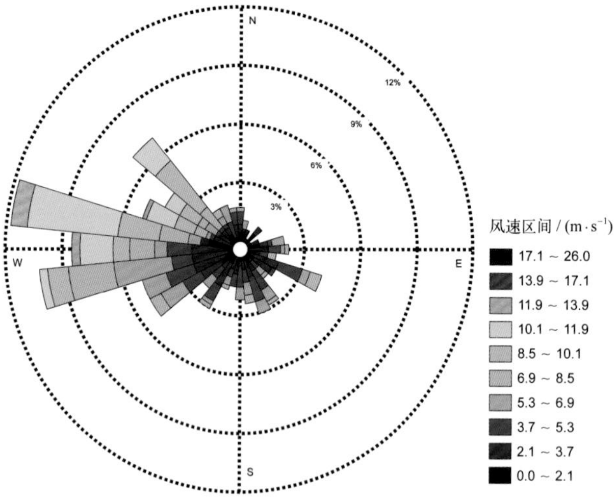

01 号浮标 2012 年 04 月风速、风向观测数据玫瑰图

WS and WD of 01 buoy in Apr. 2012

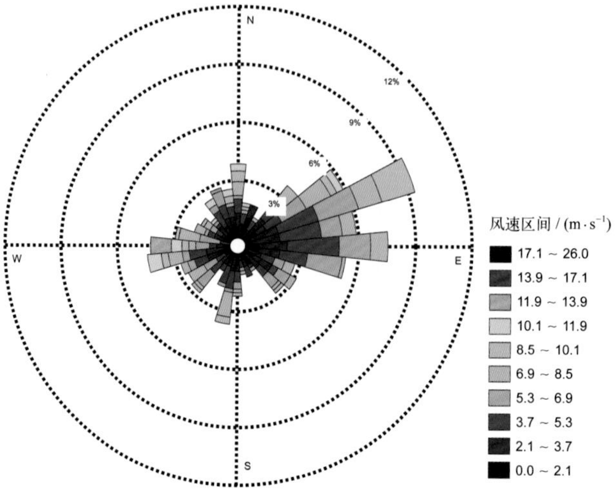

01 号浮标 2012 年 05 月风速、风向观测数据玫瑰图

WS and WD of 01 buoy in May 2012

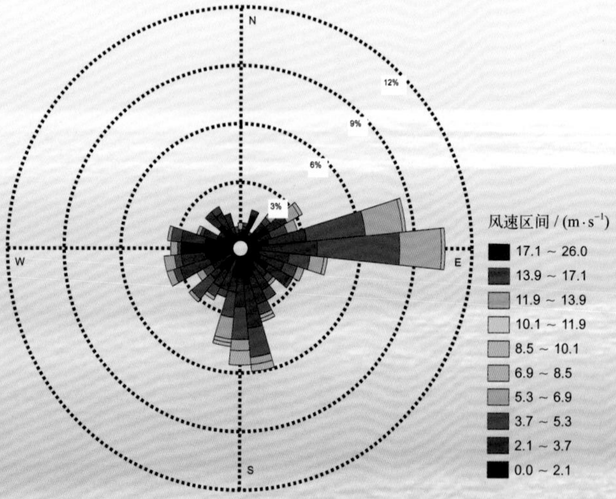

01 号浮标 2012 年 08 月风速、风向观测数据玫瑰图

WS and WD of 01 buoy in Aug. 2012

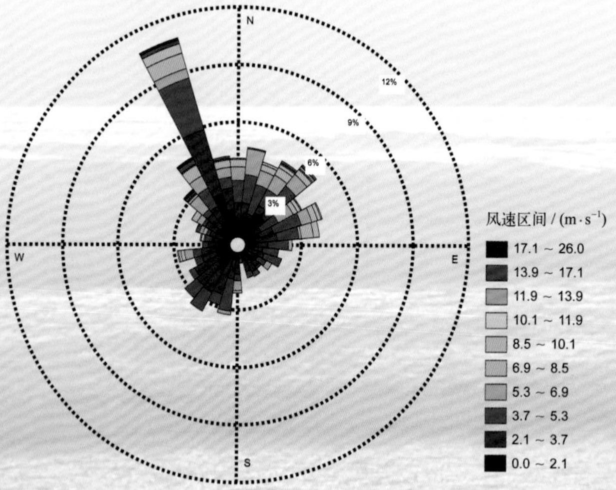

01号浮标2012年09月风速、风向观测数据玫瑰图
WS and WD of 01 buoy in Sep. 2012

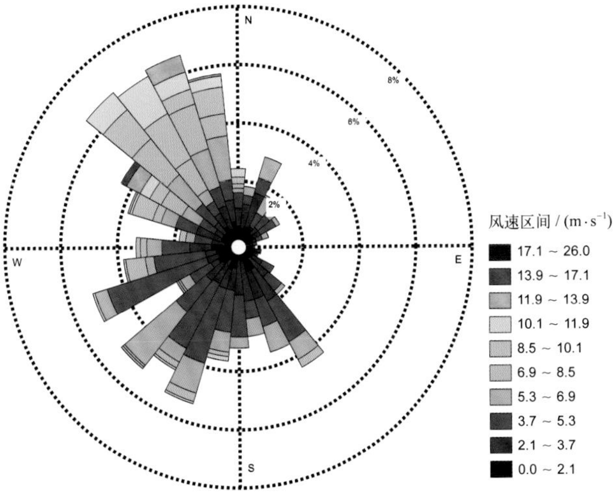

01号浮标2012年10月风速、风向观测数据玫瑰图
WS and WD of 01 buoy in Oct. 2012

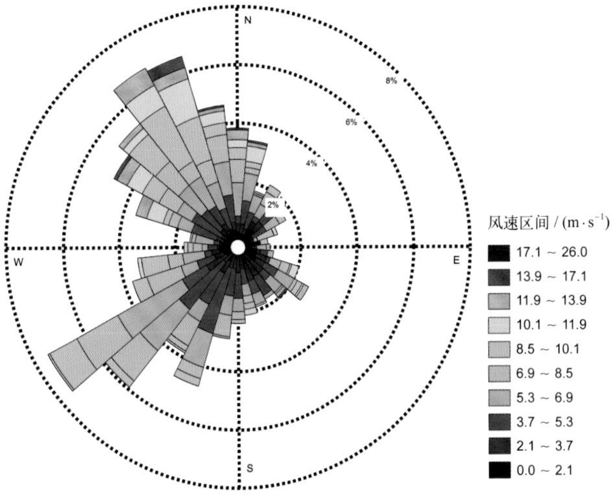

01号浮标2012年11月风速、风向观测数据玫瑰图
WS and WD of 01 buoy in Nov. 2012

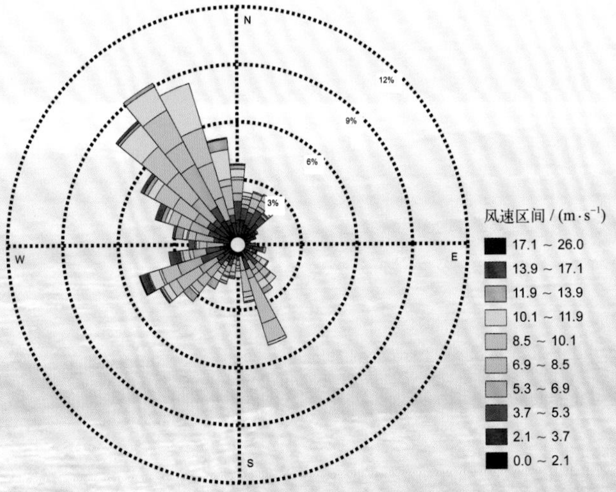

01号浮标2012年12月风速、风向观测数据玫瑰图
WS and WD of 01 buoy in Dec. 2012

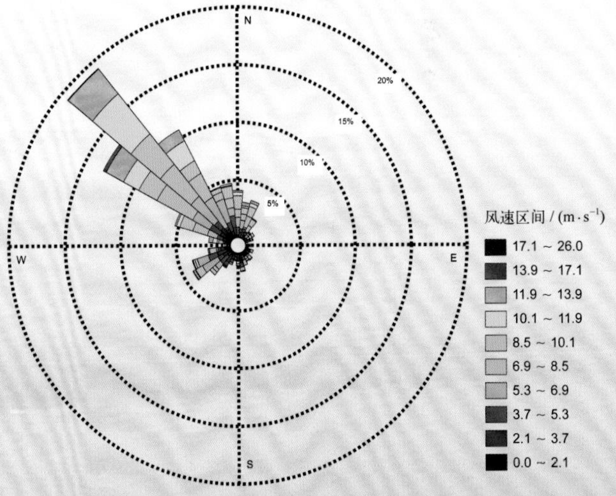

01 号浮标 2013 年 01 月风速、风向观测数据玫瑰图
WS and WD of 01 buoy in Jan. 2013

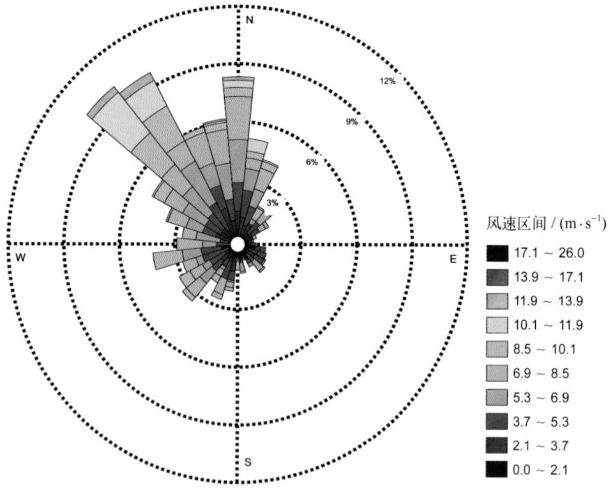

01 号浮标 2013 年 02 月风速、风向观测数据玫瑰图
WS and WD of 01 buoy in Feb. 2013

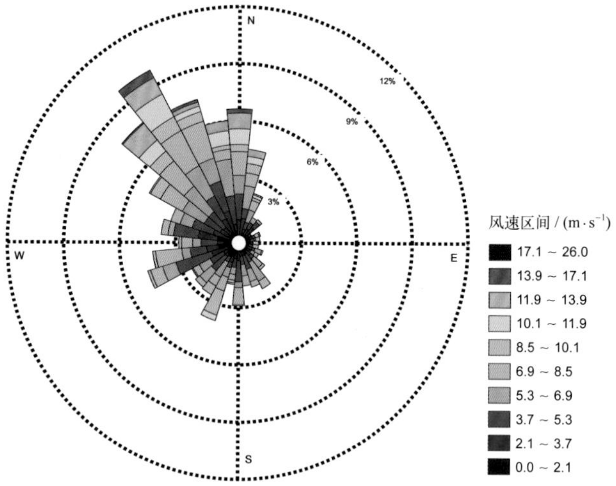

01 号浮标 2013 年 03 月风速、风向观测数据玫瑰图
WS and WD of 01 buoy in Mar. 2013

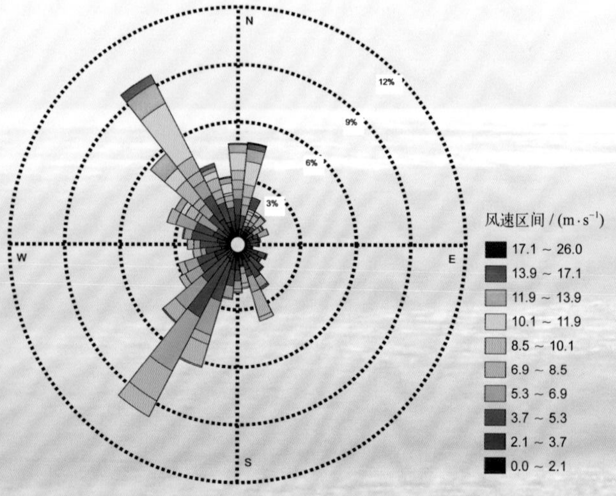

01 号浮标 2013 年 04 月风速、风向观测数据玫瑰图
WS and WD of 01 buoy in Apr. 2013

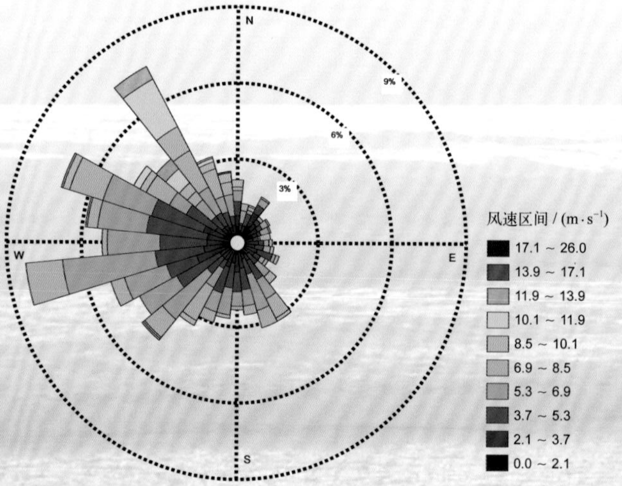

01 号浮标 2013 年 05 月风速、风向观测数据玫瑰图

WS and WD of 01 buoy in May 2013

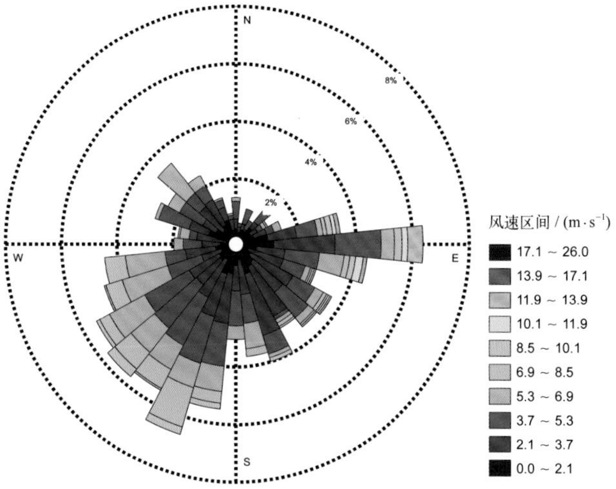

01 号浮标 2013 年 06 月风速、风向观测数据玫瑰图

WS and WD of 01 buoy in Jun. 2013

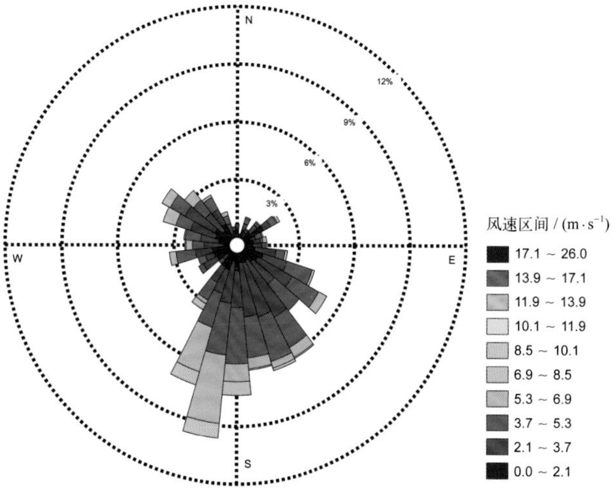

01 号浮标 2013 年 07 月风速、风向观测数据玫瑰图

WS and WD of 01 buoy in Jul. 2013

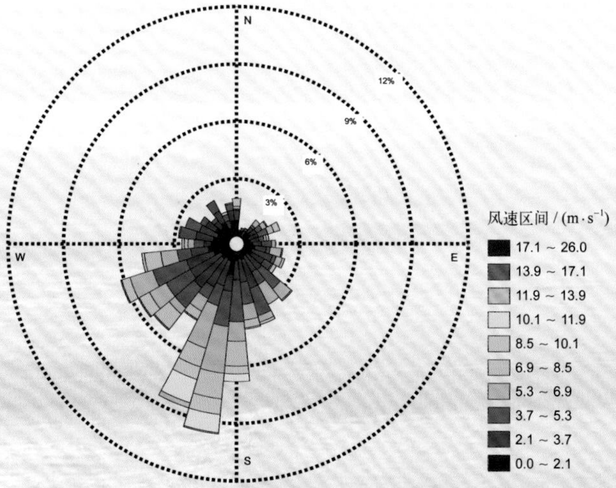

01 号浮标 2013 年 08 月风速、风向观测数据玫瑰图

WS and WD of 01 buoy in Aug. 2013

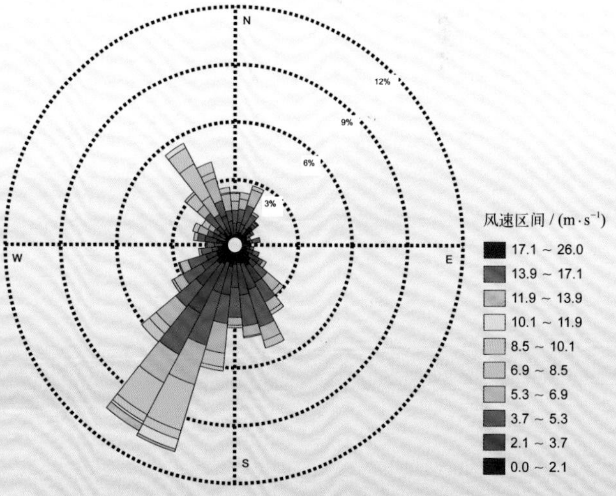

01 号浮标 2013 年 09 月风速、风向观测数据玫瑰图

WS and WD of 01 buoy in Sep. 2013

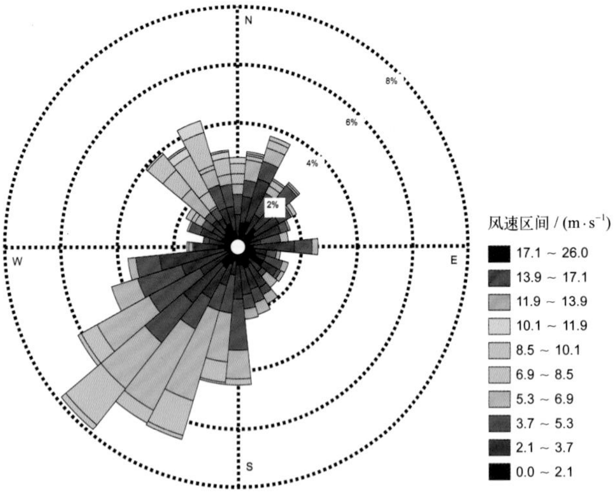

01 号浮标 2013 年 10 月风速、风向观测数据玫瑰图

WS and WD of 01 buoy in Oct. 2013

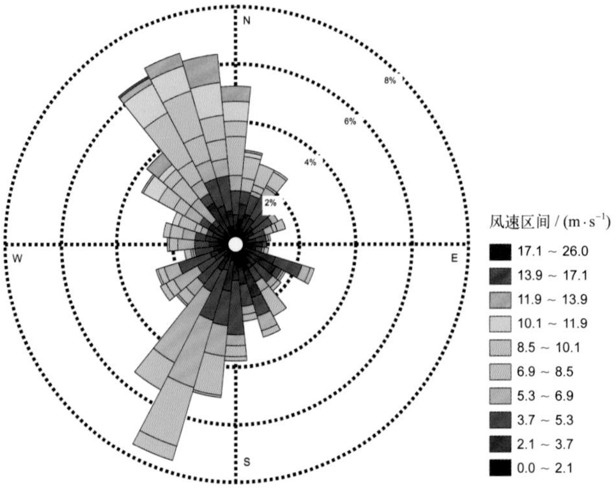

01 号浮标 2013 年 11 月风速、风向观测数据玫瑰图

WS and WD of 01 buoy in Nov. 2013

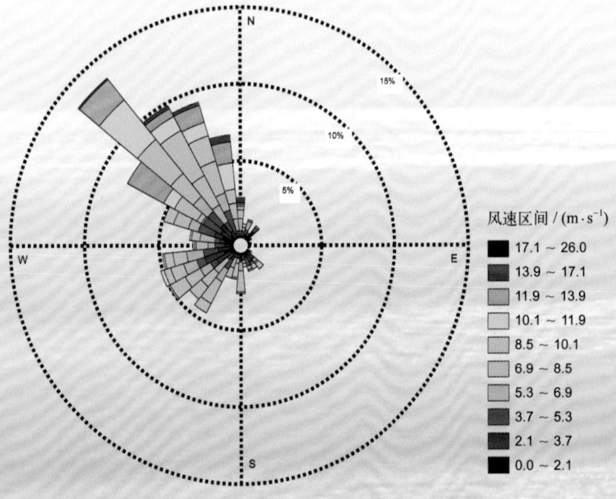

01 号浮标 2013 年 12 月风速、风向观测数据玫瑰图

WS and WD of 01 buoy in Dec. 2013

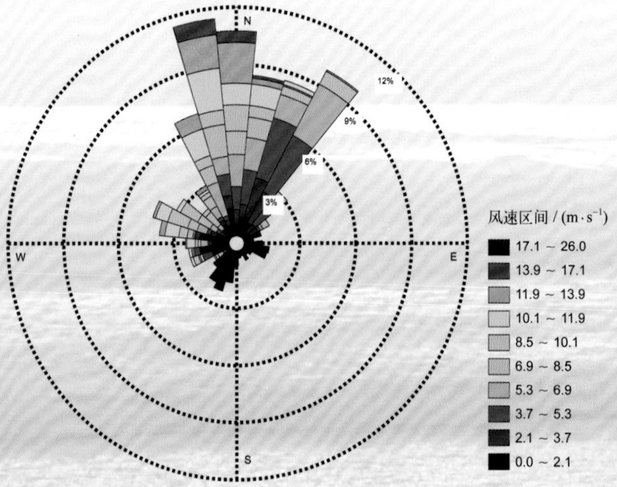

03 号浮标观测数据概述及玫瑰图
(风速和风向)

2013年,03号浮标共获取332天的长序列风速、风向观测数据。获取数据的主要区间共两个时间段,具体为1月1日00:00至9月23日18:20和10月27日08:30至12月31日23:50。

表5 2013年03号浮标各月份6级以上大风日数及主要风向

月份	6级以上大风日数	6级以上大风主要风向	备注
1	3天	NNW	
2	6天	NNW	记录1次寒潮
3	8天	N	
4	3天	NNW	
5	1天	ENE	
6	0天	—	
7	0天	—	
8	3天	S	
9	1天	WSW	缺测7天数据
10	—	—	缺测26天数据
11	10天	NNW	
12	11天	NNW	

通过对获取数据质量控制和分析,03号浮标观测海域2013年度的风速、风向数据和季节数据特征如下:测得的年度最大风速为16.0 m/s(3月13日),对应风向为344°。2013年,03号浮标记录到的6级以上大风日数总计46天,其中6级以上大风日数最多的月份为12月(11天)。观测海域冬季代表月(2月)的6级以上大风日数为6天,大风主要风向为NNW;观测海域春季代表月(5月)的6级以上大风日数为1天,大风主要风向为ENE;观测海域夏季代表月(8月)的6级以上大风日数为3天,大风主要风向为S;观测海域秋季代表月(11月)的6级以上大风日数为10天,大风主要风向为NNW。

2013年,03号浮标记录到1次寒潮过程。寒潮具体的过程中,最大风速为13.9 m/s(7级,2月6日20:00),对应风向为356°,寒潮影响期间的主要风向为NNW。

03 号浮标 2013 年风速、风向观测数据玫瑰图
WS and WD of 03 buoy in 2013

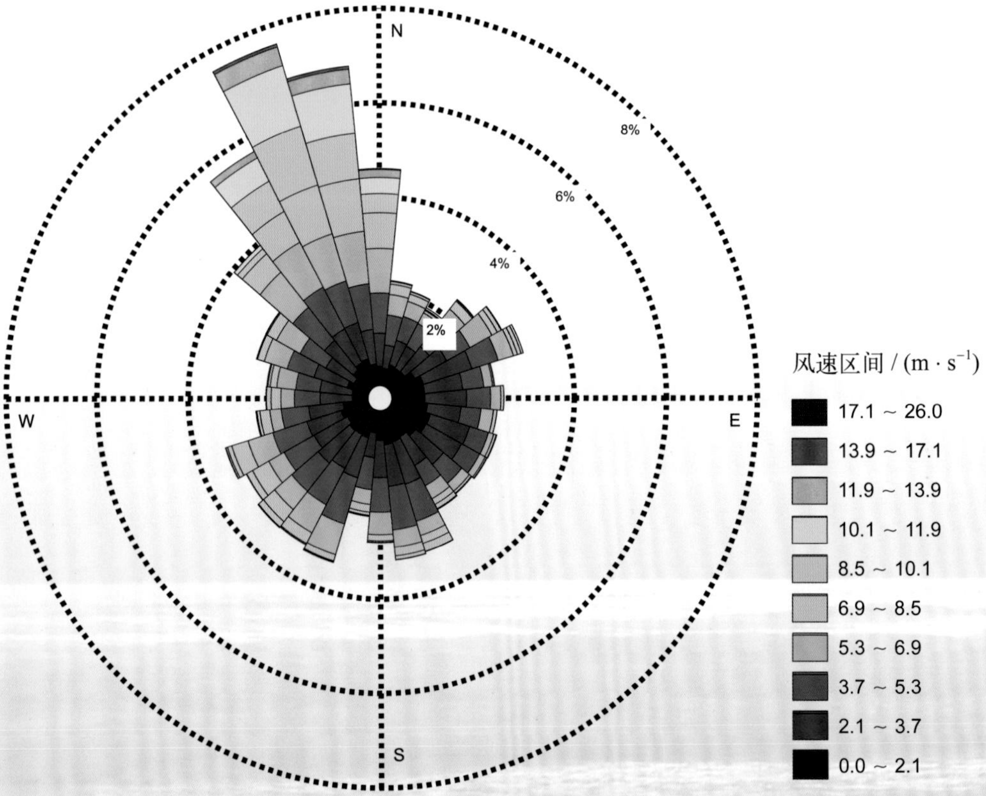

03 号浮标 2013 年 01 月风速、风向观测数据玫瑰图

WS and WD of 03 buoy in Jan. 2013

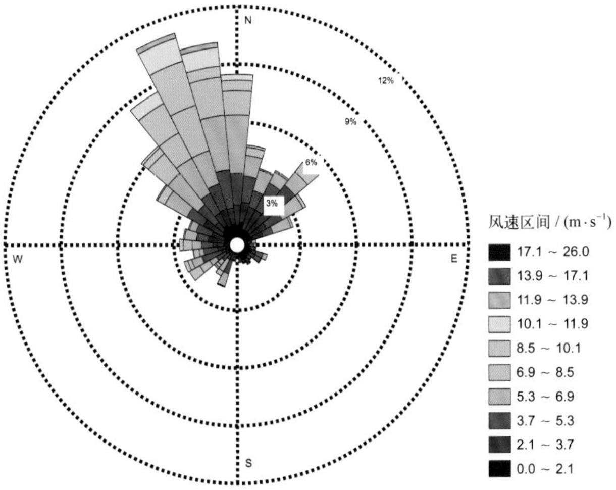

03 号浮标 2013 年 02 月风速、风向观测数据玫瑰图

WS and WD of 03 buoy in Feb. 2013

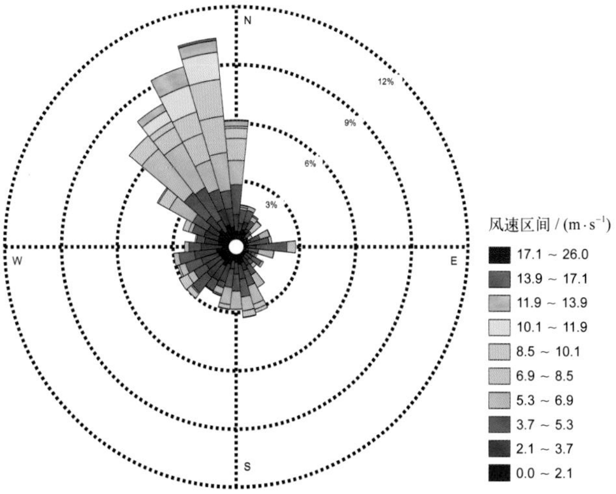

03 号浮标 2013 年 03 月风速、风向观测数据玫瑰图

WS and WD of 03 buoy in Mar. 2013

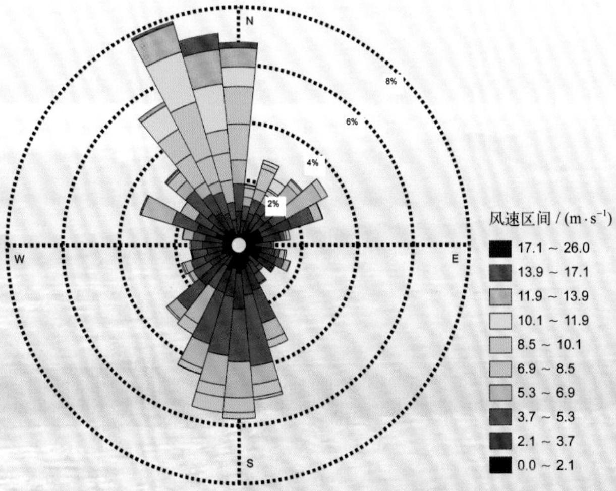

03 号浮标 2013 年 04 月风速、风向观测数据玫瑰图

WS and WD of 03 buoy in Apr. 2013

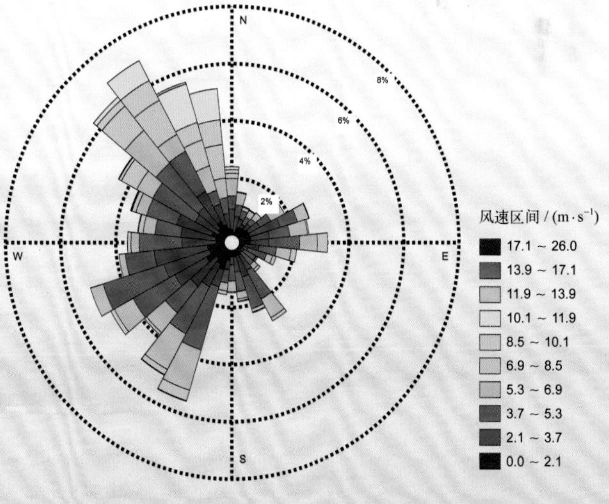

03 号浮标 2013 年 05 月风速、风向观测数据玫瑰图

WS and WD of 03 buoy in May 2013

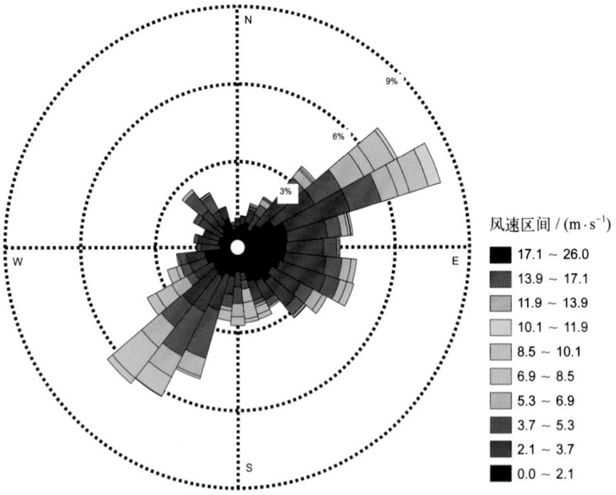

03 号浮标 2013 年 06 月风速、风向观测数据玫瑰图

WS and WD of 03 buoy in Jun. 2013

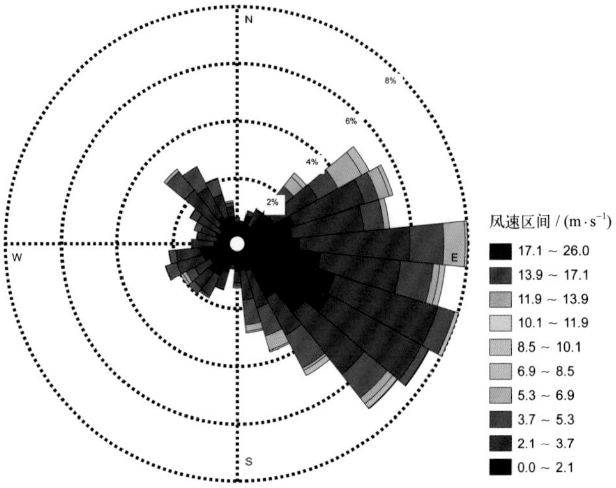

03 号浮标 2013 年 07 月风速、风向观测数据玫瑰图

WS and WD of 03 buoy in Jul. 2013

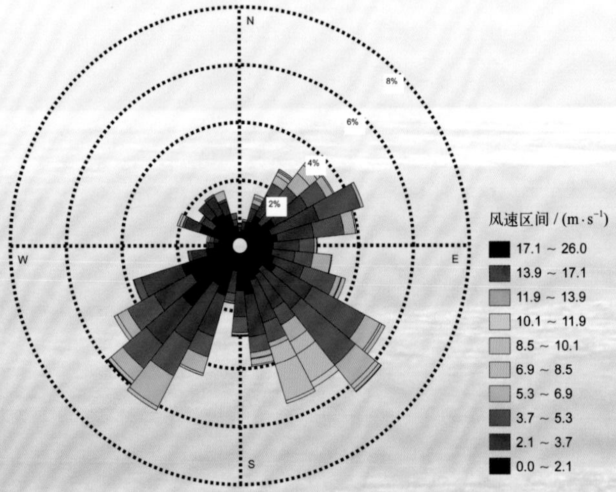

03 号浮标 2013 年 08 月风速、风向观测数据玫瑰图

WS and WD of 03 buoy in Aug. 2013

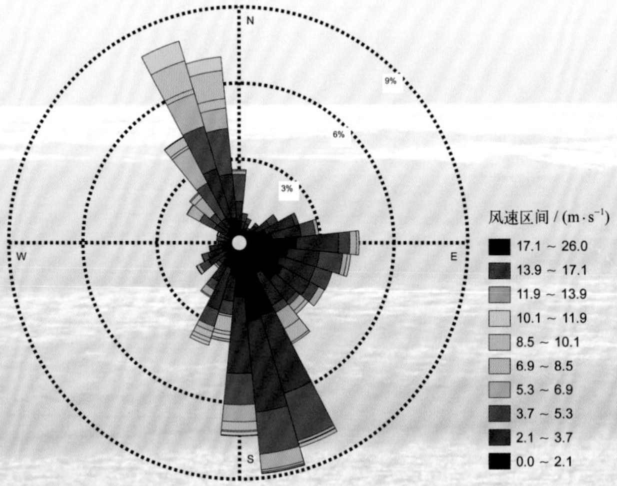

03 号浮标 2013 年 09 月风速、风向观测数据玫瑰图

WS and WD of 03 buoy in Sep. 2013

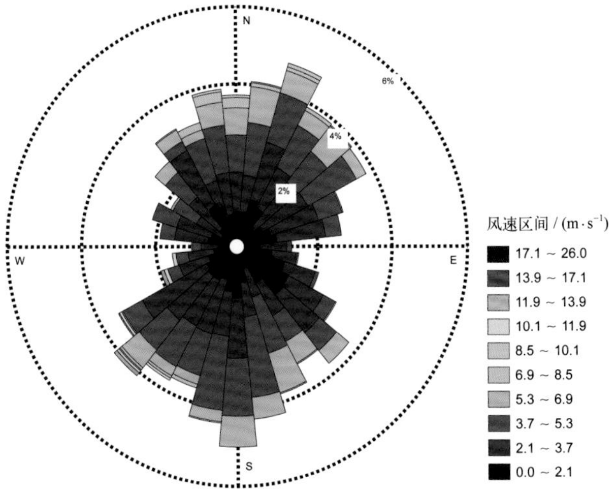

03 号浮标 2013 年 11 月风速、风向观测数据玫瑰图

WS and WD of 03 buoy in Nov. 2013

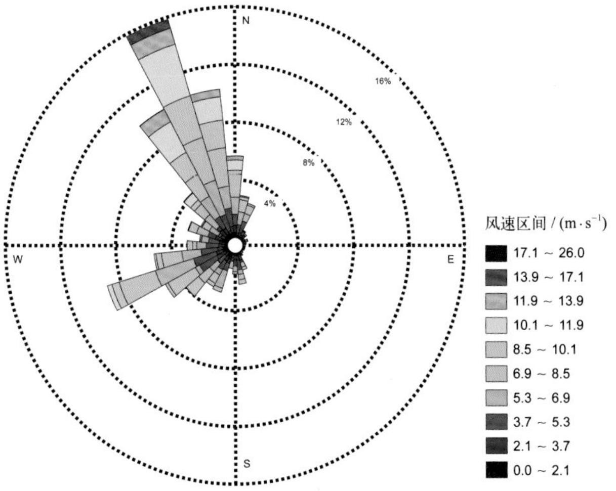

03 号浮标 2013 年 12 月风速、风向观测数据玫瑰图

WS and WD of 03 buoy in Dec. 2013

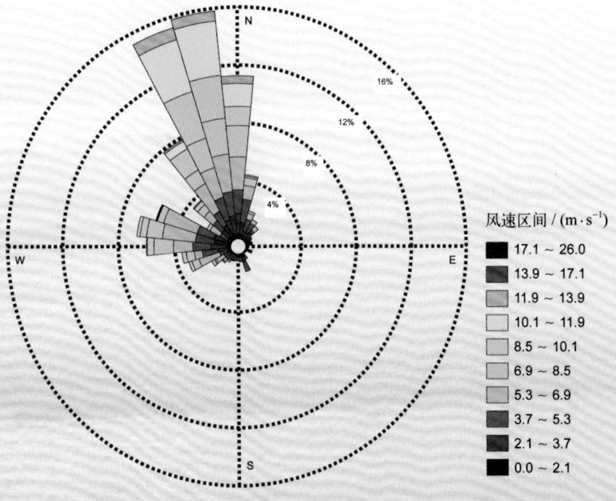

06 号浮标观测数据概述及玫瑰图

（风速和风向）

2012年，06号浮标共获取237天的长序列风速、风向观测数据。获取数据的主要区间共两个时间段，具体为3月30日14:10至9月12日18:40和10月20日09:50至12月28日10:00。

2013年，06号浮标共获取352天的长序列风速、风向观测数据。获取数据的主要区间共两个时间段，具体为1月1日00:00至1月14日01:10和1月24日14:30至12月31日23:30。

表6　06号浮标各月份6级以上大风日数及主要风向

月份	6级以上大风日数		6级以上大风主要风向		备注
	2012年	2013年	2012年	2013年	
1	—	6天	—	NE	2012年缺测数据；2013年缺测10天数据
2	—	13天	—	N	2012年缺测数据
3	—	8天	—	N	2012年缺测数据
4	9天	13天	WNW	NW	
5	4天	6天	SE	ESE	
6	4天	5天	ENE	SE	2013年记录1次台风
7	6天	16天	SW	SSW	
8	14天	7天	ESE	SSE	2012记录4次台风；2013年记录1次台风
9	—	7天	—	N	2012年缺测18天数据
10	—	13天	—	N	2012年缺测19天数据；2013年缺测2天数据，记录2次台风
11	16天	11天	WNW	NW	2013年缺测1天数据
12	22天	11天	NW	NW	2012年缺测3天数据，记录1次寒潮

通过对获取数据质量控制和分析，06 号浮标观测海域两个年度的风速、风向数据和季节数据特征如下：2012 年测得的年度最大风速为 25.9 m/s（8 月 27 日），对应风向为 343°；2013 年测得的年度最大风速为 20.7 m/s（6 月 7 日），对应风向为 128°。2012 年，06 号浮标记录到的 6 级以上大风日数总计 79 天（表 6 中 10 月份中的 4 天未作统计），其中 6 级以上大风日数最多的月份为 12 月（22 天）。观测海域春季代表月（5 月）的 6 级以上大风日数为 4 天，大风主要风向为 SE；观测海域夏季代表月（8 月）的 6 级以上大风日数为 14 天，大风主要风向为 ESE；观测海域秋季代表月（11 月）的 6 级以上大风日数为 16 天，大风主要风向为 WNW。2013 年，06 号浮标记录到的 6 级以上大风日数总计 116 天，其中 6 级以上大风日数最多的月份为 7 月（16 天）。观测海域冬季代表月（2 月）的 6 级以上大风日数为 13 天，大风主要风向为 N；观测海域春季代表月（5 月）的 6 级以上大风日数为 6 天，大风主要风向为 ESE；观测海域夏季代表月（8 月）的 6 级以上大风日数为 7 天，大风主要风向为 SSE；观测海域秋季代表月（11 月）的 6 级以上大风日数为 11 天，大风主要风向为 NW。

2012 年，06 号浮标记录到 1 次寒潮过程和 4 次台风过程。寒潮具体的过程中，最大风速为 15.7 m/s（7 级，12 月 21 日 13:20 和 15:40），对应风向为 288° 和 341°，寒潮影响期间的主要风向为 NW。第一次台风过程，受第 10 号台风“达维”影响，06 号浮标获取到的最大风速达 14.3 m/s（8 月 2 日 22:40），对应的风向为 132°，台风影响期间的主要风向为 SE。第二次台风过程，受第 11 号强台风“海葵”影响，06 号浮标获取到的最大风速为 19.0 m/s（8 月 7 日 20:00），对应风向为 38°，台风影响期间的主要风向为 ENE。第三次台风过程，受第 15 号强台风“布拉万”影响，06 号浮标获取到的最大风速达 25.9 m/s（8 月 27 日 17:20），对应的风向为 346°，台风影响期间的主要风向为 NNW。第四次台风过程，受第 14 号强台风“天秤”影响，06 号浮标获取到的最大风速为 13.4 m/s（8 月 29 日 14:50），对应风向为 22°，台风影响期间的主要风向为 NNE。

2013 年，06 号浮标记录到 4 次台风过程。第一次台风过程，受第 4 号热带风暴“丽琵”影响，06 号浮标获取到的最大风速为 13.4 m/s（6 月 19 日 03:00），对应风向为 223°，台风影响期间的主要风向为 SSW。第二次台风过程，受第 15 号台风“康妮”影响，06 号浮标获取到的最大风速达 12.7 m/s（8 月 30 日 21:30），对应的风向为 342°，台风影响期间的主要风向为 N。第三次和第四次台风过程，受第 23 号强台风“菲特”和第 24 号超强台风“丹娜丝”影响，06 号浮标获取到的最大风速达 14.6 m/s（10 月 6 日 22:00），对应风向为 95°，台风影响期间的主要风向为 ENE。

06 号浮标 2012 年风速、风向观测数据玫瑰图
WS and WD of 06 buoy in 2012

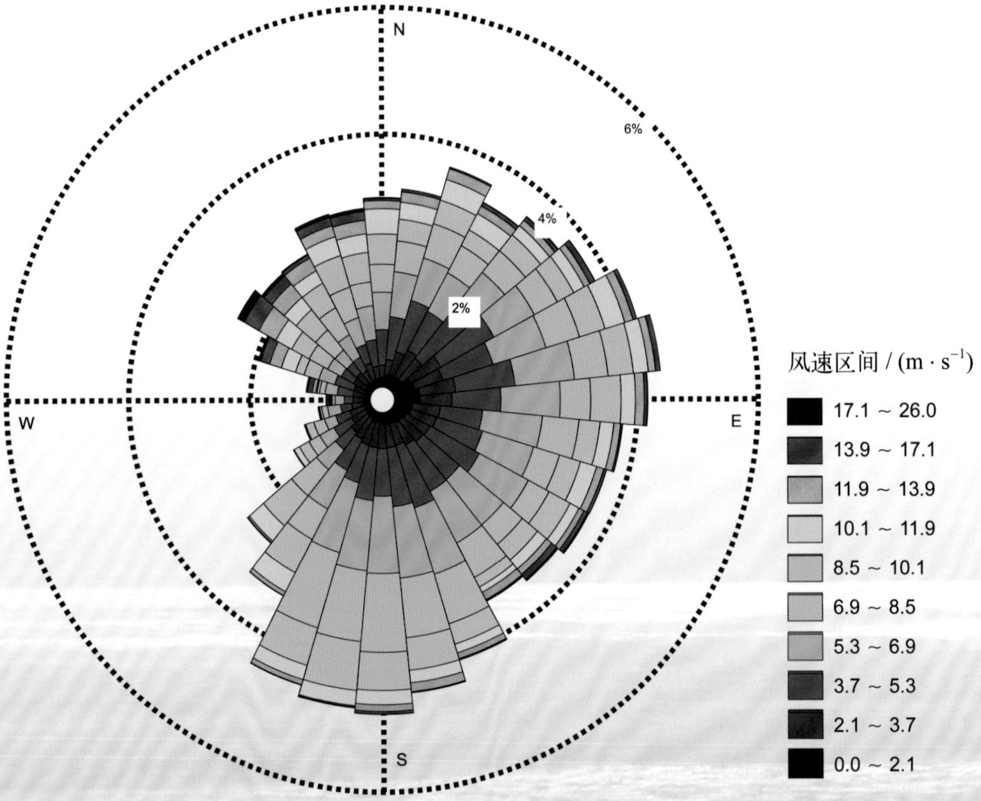

06 号浮标 2013 年风速、风向观测数据玫瑰图
WS and WD of 06 buoy in 2013

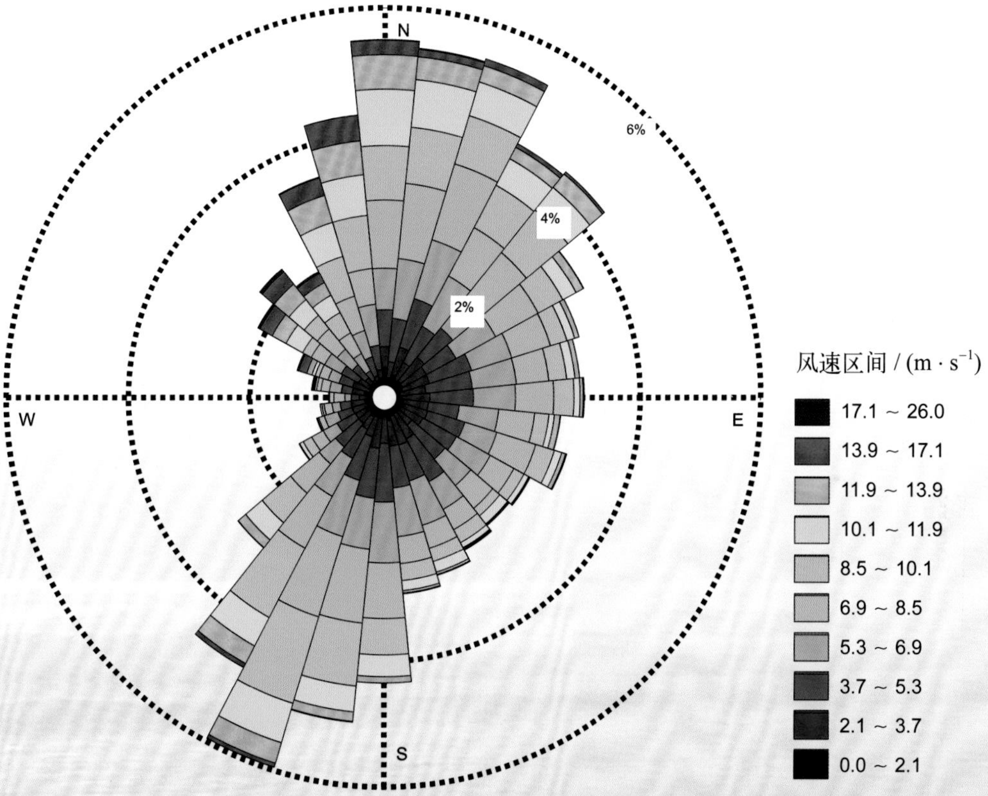

06 号浮标 2012 年 04 月风速、风向观测数据玫瑰图

WS and WD of 06 buoy in Apr. 2012

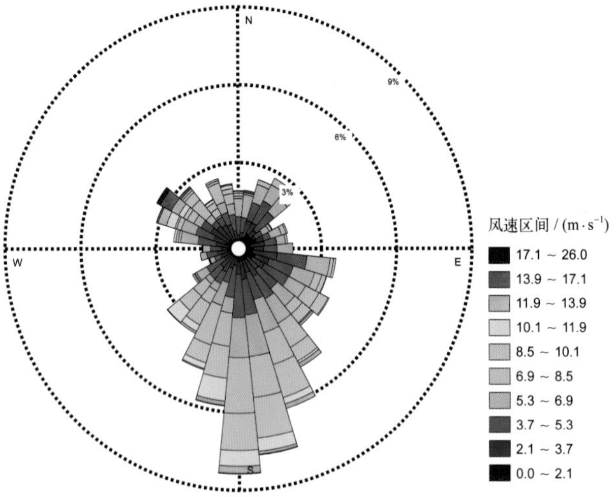

06 号浮标 2012 年 05 月风速、风向观测数据玫瑰图

WS and WD of 06 buoy in May 2012

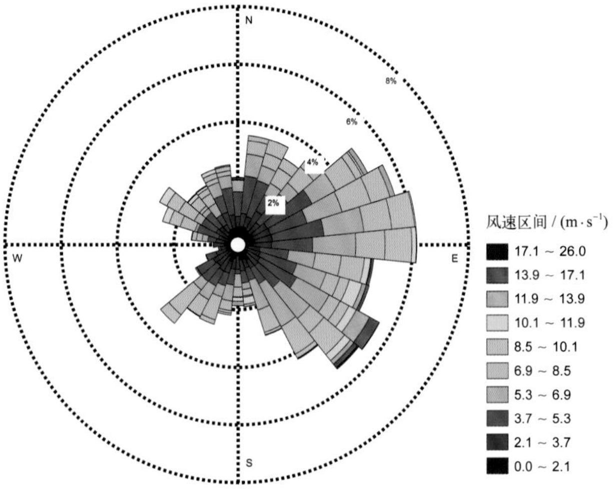

06 号浮标 2012 年 06 月风速、风向观测数据玫瑰图

WS and WD of 06 buoy in Jun. 2012

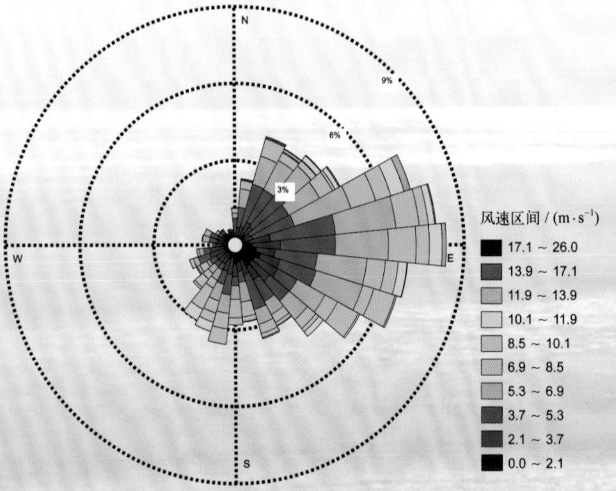

06 号浮标 2012 年 07 月风速、风向观测数据玫瑰图

WS and WD of 06 buoy in Jul. 2012

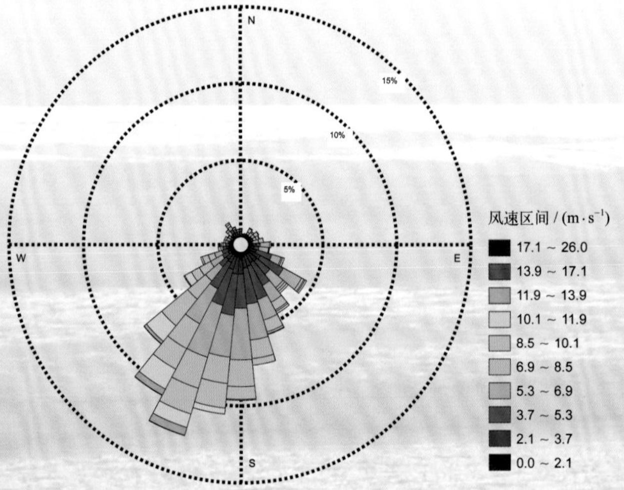

06 号浮标 2012 年 08 月风速、风向观测数据玫瑰图

WS and WD of 06 buoy in Aug. 2012

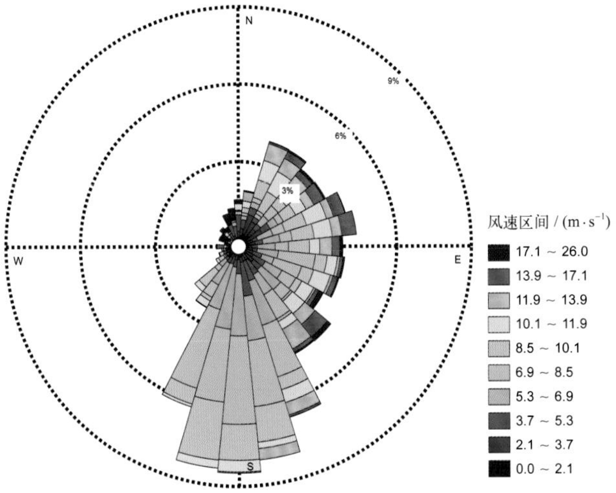

06 号浮标 2012 年 09 月风速、风向观测数据玫瑰图

WS and WD of 06 buoy in Sep. 2012

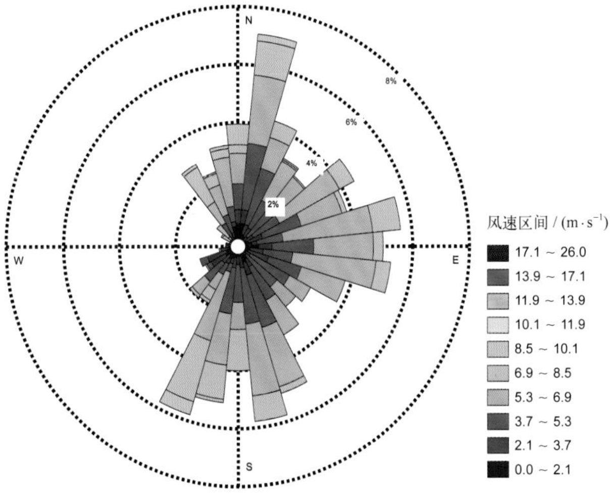

06 号浮标 2012 年 10 月风速、风向观测数据玫瑰图

WS and WD of 06 buoy in Oct. 2012

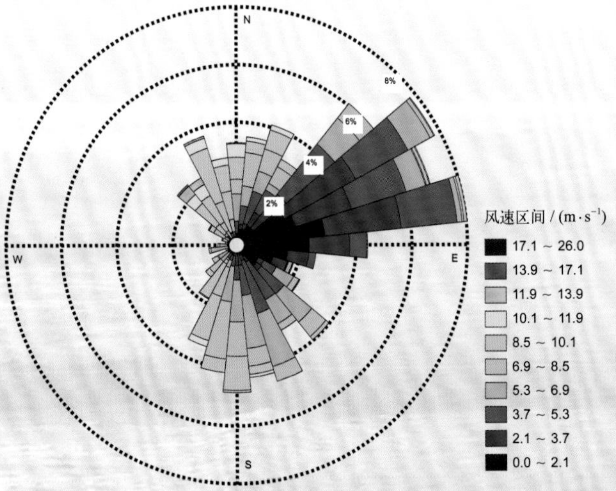

06 号浮标 2012 年 11 月风速、风向观测数据玫瑰图

WS and WD of 06 buoy in Nov. 2012

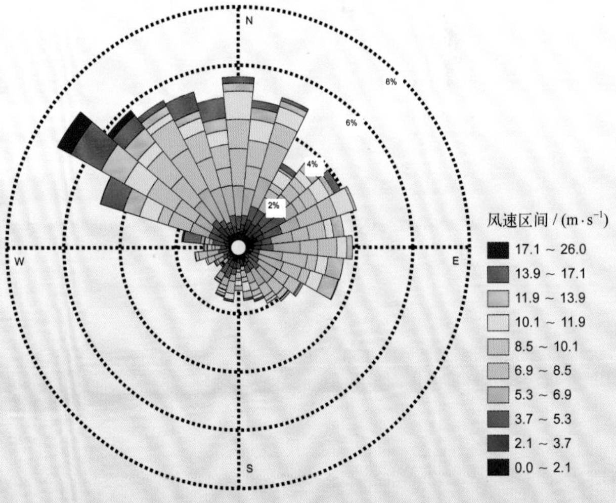

06 号浮标 2012 年 12 月风速、风向观测数据玫瑰图
WS and WD of 06 buoy in Dec. 2012

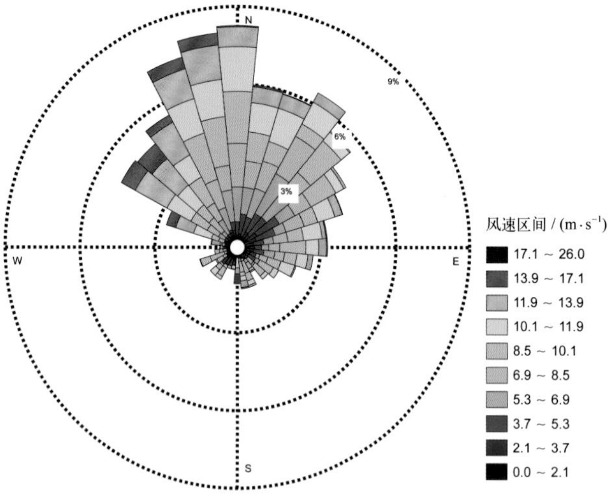

06 号浮标 2013 年 01 月风速、风向观测数据玫瑰图
WS and WD of 06 buoy in Jan. 2013

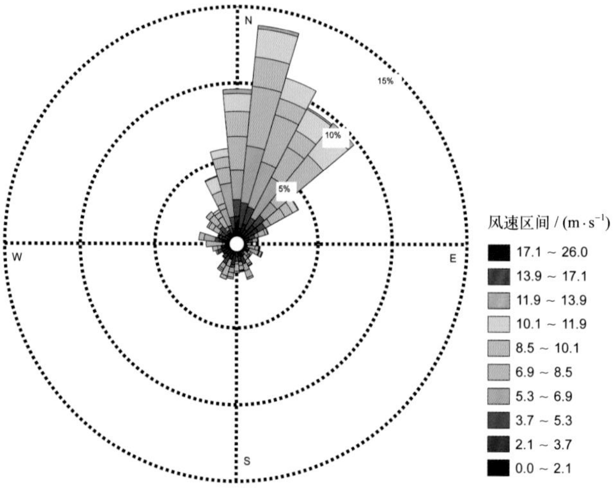

06 号浮标 2013 年 02 月风速、风向观测数据玫瑰图
WS and WD of 06 buoy in Feb. 2013

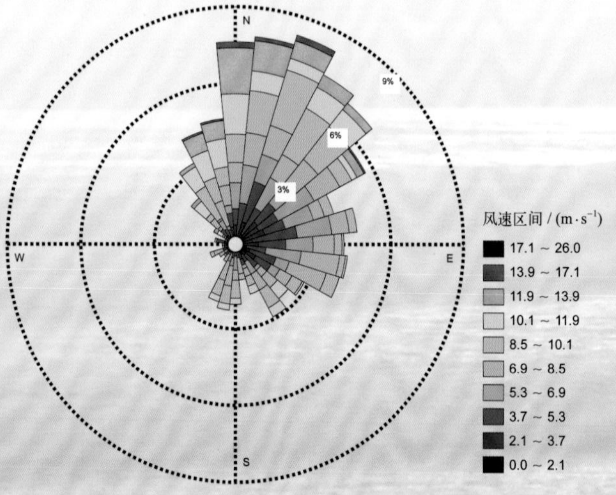

06 号浮标 2013 年 03 月风速、风向观测数据玫瑰图
WS and WD of 06 buoy in Mar. 2013

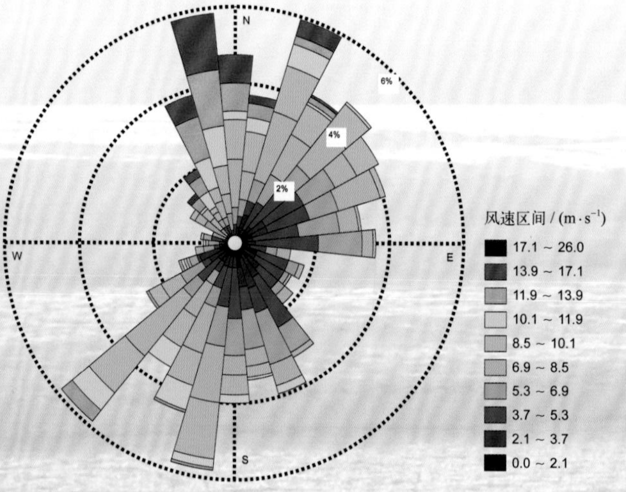

06 号浮标 2013 年 04 月风速、风向观测数据玫瑰图

WS and WD of 06 buoy in Apr. 2013

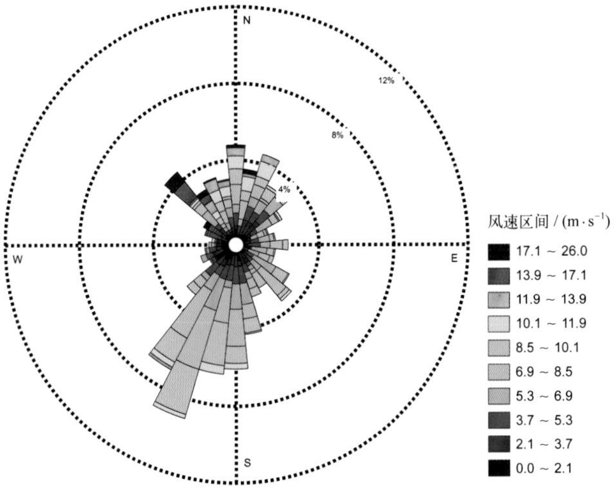

06 号浮标 2013 年 05 月风速、风向观测数据玫瑰图

WS and WD of 06 buoy in May 2013

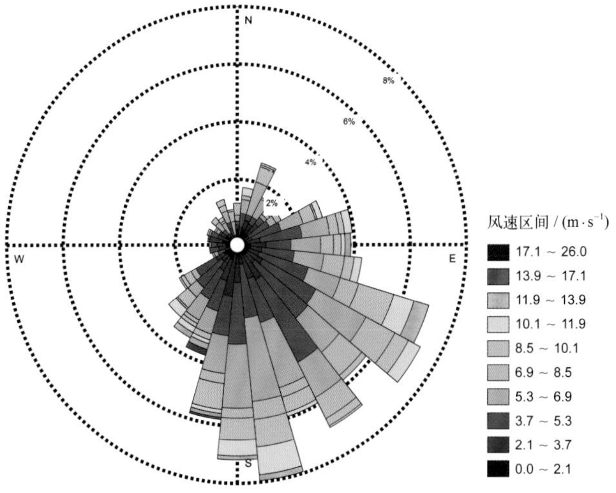

06 号浮标 2013 年 06 月风速、风向观测数据玫瑰图

WS and WD of 06 buoy in Jun. 2013

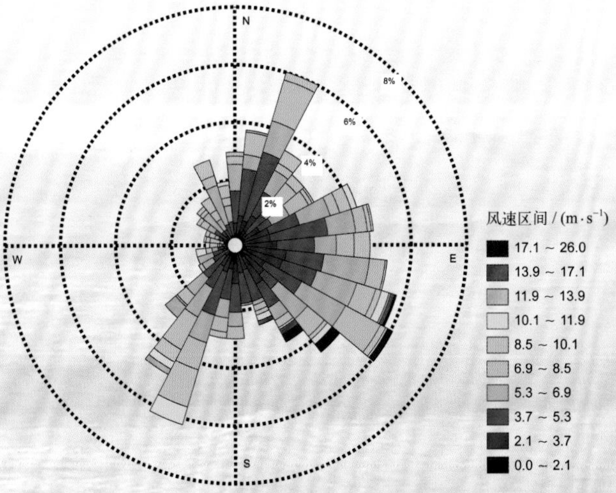

06 号浮标 2013 年 07 月风速、风向观测数据玫瑰图

WS and WD of 06 buoy in Jul. 2013

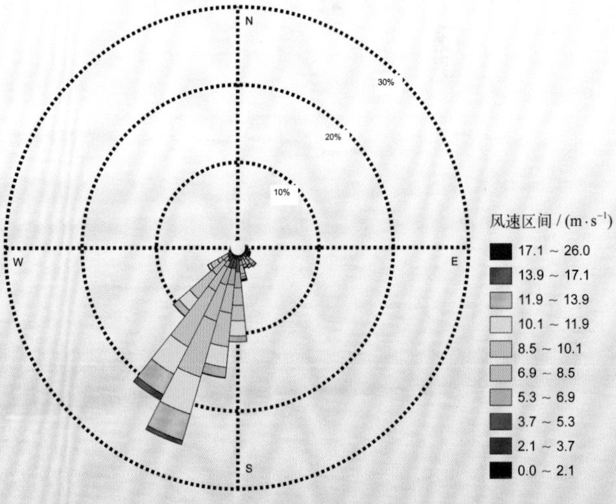

06 号浮标 2013 年 08 月风速、风向观测数据玫瑰图

WS and WD of 06 buoy in Aug. 2013

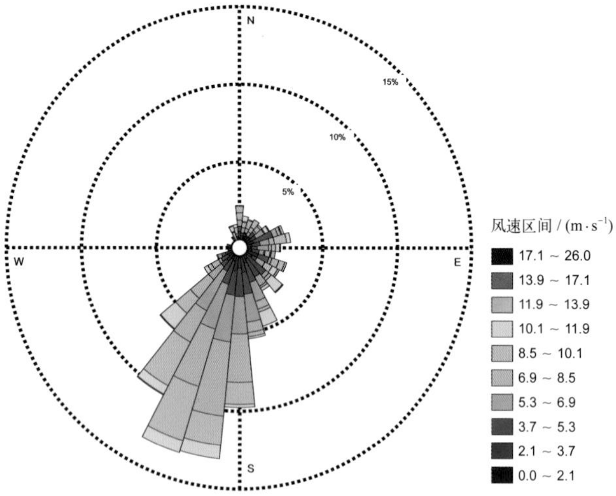

06 号浮标 2013 年 09 月风速、风向观测数据玫瑰图

WS and WD of 06 buoy in Sep. 2013

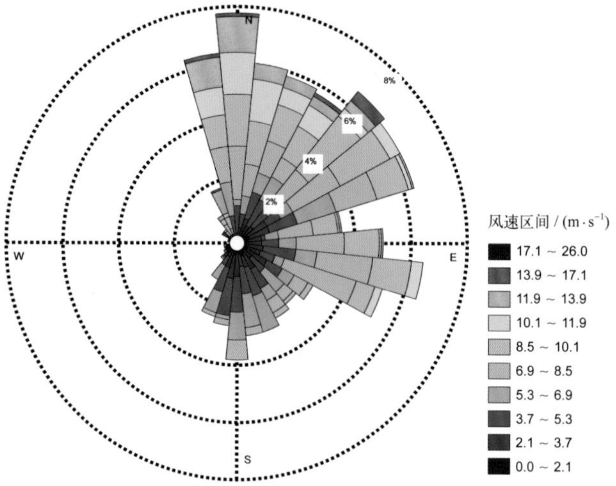

06 号浮标 2013 年 10 月风速、风向观测数据玫瑰图

WS and WD of 06 buoy in Oct. 2013

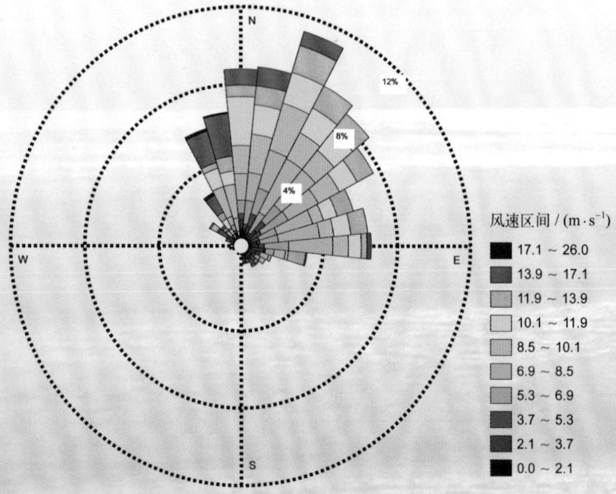

06 号浮标 2013 年 11 月风速、风向观测数据玫瑰图

WS and WD of 06 buoy in Nov. 2013

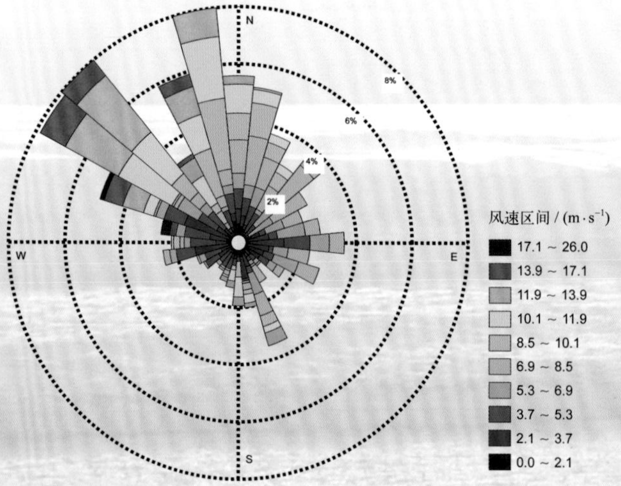

06 号浮标 2013 年 12 月风速、风向观测数据玫瑰图
WS and WD of 06 buoy in Dec. 2013

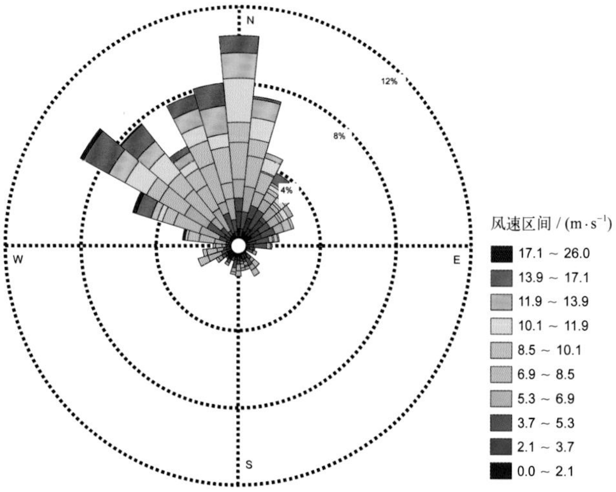

09 号浮标观测数据概述及玫瑰图
(风速和风向)

2012 年，09 号浮标共获取 231 天的长序列风速、风向观测数据。获取数据的主要区间为 3 月 30 日 14:10 至 11 月 16 日 21:20。

2013 年，09 号浮标共获取 271 天的长序列风速、风向观测数据。获取数据的主要区间为 4 月 2 日 12:00 至 12 月 31 日 23:30。

表 7　09 号浮标各月份 6 级以上大风日数及主要风向

月份	6 级以上大风日数		6 级以上大风主要风向		备注
	2012 年	2013 年	2012 年	2013 年	
1	—	—	—	—	2012 年和 2013 年均缺测数据
2	—	—	—	—	2012 年和 2013 年均缺测数据
3	—	—	—	—	2012 年缺测 29 天数据，2013 年缺测数据
4	2 天	4 天	NNW	N	2013 年缺测 1 天数据
5	0 天	2 天	—	E	
6	1 天	0 天	SSE	—	
7	1 天	1 天	S	SW	
8	5 天	0 天	ESE	—	
9	4 天	1 天	NNW	N	2012 年缺测 1 天数据
10	6 天	5 天	N	N	2013 年缺测 2 天数据
11	6 天	5 天	NW	NW	2012 年缺测 14 天数据，2013 年缺测 1 天数据
12	—	3 天	—	NNW	2012 年缺测数据

通过对获取数据质量控制和分析，09号浮标观测海域两个年度的风速、风向数据和季节数据特征如下：2012年测得的年度最大风速为15.6 m/s（11月11日），对应风向为303°；2013年测得的年度最大风速为14.2 m/s（11月27日），对应风向为343°。2012年，09号浮标记录到的6级以上大风日数总计25天，其中6级以上大风日数最多的月份为10月和11月（均为6天）。观测海域春季代表月（5月）的6级以上大风日数为0天；观测海域夏季代表月（8月）的6级以上大风日数为5天，大风主要风向为ESE；观测海域秋季代表月（11月）的6级以上大风日数为6天，大风主要风向为NW。2013年，09号浮标记录到的6级以上大风日数总计21天，其中6级以上大风日数最多的月份为10月和11月（均为5天）。观测海域春季代表月（5月）的6级以上大风日数为2天，大风主要风向为E；观测海域夏季代表月（8月）的6级以上大风日数为0天；观测海域秋季代表月（11月）的6级以上大风日数为5天，大风主要风向为NW。

09号浮标2012年风速、风向观测数据玫瑰图
WS and WD of 09 buoy in 2012

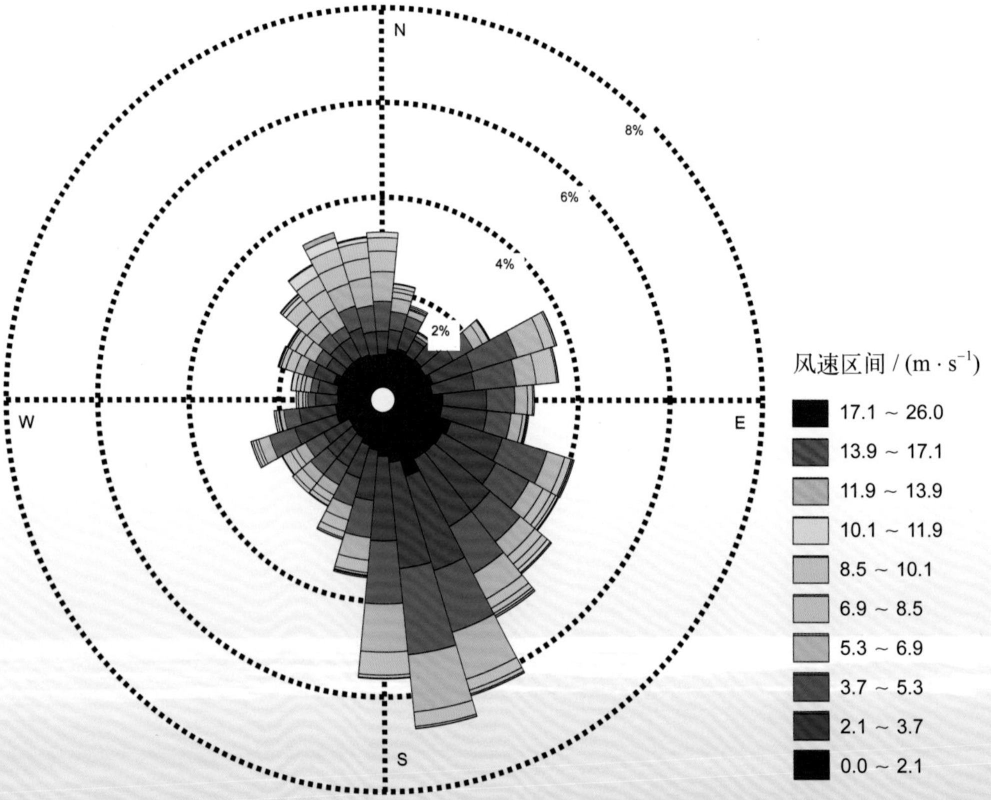

09 号浮标 2013 年风速、风向观测数据玫瑰图
WS and WD of 09 buoy in 2013

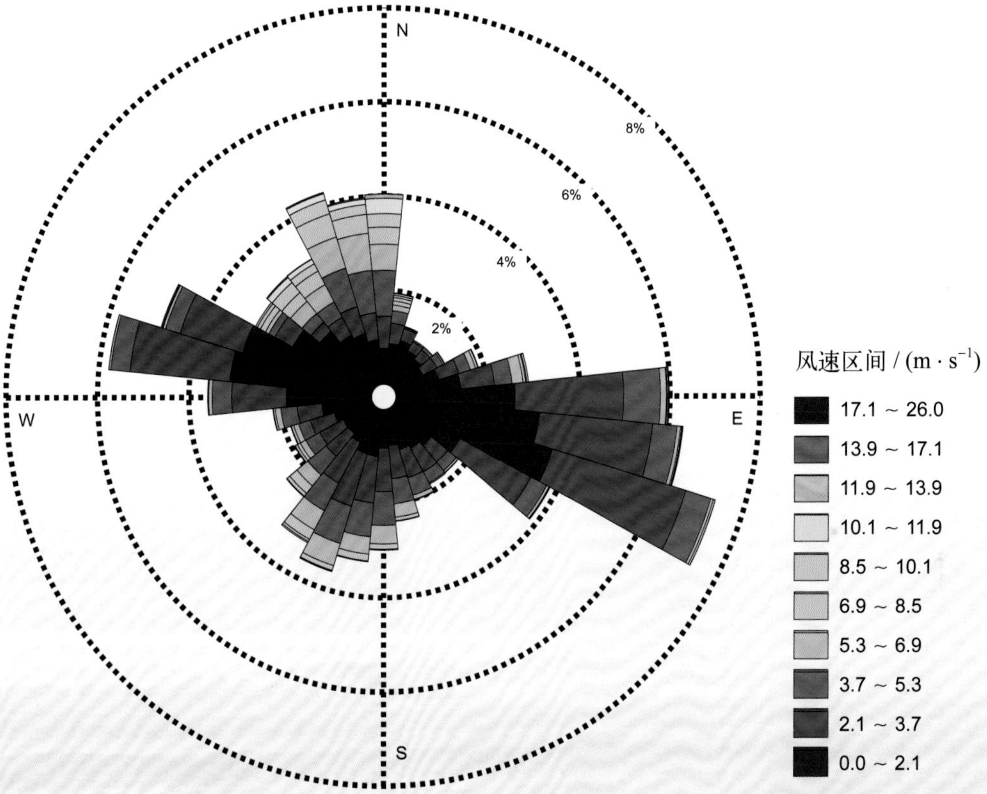

09 号浮标 2012 年 04 月风速、风向观测数据玫瑰图

WS and WD of 09 buoy in Apr. 2012

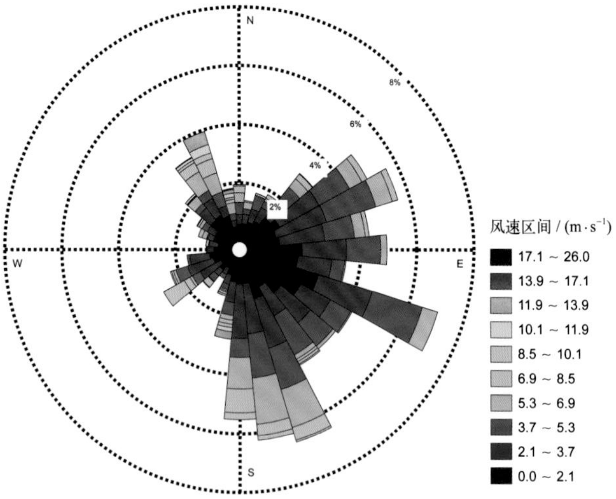

09 号浮标 2012 年 05 月风速、风向观测数据玫瑰图

WS and WD of 09 buoy in May 2012

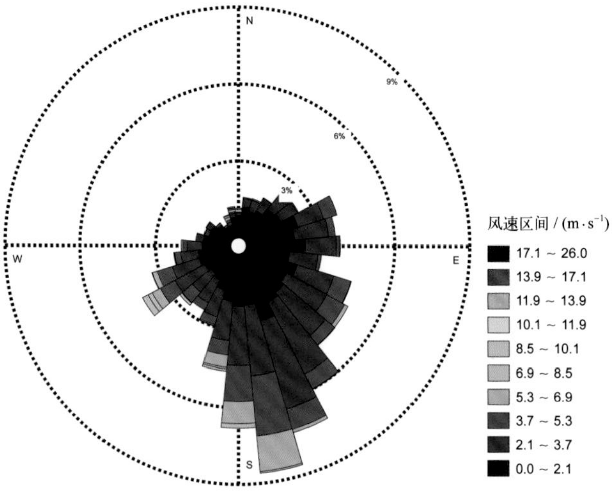

09 号浮标 2012 年 06 月风速、风向观测数据玫瑰图

WS and WD of 09 buoy in Jun. 2012

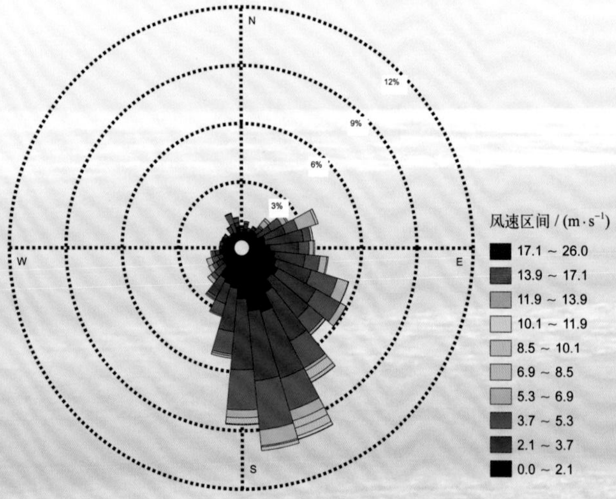

09 号浮标 2012 年 07 月风速、风向观测数据玫瑰图

WS and WD of 09 buoy in Jul. 2012

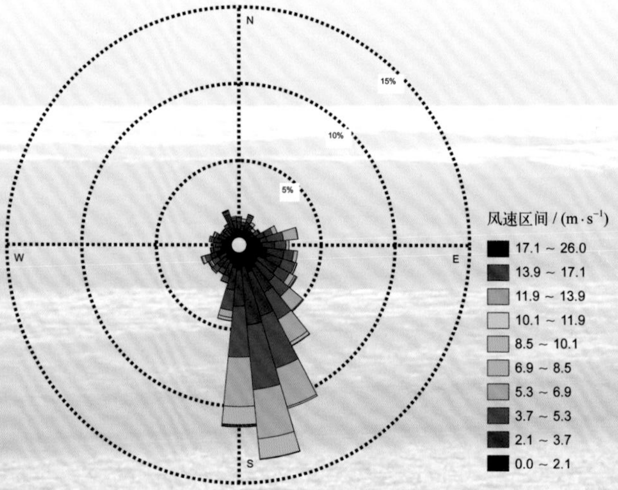

09 号浮标 2012 年 08 月风速、风向观测数据玫瑰图

WS and WD of 09 buoy in Aug. 2012

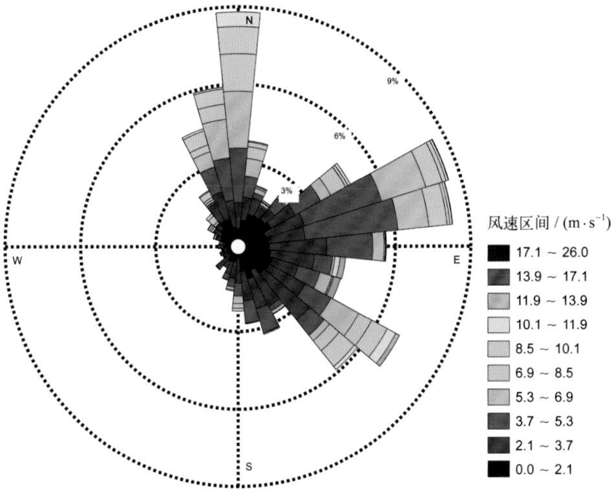

09 号浮标 2012 年 09 月风速、风向观测数据玫瑰图

WS and WD of 09 buoy in Sep. 2012

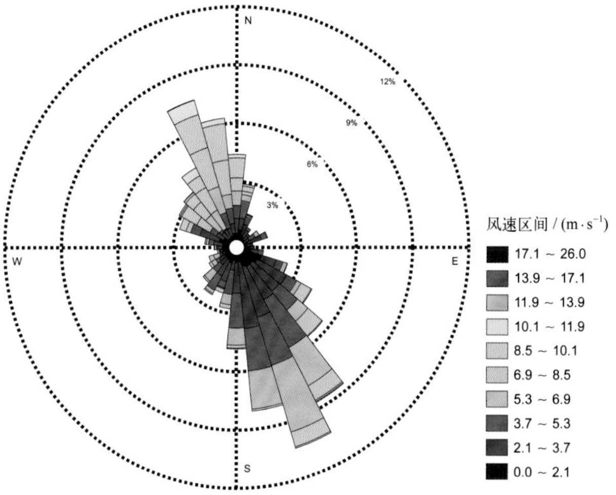

09 号浮标 2012 年 10 月风速、风向观测数据玫瑰图

WS and WD of 09 buoy in Oct. 2012

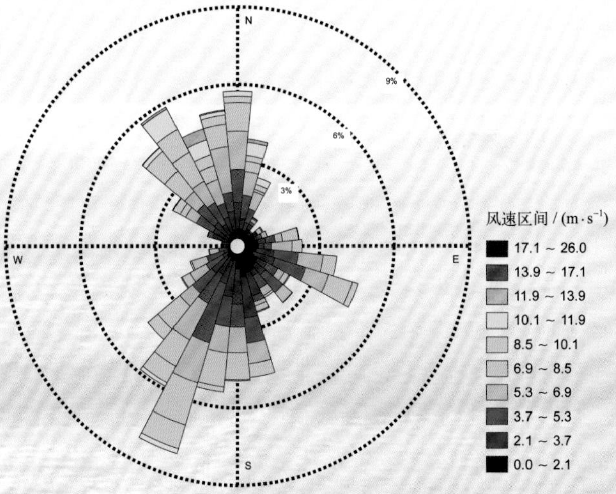

09 号浮标 2012 年 11 月风速、风向观测数据玫瑰图

WS and WD of 09 buoy in Nov. 2012

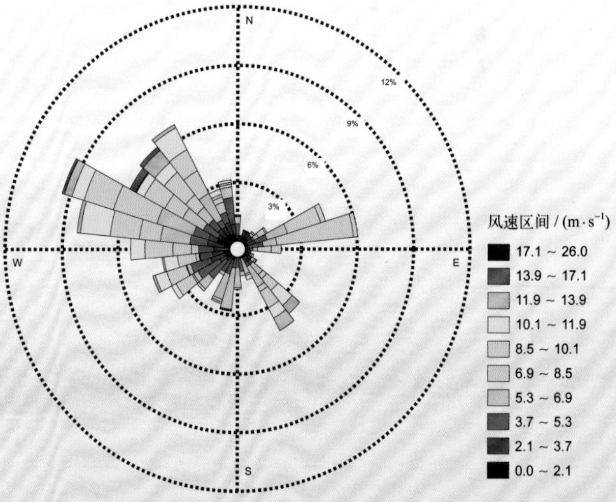

09 号浮标 2013 年 04 月风速、风向观测数据玫瑰图

WS and WD of 09 buoy in Apr. 2013

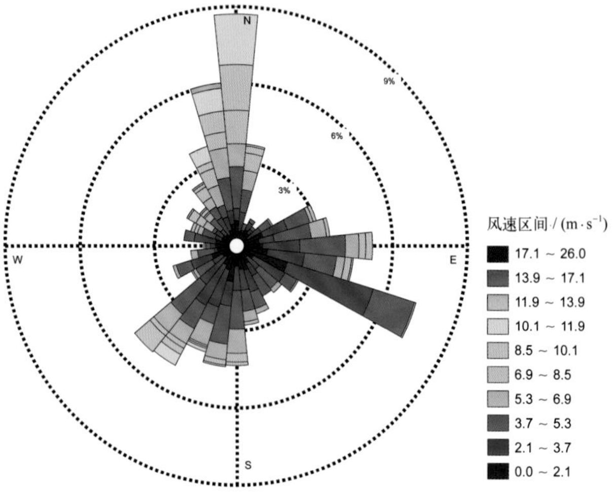

09 号浮标 2013 年 05 月风速、风向观测数据玫瑰图

WS and WD of 09 buoy in May 2013

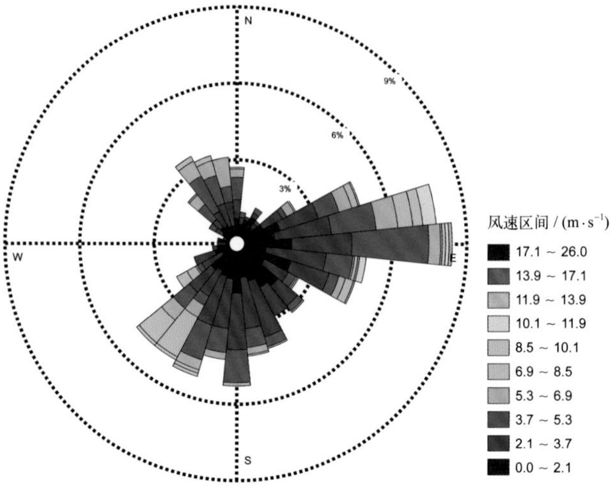

09 号浮标 2013 年 06 月风速、风向观测数据玫瑰图

WS and WD of 09 buoy in Jun. 2013

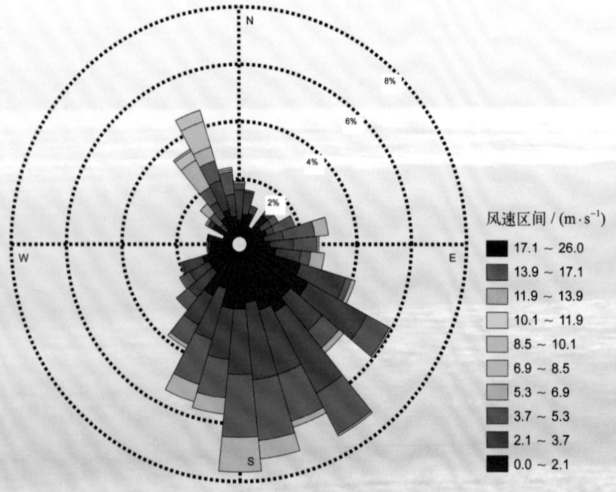

09 号浮标 2013 年 07 月风速、风向观测数据玫瑰图

WS and WD of 09 buoy in Jul. 2013

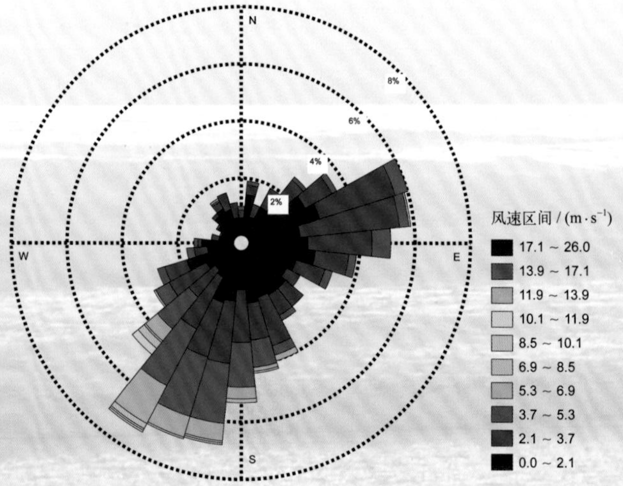

09 号浮标 2013 年 08 月风速、风向观测数据玫瑰图
WS and WD of 09 buoy in Aug. 2013

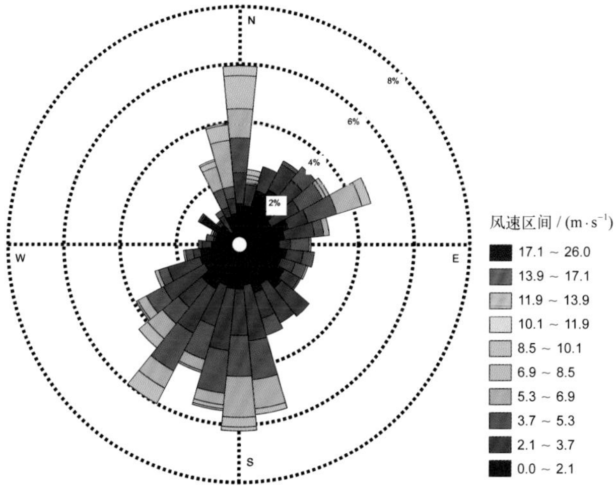

09 号浮标 2013 年 09 月风速、风向观测数据玫瑰图
WS and WD of 09 buoy in Sep. 2013

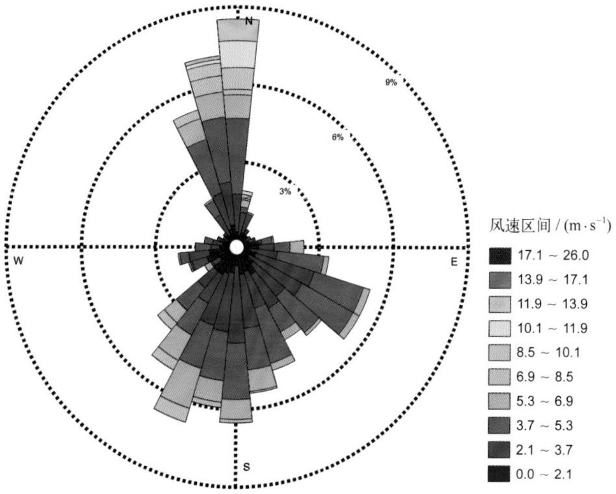

09 号浮标 2013 年 10 月风速、风向观测数据玫瑰图
WS and WD of 09 buoy in Oct. 2013

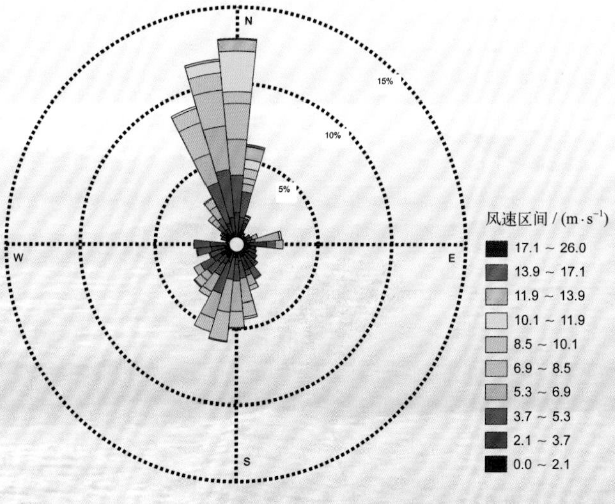

09 号浮标 2013 年 11 月风速、风向观测数据玫瑰图
WS and WD of 09 buoy in Nov. 2013

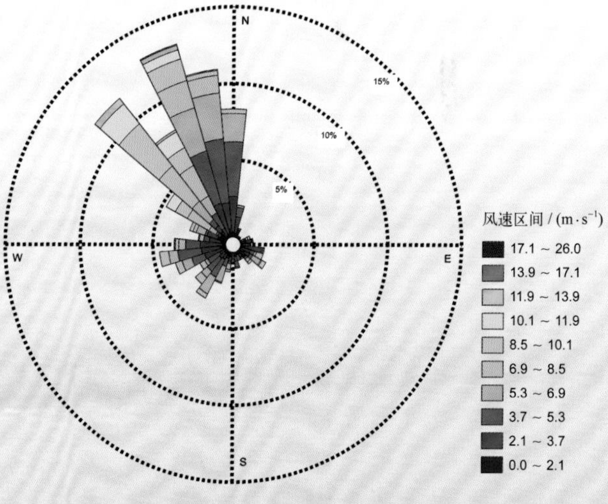

09 号浮标 2013 年 12 月风速、风向观测数据玫瑰图

WS and WD of 09 buoy in Dec. 2013

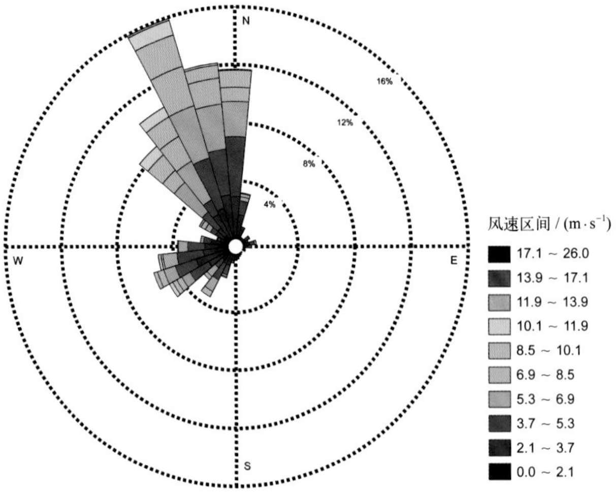

12 号浮标观测数据概述及玫瑰图
（风速和风向）

2012年，12号浮标共获取257天的长序列风速、风向观测数据。获取数据的主要区间共两个时间段，具体为1月1日00:00至8月9日02:20和11月25日05:30至12月31日23:50。

2013年，12号浮标共获取198天的长序列风速、风向观测数据。获取数据的主要区间共五个时间段，具体为1月1日00:00至5月15日14:30、6月24日15:10至7月4日09:50、7月31日12:40至8月16日09:40、11月30日14:20至12月3日21:40和12月9日11:50至12月31日23:50。

表8　12号浮标各月份6级以上大风日数及主要风向

月份	6级以上大风日数		6级以上大风主要风向		备注
	2012年	2013年	2012年	2013年	
1	14天	9天	ESE	ESE	
2	8天	11天	ESE	SE	
3	11天	11天	SE	ESE	
4	9天	16天	ESE	ESE	
5	4天	—	NE	—	2013年缺测16天数据
6	3天	—	SE	—	2013年缺测23天数据
7	3天	—	WNW	—	2013年缺测26天数据
8	5天	6天	E	SW	2012年缺测24天数据，记录1次台风；2013年缺测12天数据
9	—	—	—	—	2013年缺测数据
10	—	—	—	—	2013年缺测数据
11	—	—	—	—	2012年缺测24天数据，2013缺测27天数据
12	19天	10天	E	WNW	2013年缺测5天数据

注：2012年8月，12号浮标仅获得7天数据，但是记录到1次台风，故对8月的大风日数也进行了统计，以供参考。

通过对获取数据质量控制和分析，12 号浮标观测海域两个年度的风速、风向数据和季节数据特征如下：2012 年测得的年度最大风速为 18.3 m/s（12 月 29 日），对应风向为 65°；2013 年测得的年度最大风速为 18.6 m/s（4 月 6 日），对应风向为 55°。2012 年，12 号浮标记录到的 6 级以上大风日数总计 76 天，其中 6 级以上大风日数最多的月份为 12 月（19 天）。观测海域冬季代表月（2 月）的 6 级以上大风日数为 8 天，大风主要风向为 ESE；观测海域春季代表月（5 月）的 6 级以上大风日数为 4 天，大风主要风向为 NE。2013 年，12 号浮标记录到的 6 级以上大风日数总计 63 天，其中 6 级以上大风日数最多的月份为 4 月（16 天）。观测海域冬季代表月（2 月）的 6 级以上大风日数为 11 天，大风主要风向为 ESE；观测海域夏季代表月（8 月）的 6 级以上大风日数为 6 天，大风主要风向为 SW。

2012 年，12 号浮标记录到 1 次台风过程。受第 10 号台风“达维”影响，12 号浮标获取到的最大风速达 14.0 m/s（8 月 3 日 09:20），对应风向为 94°，台风影响期间的主要风向为 E。

12 号浮标 2012 年风速、风向观测数据玫瑰图
WS and WD of 12 buoy in 2012

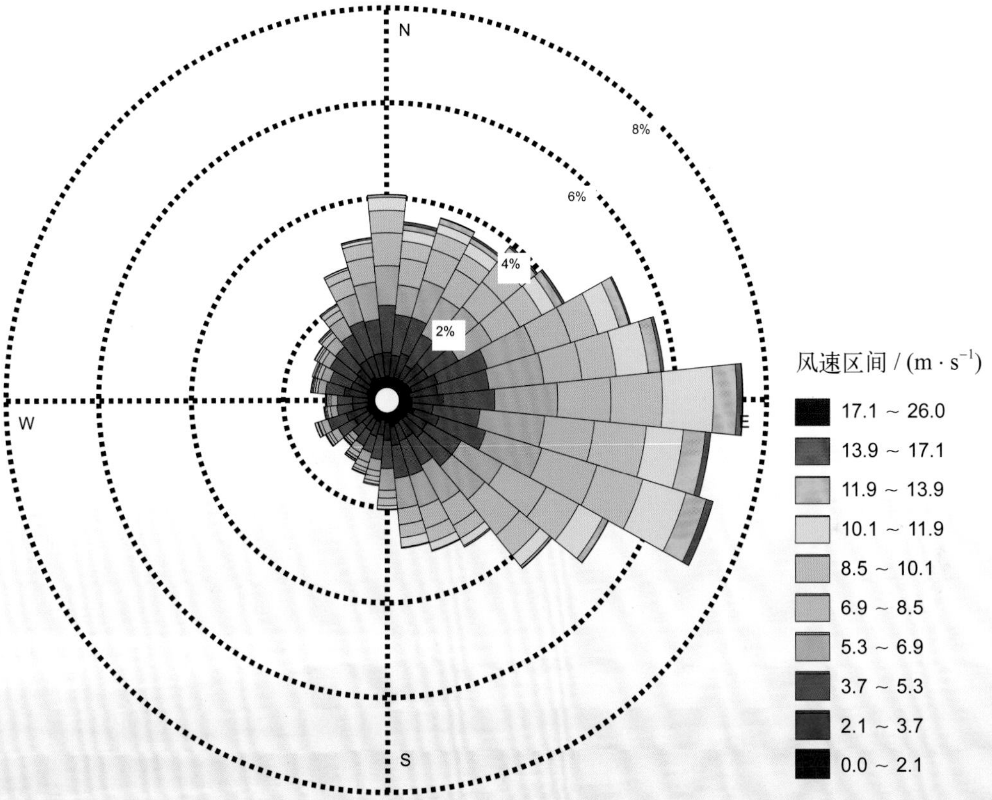

12 号浮标 2013 年风速、风向观测数据玫瑰图

WS and WD of 12 buoy in 2013

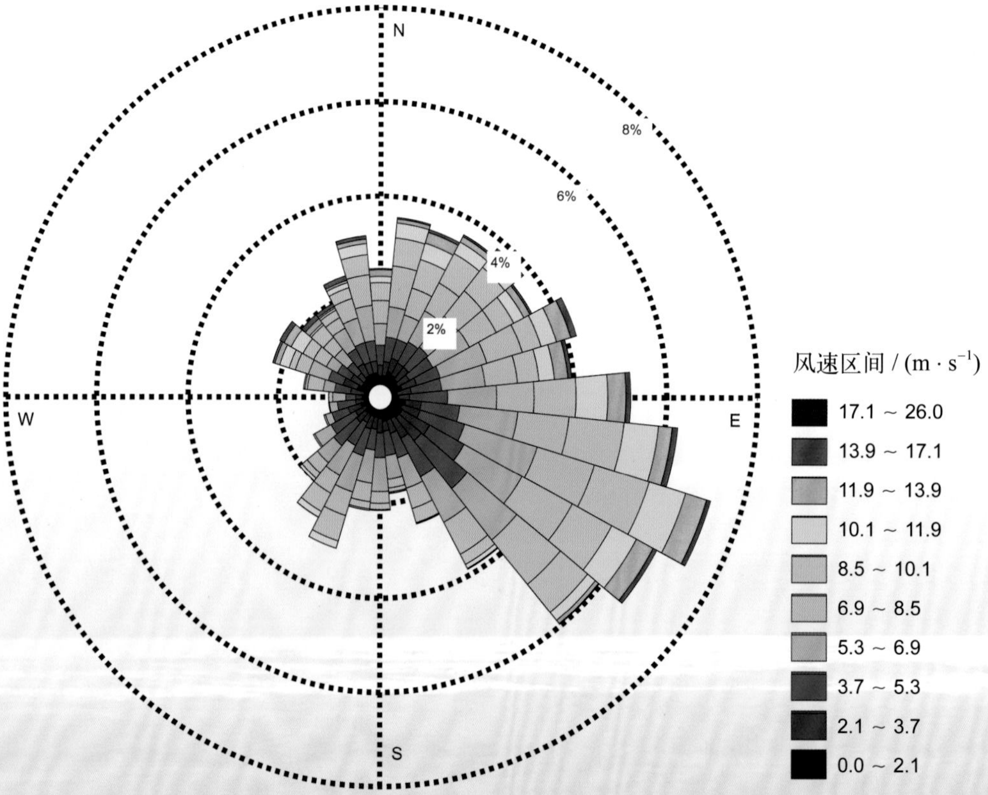

12 号浮标 2012 年 01 月风速、风向观测数据玫瑰图

WS and WD of 12 buoy in Jan. 2012

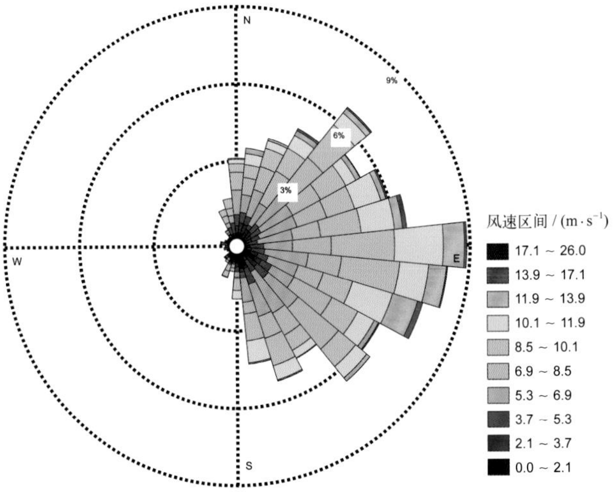

12 号浮标 2012 年 02 月风速、风向观测数据玫瑰图

WS and WD of 12 buoy in Feb. 2012

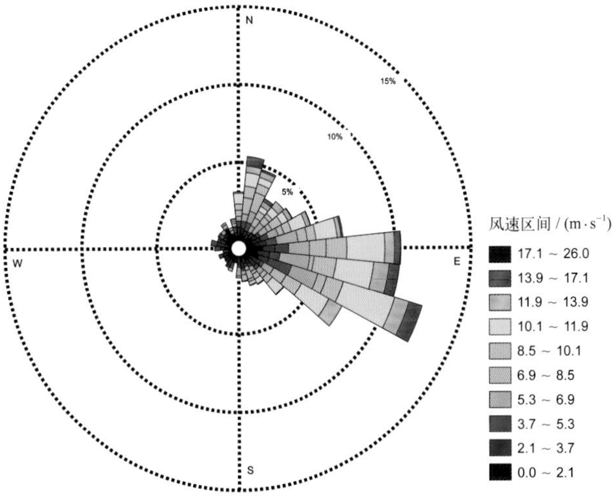

12 号浮标 2012 年 03 月风速、风向观测数据玫瑰图

WS and WD of 12 buoy in Mar. 2012

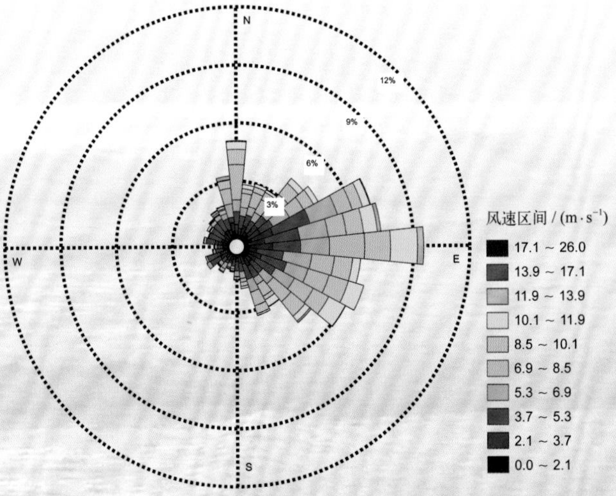

12 号浮标 2012 年 04 月风速、风向观测数据玫瑰图

WS and WD of 12 buoy in Apr. 2012

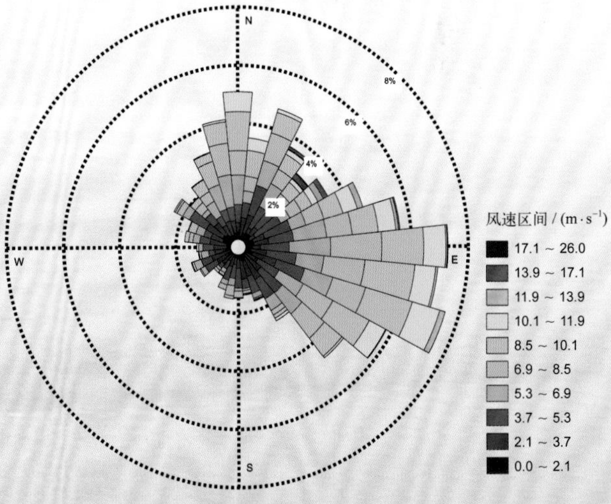

12 号浮标 2012 年 05 月风速、风向观测数据玫瑰图

WS and WD of 12 buoy in May 2012

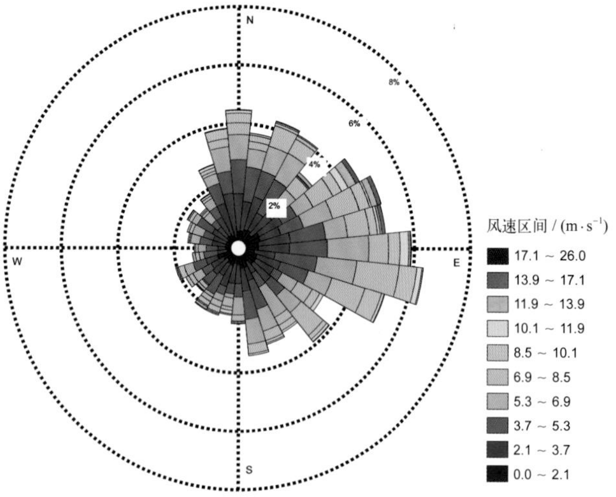

01 号浮标 2012 年 06 月风速、风向观测数据玫瑰图

WS and WD of 01 buoy in Jun. 2012

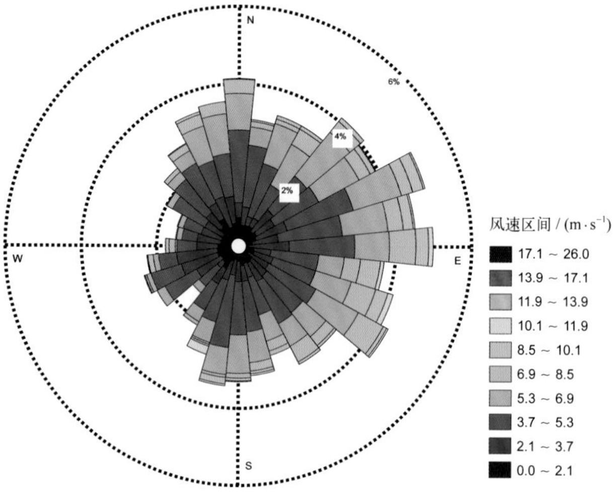

12 号浮标 2012 年 07 月风速、风向观测数据玫瑰图

WS and WD of 12 buoy in Jul. 2012

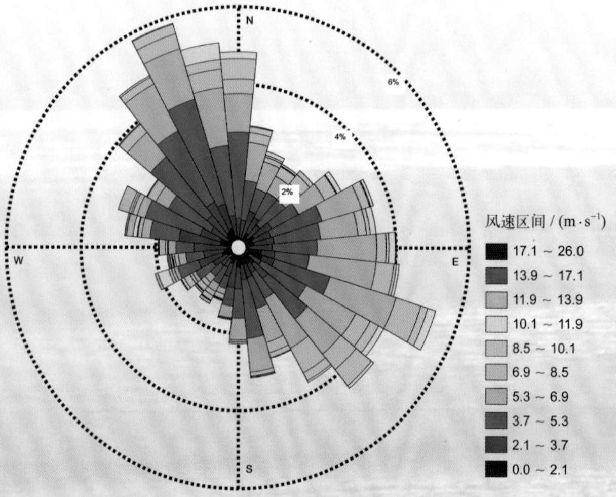

12 号浮标 2012 年 08 月风速、风向观测数据玫瑰图

WS and WD of 12 buoy in Aug. 2012

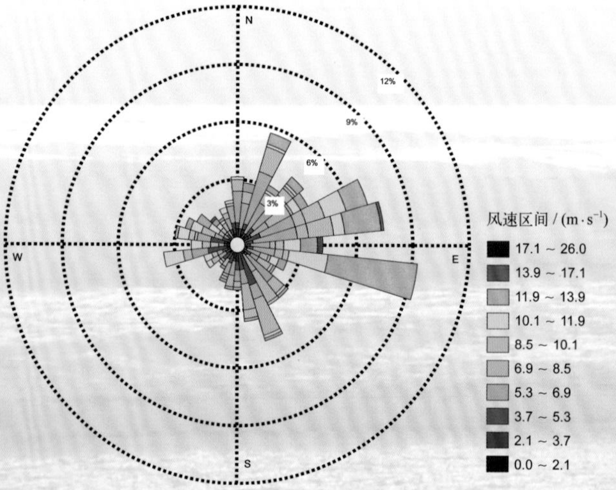

12 号浮标 2012 年 12 月风速、风向观测数据玫瑰图

WS and WD of 12 buoy in Dec. 2012

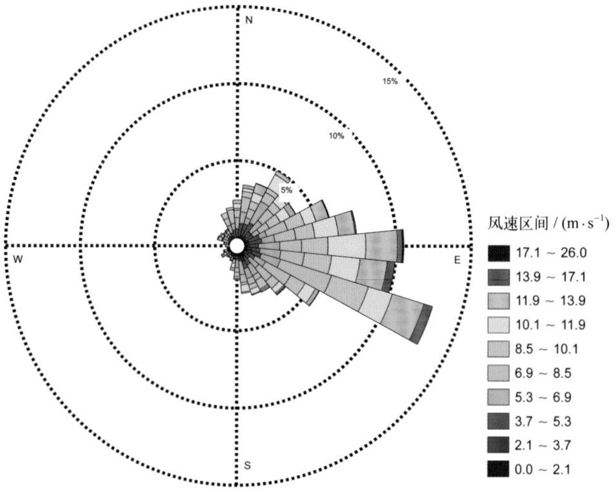

12 号浮标 2013 年 01 月风速、风向观测数据玫瑰图

WS and WD of 12 buoy in Jan. 2013

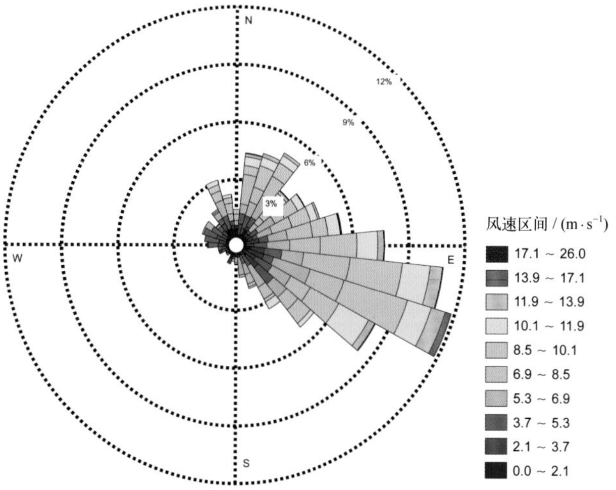

12 号浮标 2013 年 02 月风速、风向观测数据玫瑰图

WS and WD of 12 buoy in Feb. 2013

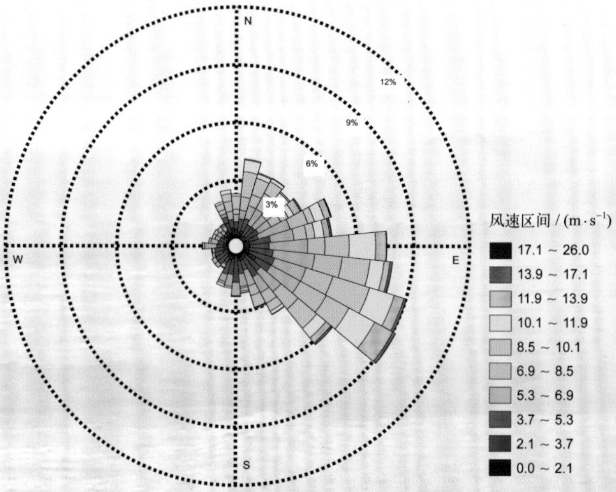

12 号浮标 2013 年 03 月风速、风向观测数据玫瑰图

WS and WD of 12 buoy in Mar. 2013

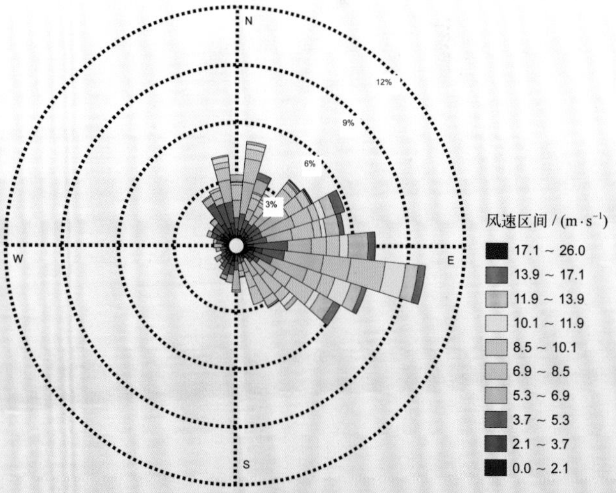

12 号浮标 2013 年 04 月风速、风向观测数据玫瑰图
WS and WD of 12 buoy in Apr. 2013

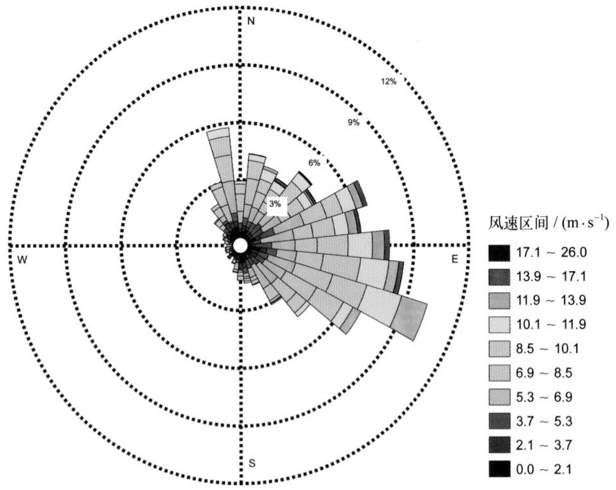

12 号浮标 2013 年 05 月风速、风向观测数据玫瑰图
WS and WD of 12 buoy in May 2013

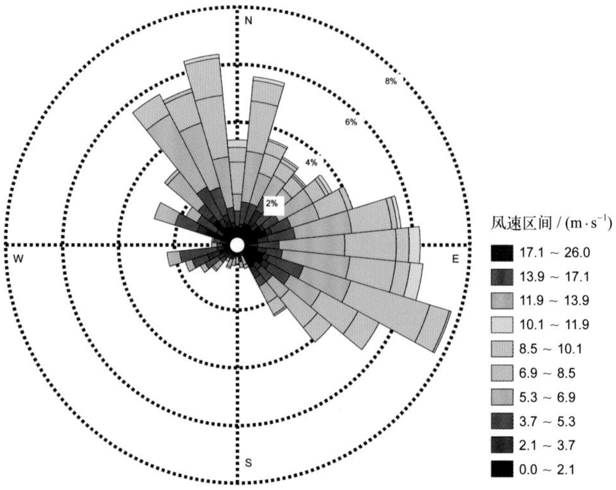

12 号浮标 2013 年 08 月风速、风向观测数据玫瑰图
WS and WD of 12 buoy in Aug. 2013

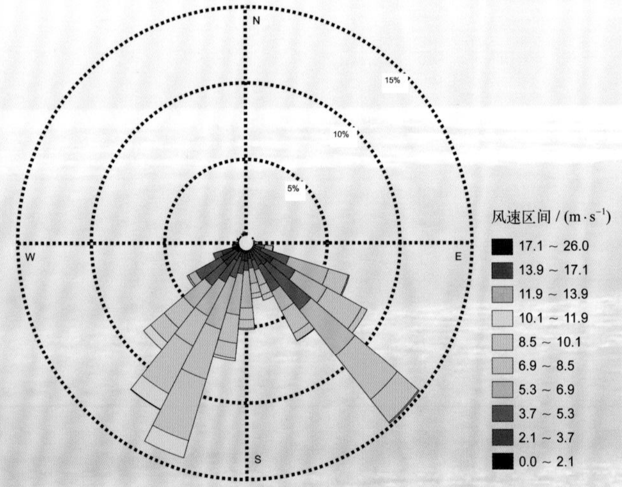

12 号浮标 2013 年 12 月风速、风向观测数据玫瑰图
WS and WD of 12 buoy in Dec. 2013

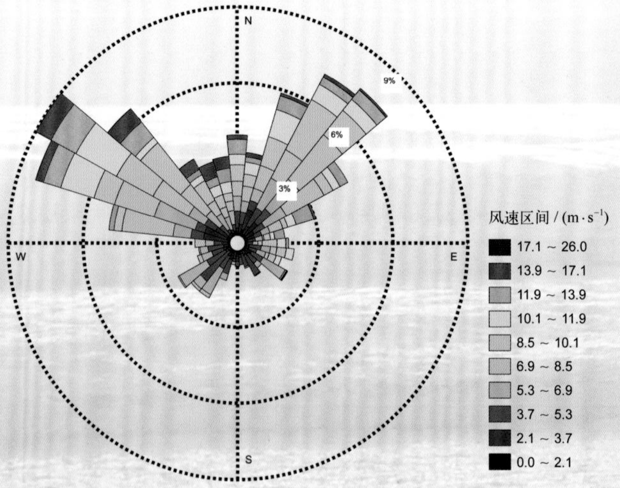

14 号浮标观测数据概述及玫瑰图（风速和风向）

2012年，14号浮标共获取362天的长序列风速、风向观测数据。获取数据的主要区间共两个时间段，具体为1月1日00:00至8月4日22:00和8月8日19:50至12月31日23:50。

2013年，14号浮标共获取184天的长序列风速、风向观测数据。获取数据的主要区间共四个时间段，具体为1月1日00:00至5月25日06:30、6月24日15:10至7月4日09:40、7月31日12:40至8月16日09:40和10月12日09:00至10月19日00:50。

表9　14号浮标各月份6级以上大风日数及主要风向

月份	6级以上大风日数		6级以上大风主要风向		备注
	2012年	2013年	2012年	2013年	
1	10天	10天	NW	WNW	
2	12天	9天	NNW	NNW	
3	10天	8天	WNW	NW	
4	12天	13天	WNW	WNW	2012年缺测1天数据
5	4天	4天	WNW	SSE	2013年缺测6天数据
6	5天	—	WNW	—	2013年缺测23天数据
7	2天	—	WNW	—	2013年缺测26天数据
8	12天	7天	S	SW	2012年缺测3天数据，记录4次台风；2013年缺测12天数据
9	7天	—	NW	—	2012年记录1次台风；2013年缺测27天数据
10	10天	—	NW	—	2013年缺测23天数据
11	18天	—	WNW	—	2013年缺测数据
12	20天	—	WNW	—	2013年缺测数据

通过对获取数据质量控制和分析，14 号浮标观测海域两个年度的风速、风向数据和季节数据特征如下：2012 年测得的年度最大风速为 23.3 m/s（8 月 27 日），对应风向为 300°；2013 年测得的年度最大风速为 19.1 m/s（4 月 6 日），对应风向为 298°。2012 年，14 号浮标记录到的 6 级以上大风日数总计 122 天，其中 6 级以上大风日数最多的月份为 12 月（20 天）。观测海域冬季代表月（2 月）的 6 级以上大风日数为 12 天，大风主要风向为 NNW；观测海域春季代表月（5 月）的 6 级以上大风日数为 4 天，大风主要风向为 WNW；观测海域夏季代表月（8 月）的 6 级以上大风日数为 12 天，大风主要风向为 S；观测海域秋季代表月（11 月）的 6 级以上大风日数为 18 天，大风主要风向为 WNW。2013 年，14 号浮标记录到的 6 级以上大风日数总计 51 天，其中 6 级以上大风日数最多的月份为 4 月（13 天）。观测海域冬季代表月（2 月）的 6 级以上大风日数为 9 天，大风主要风向为 NNW；观测海域春季代表月（5 月）的 6 级以上大风日数为 4 天，大风主要风向为 SSE；观测海域夏季代表月（8 月）的 6 级以上大风日数为 7 天，大风主要风向为 SW。

2012 年，14 号浮标记录到 5 次台风过程。第一次台风过程，受第 10 号台风“达维”影响，14 号浮标获取到的最大风速达 12.7 m/s（8 月 2 日 22:50），对应风向为 180°，台风影响期间的主要风向为 SSE。第二次台风过程，受第 11 号强台风“海葵”影响，14 号浮标获取到的最大风速为 12.9 m/s（8 月 8 日 21:10），对应风向为 169°，台风影响期间的主要风向为 S。第三次台风过程，受第 15 号强台风“布拉万”影响，14 号浮标获取到的最大风速达 23.3 m/s（8 月 27 日 20:40），对应风向为 300°，台风影响期间的主要风向为 WNW。第四次台风过程，受第 14 号强台风“天秤”影响，14 号浮标获取到的最大风速为 11.9 m/s（8 月 29 日 18:10），对应风向为 334°，台风影响期间的主要风向为 NNW。第五次台风过程，受第 16 号超强台风“三巴”影响，14 号浮标获取到的最大风速为 17.6 m/s（9 月 16 日 16:00），对应风向为 316°，台风影响期间的主要风向为 NNW。

14 号浮标 2012 年风速、风向观测数据玫瑰图

WS and WD of 14 buoy in 2012

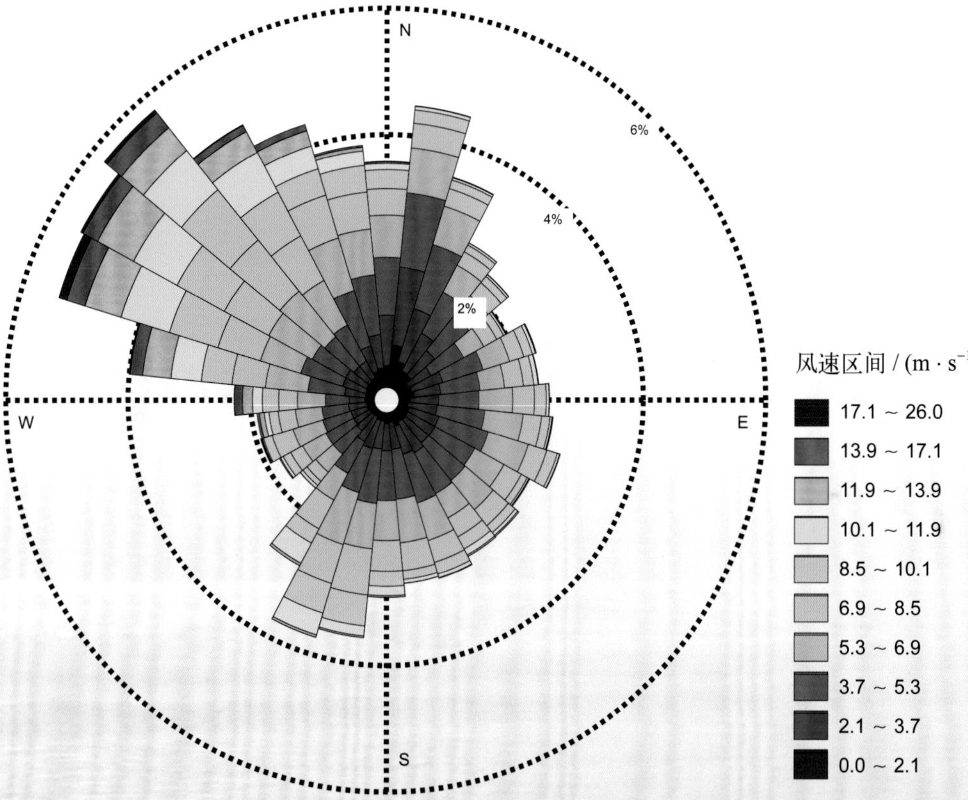

14 号浮标 2013 年风速、风向观测数据玫瑰图
WS and WD of 14 buoy in 2013

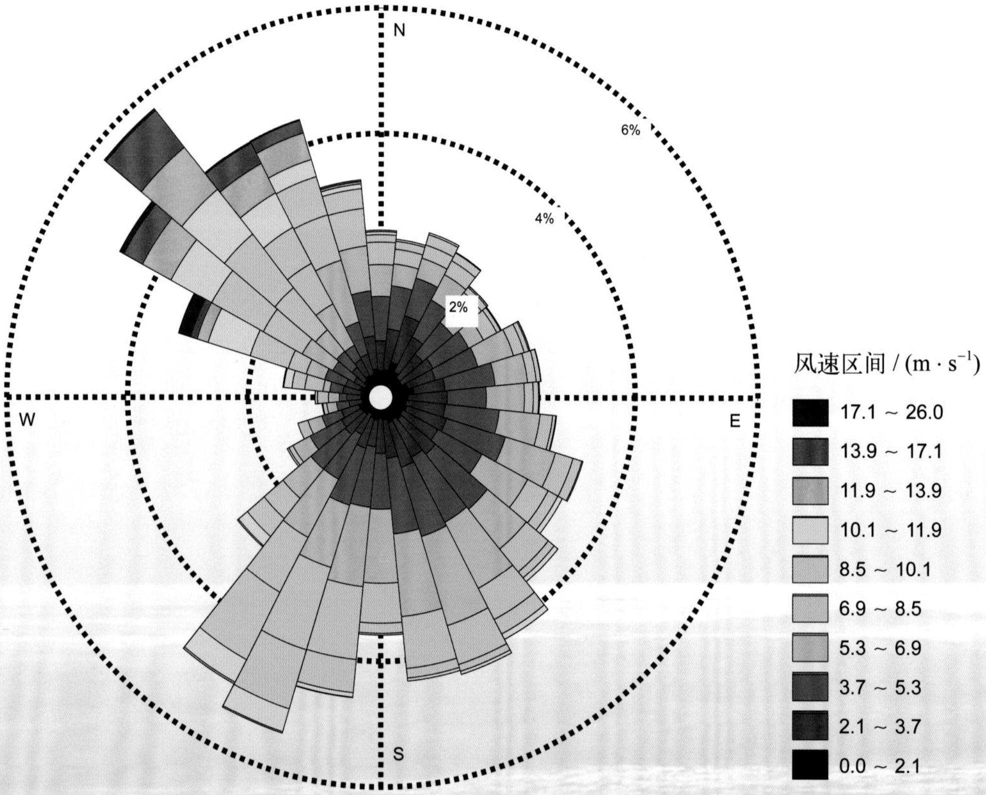

14 号浮标 2012 年 01 月风速、风向观测数据玫瑰图

WS and WD of 14 buoy in Jan. 2012

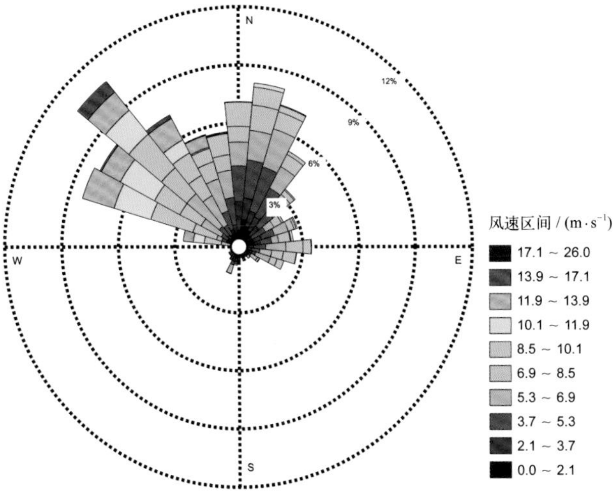

14 号浮标 2012 年 02 月风速、风向观测数据玫瑰图

WS and WD of 14 buoy in Feb. 2012

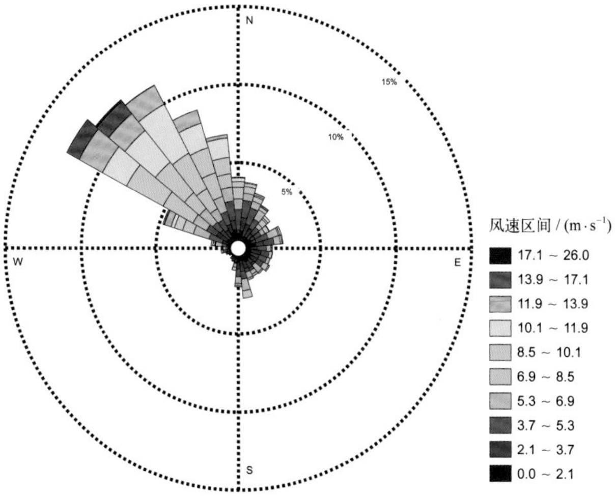

14 号浮标 2012 年 03 月风速、风向观测数据玫瑰图

WS and WD of 14 buoy in Mar. 2012

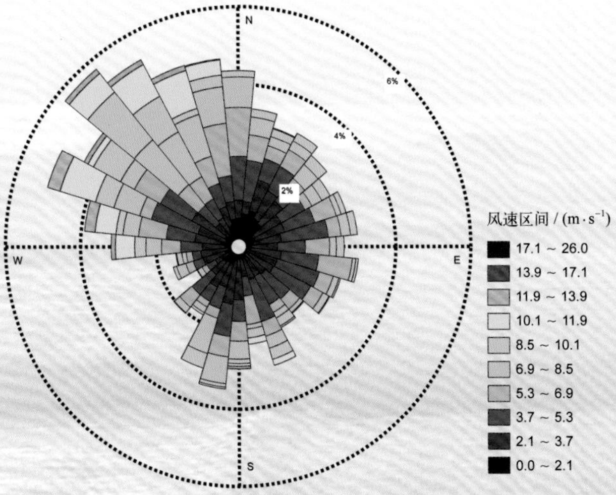

14 号浮标 2012 年 04 月风速、风向观测数据玫瑰图

WS and WD of 14 buoy in Apr. 2012

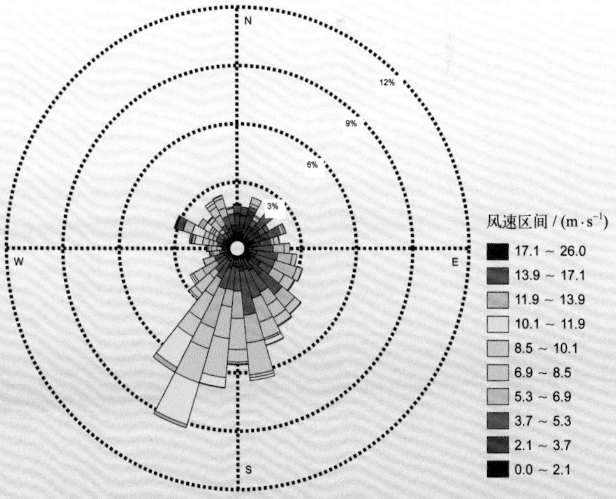

14 号浮标 2012 年 05 月风速、风向观测数据玫瑰图

WS and WD of 14 buoy in May 2012

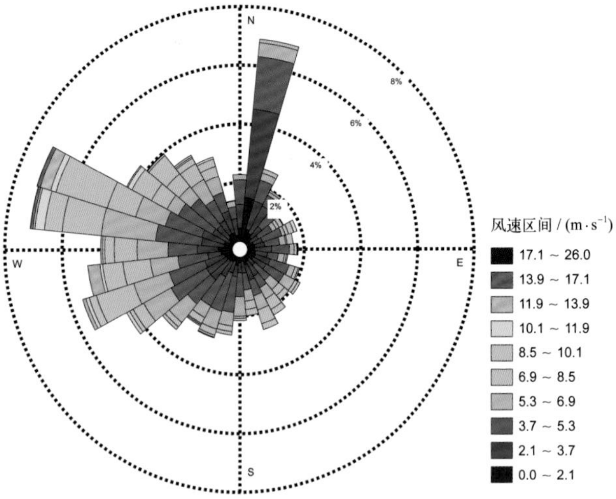

14 号浮标 2012 年 06 月风速、风向观测数据玫瑰图

WS and WD of 14 buoy in Jun. 2012

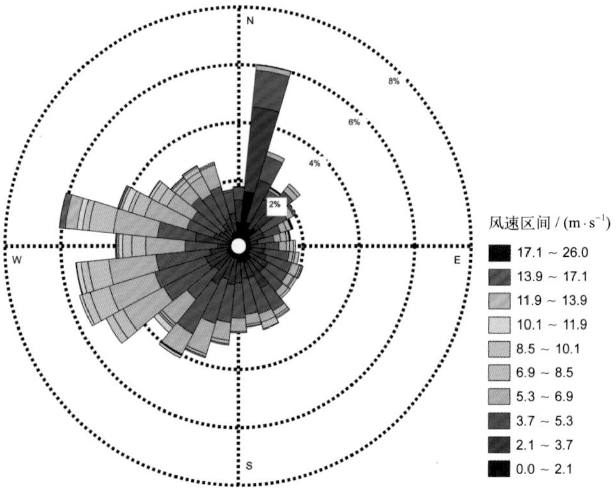

14 号浮标 2012 年 07 月风速、风向观测数据玫瑰图

WS and WD of 14 buoy in Jul. 2012

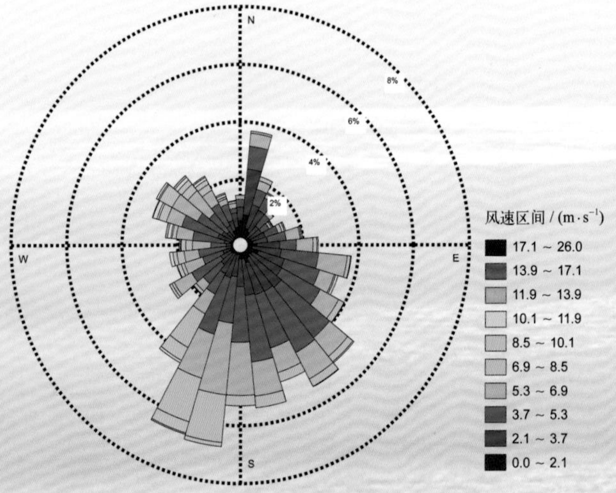

14 号浮标 2012 年 08 月风速、风向观测数据玫瑰图

WS and WD of 14 buoy in Aug. 2012

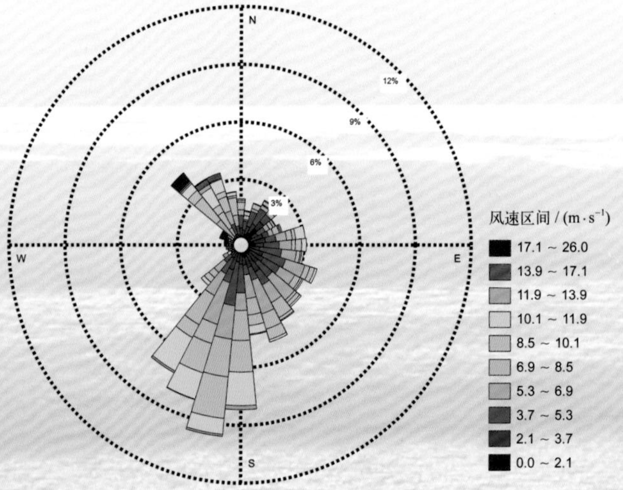

14 号浮标 2012 年 09 月风速、风向观测数据玫瑰图

WS and WD of 14 buoy in Sep. 2012

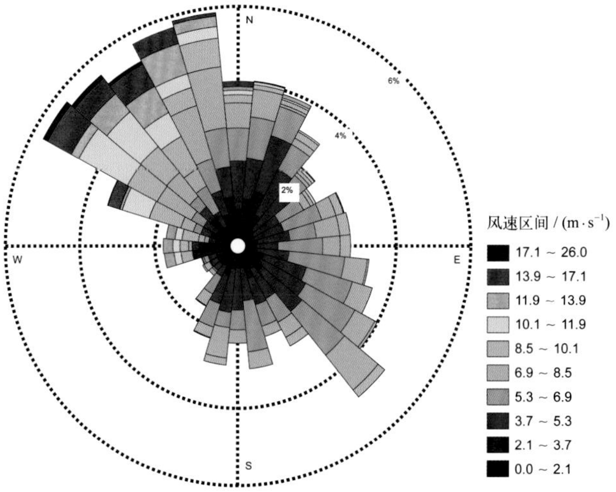

14 号浮标 2012 年 10 月风速、风向观测数据玫瑰图

WS and WD of 14 buoy in Oct. 2012

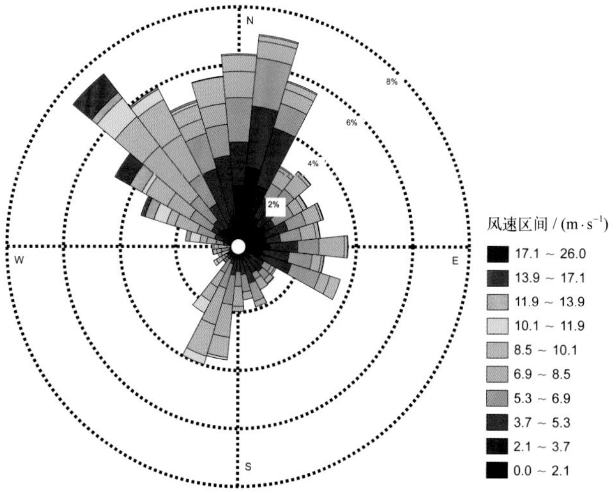

14 号浮标 2012 年 11 月风速、风向观测数据玫瑰图

WS and WD of 14 buoy in Nov. 2012

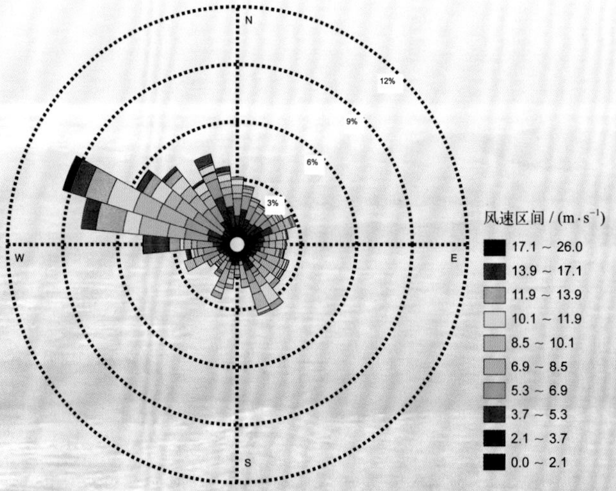

14 号浮标 2012 年 12 月风速、风向观测数据玫瑰图

WS and WD of 14 buoy in Dec. 2012

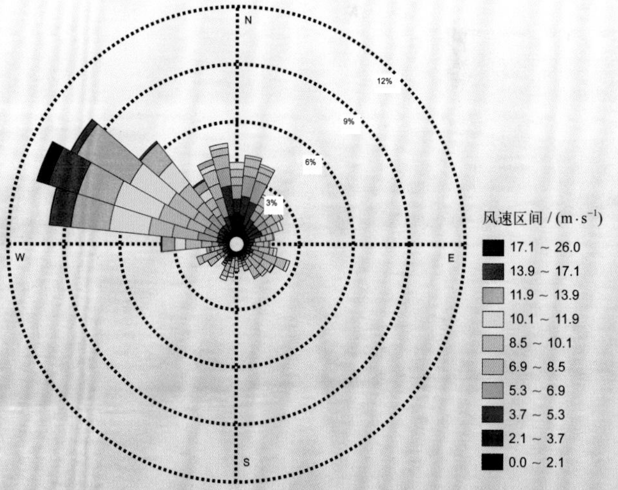

14 号浮标 2013 年 01 月风速、风向观测数据玫瑰图

WS and WD of 14 buoy in Jan. 2013

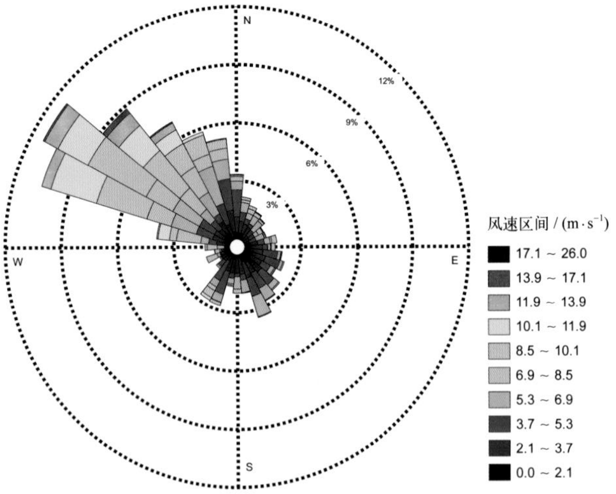

14 号浮标 2013 年 02 月风速、风向观测数据玫瑰图

WS and WD of 14 buoy in Feb. 2013

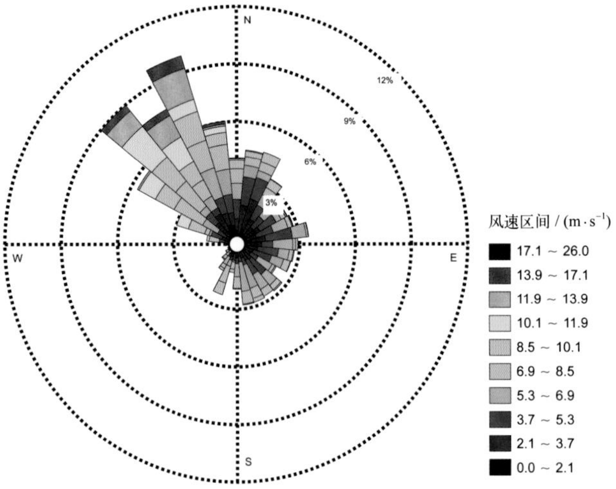

14 号浮标 2013 年 03 月风速、风向观测数据玫瑰图

WS and WD of 14 buoy in Mar. 2013

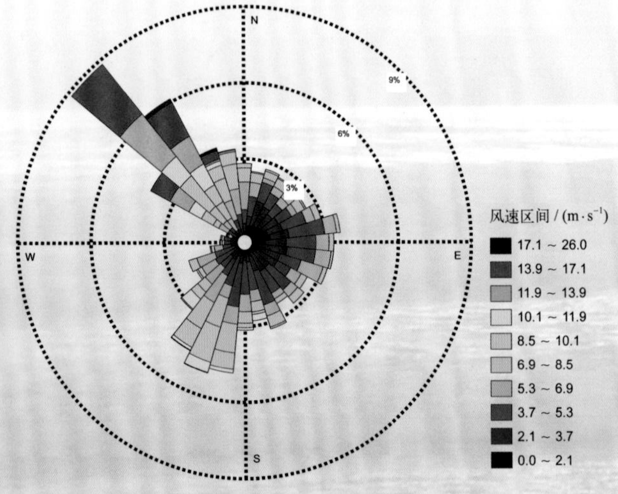

14 号浮标 2013 年 04 月风速、风向观测数据玫瑰图

WS and WD of 14 buoy in Apr. 2013

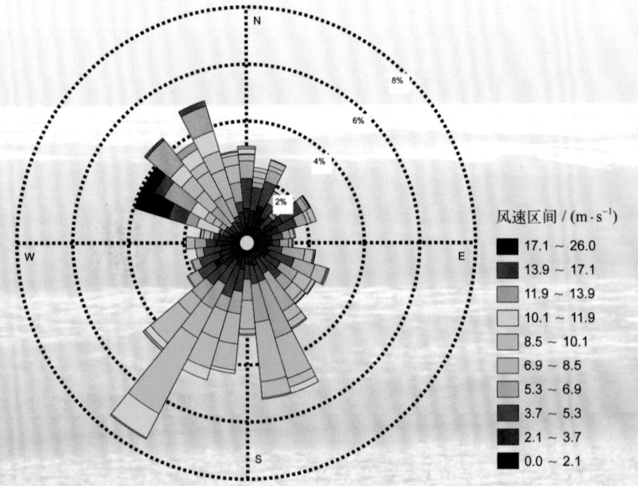

14 号浮标 2013 年 05 月风速、风向观测数据玫瑰图
WS and WD of 14 buoy in May 2013

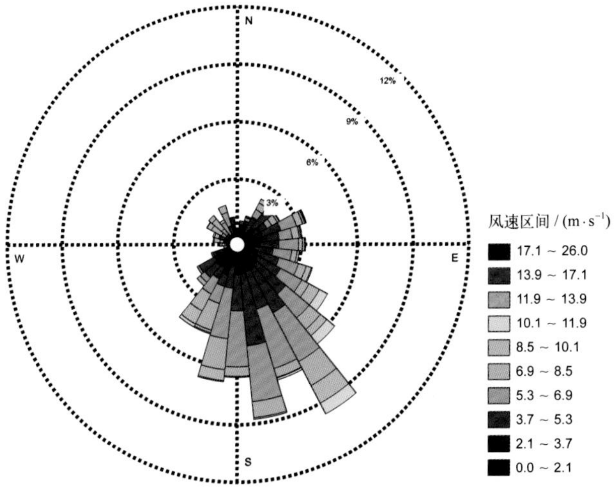

14 号浮标 2013 年 08 月风速、风向观测数据玫瑰图
WS and WD of 14 buoy in Aug. 2013

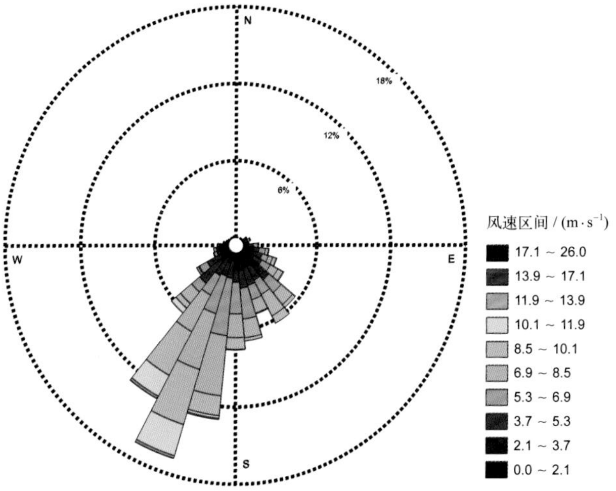

水文观测

01 号浮标观测数据概述及曲线
（水温和盐度）

2012 年，01 号浮标共获取 226 天的水温和盐度长序列观测数据。获取数据的主要区间共两个时间段，具体为 3 月 7 日 10:00 至 5 月 25 日 09:00 和 8 月 4 日 11:00 至 12 月 28 日 03:00。

2013 年， 01 号浮标共获取 332 天的水温长序列观测数据和 315 天的盐度长序列观测数据。获取水温数据的主要区间共三个时间段，具体为 1 月 1 日 00:00 至 1 月 22 日 22:30、1 月 30 日 12:00 至 11 月 21 日 8:30 和 12 月 15 日 09:00 至 12 月 31 日 23:30；获取盐度数据的主要区间共两个时间段，具体为 1 月 1 日 00:00 至 1 月 22 日 22:30 和 1 月 30 日 12:00 至 11 月 21 日 8:30。

通过对获取数据质量控制和分析，01 号浮标观测海域 2012 年度水温、盐度数据和季节数据特征如下：年度水温平均值为 15.42℃，年度盐度平均值为 31.19；测得的年度最高水温和最低水温分别为 30.2℃和 0.4℃；测得的年度最高盐度和最低盐度分别为 31.9 和 28.0。以 5 月为春季代表月，观测海域春季的平均水温是 10.48℃，平均盐度是 29.65；以 8 月为夏季代表月，观测海域夏季的平均水温是 26.40℃，平均盐度是 30.82；以 11 月为秋季代表月，观测海域秋季的平均水温是 12.69℃，平均盐度是 31.59。

通过对获取数据质量控制和分析，01 号浮标观测海域 2013 年度水温、盐度数据和季节数据特征如下：年度水温平均值为 13.66℃，年度盐度平均值为 30.83；测得的年度最高水温和最低水温分别为 29.3℃和 0.6℃；测得的年度最高盐度和最低盐度分别为 32.1 和 28.6。以 2 月为冬季代表月，观测海域冬季的平均水温是 2.18℃，平均盐度是 31.49；以 5 月为春季代表月，观测海域春季的平均水温是 11.40℃，平均盐度是 30.48；以 8 月为夏季代表月，观测海域夏季的平均水温是 26.58℃，平均盐度是 30.41；以 11 月为秋季代表月，观测海域秋季的平均水温是 14.34℃，平均盐度是 30.77。

01 号浮标观测海域月度水温、盐度变化特征与该海域的气温和降水等因素密切相关。2012 年和 2013 年，浮标观测的水温、盐度月平均值和最高值、最低值数据参见表 10。

2013 年 2 月，01 号浮标记录到 1 次寒潮过程，2 月 6—7 日寒潮期间，01 号浮标水温的变化幅度为 1.4℃（2.1 ~ 3.5℃），平均水温为 2.83℃；盐度变化幅度为 1.0（30.9 ~ 31.9），平均盐度为 31.56。

表 10　01 号浮标各月份水温、盐度观测数据

月份		水温 / ℃			盐度			备注
		平均	最高	最低	平均	最高	最低	
1	2012 年	—	—	—	—	—	—	缺测数据
	2013 年	4.66	6.1	1.2	31.88	32.1	30.7	缺测 7 天数据
2	2012 年	—	—	—	—	—	—	缺测数据
	2013 年	2.18	3.7	0.6	31.49	32.1	30.9	记录 1 次寒潮
3	2012 年	1.36	3.20	0.4	31.28	31.4	31.1	缺测 6 天数据
	2013 年	2.84	4.2	2.0	31.63	31.9	31.2	
4	2012 年	3.79	9.4	2.0	31.06	31.3	30.2	
	2013 年	5.19	8.6	2.9	31.31	31.8	30.7	
5	2012 年	10.48	17.1	5.7	29.65	30.8	28.0	缺测 6 天数据
	2013 年	11.40	17.6	8.0	30.48	31.6	28.8	
6	2012 年	—	—	—	—	—	—	缺测数据
	2013 年	18.36	22.1	12.3	30.22	31.0	28.9	
7	2012 年	—	—	—	—	—	—	缺测数据
	2013 年	22.57	27.2	18.4	30.25	31.1	28.6	
8	2012 年	26.40	30.2	20.7	30.82	31.3	30.0	缺测 3 天数据，记录 1 次台风
	2013 年	26.58	29.3	24.3	30.41	31.0	28.9	
9	2012 年	22.79	24.6	20.7	31.26	31.6	30.7	缺测 1 天数据，记录 1 次台风
	2013 年	23.54	25.8	20.8	30.58	31.1	28.8	
10	2012 年	18.50	21.1	15.5	31.24	31.5	30.8	
	2013 年	18.95	21.7	15.9	30.44	30.9	29.8	缺测 2 天数据
11	2012 年	12.69	15.6	10.0	31.59	31.8	30.9	
	2013 年	14.34	16.2	12.1	30.77	31.0	30.5	缺测 10 天数据
12	2012 年	8.27	10.3	6.3	31.74	31.9	31.1	缺测 3 天数据
	2013 年	7.66	9.0	6.5	—	—	—	水温缺测 14 天数据，盐度缺测数据

01 号浮标 2012 年水温、盐度观测数据曲线
WT and SL of 01 buoy in 2012

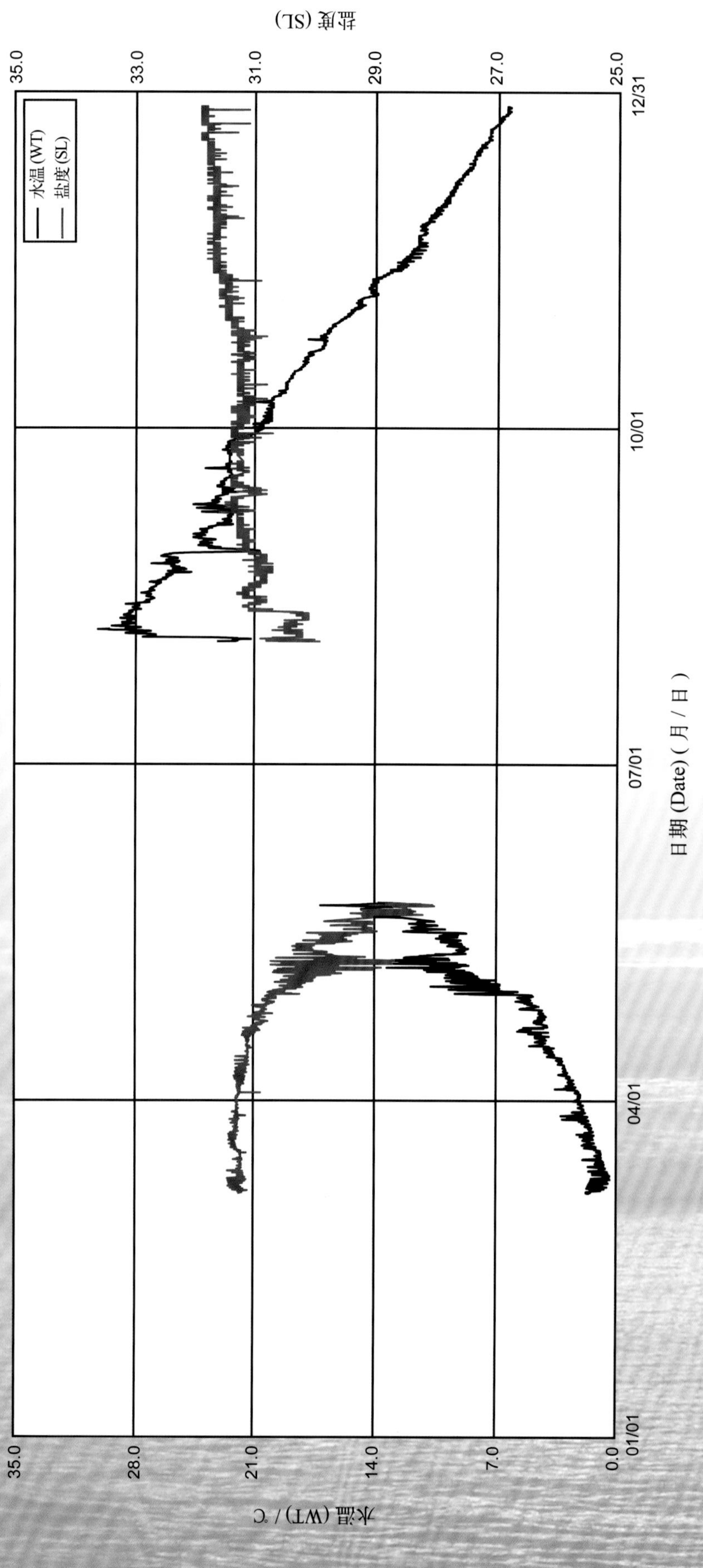

01 号浮标 2013 年水温、盐度观测数据曲线
WT and SL of 01 buoy in 2013

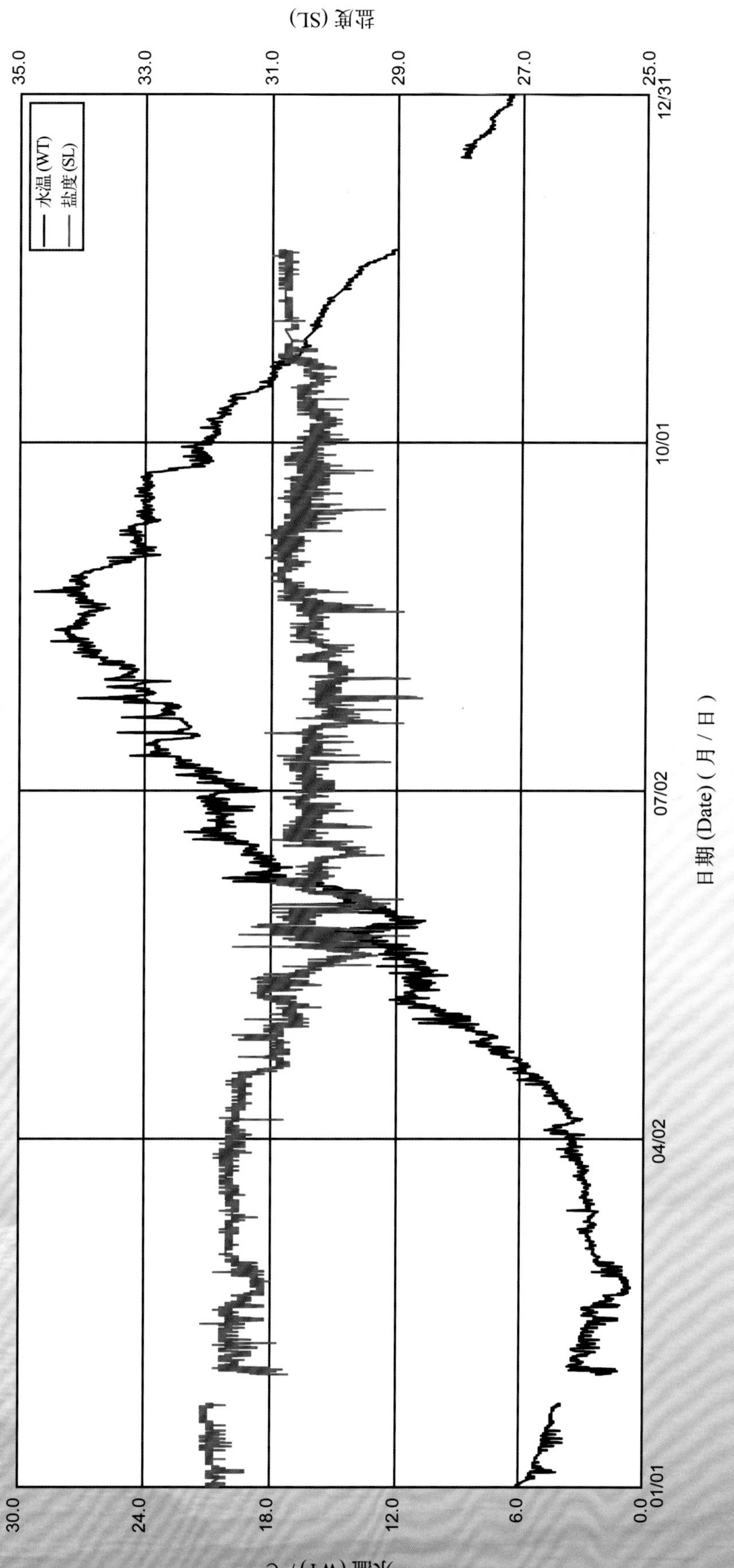

01 号浮标 2012 年 03 月水温、盐度观测数据曲线
WT and SL of 01 buoy in Mar. 2012

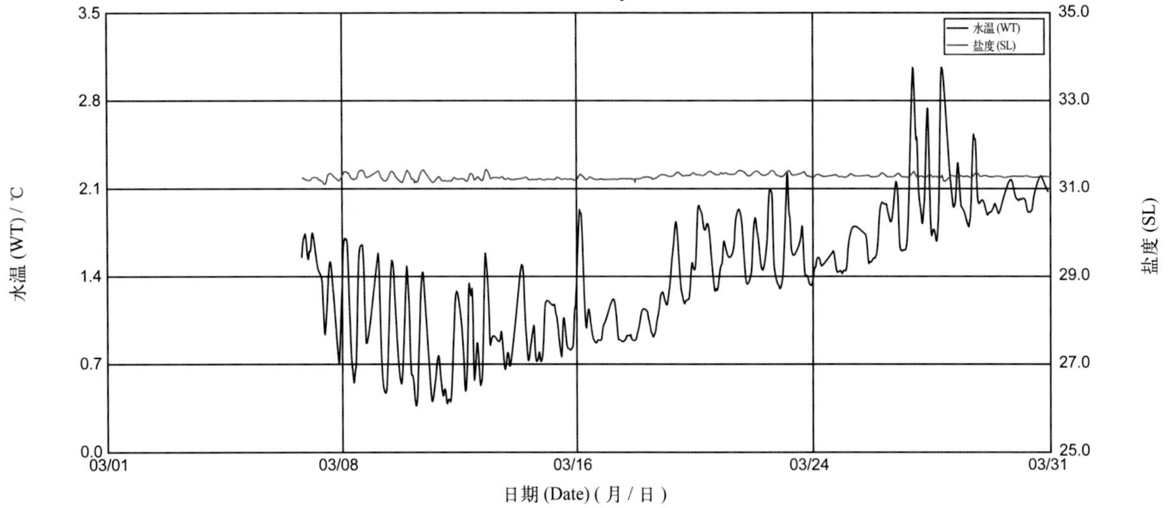

01 号浮标 2012 年 04 月水温、盐度观测数据曲线
WT and SL of 01 buoy in Apr. 2012

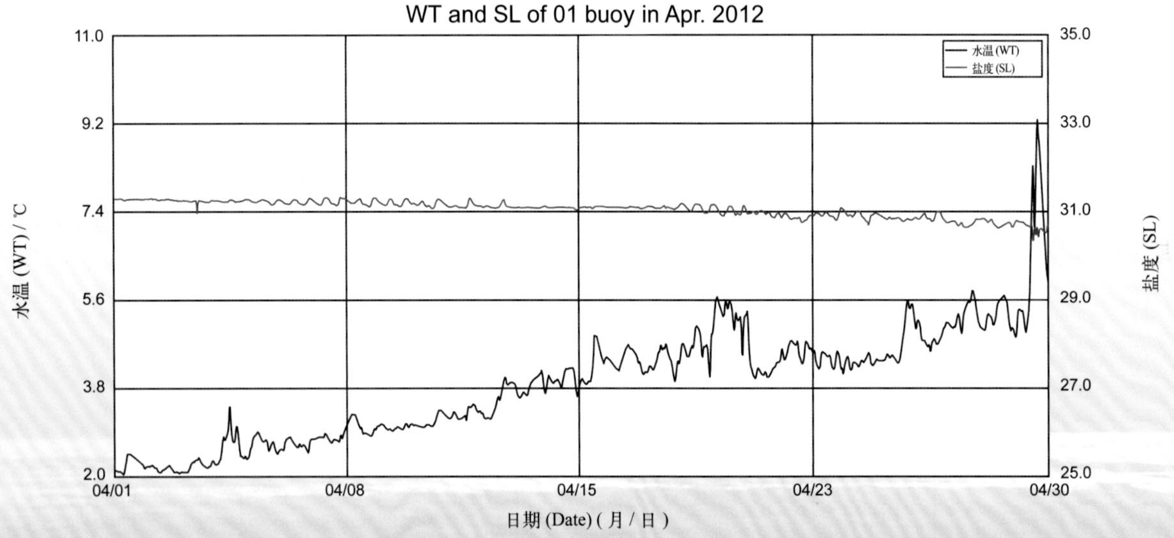

01 号浮标 2012 年 05 月水温、盐度观测数据曲线
WT and SL of 01 buoy in May 2012

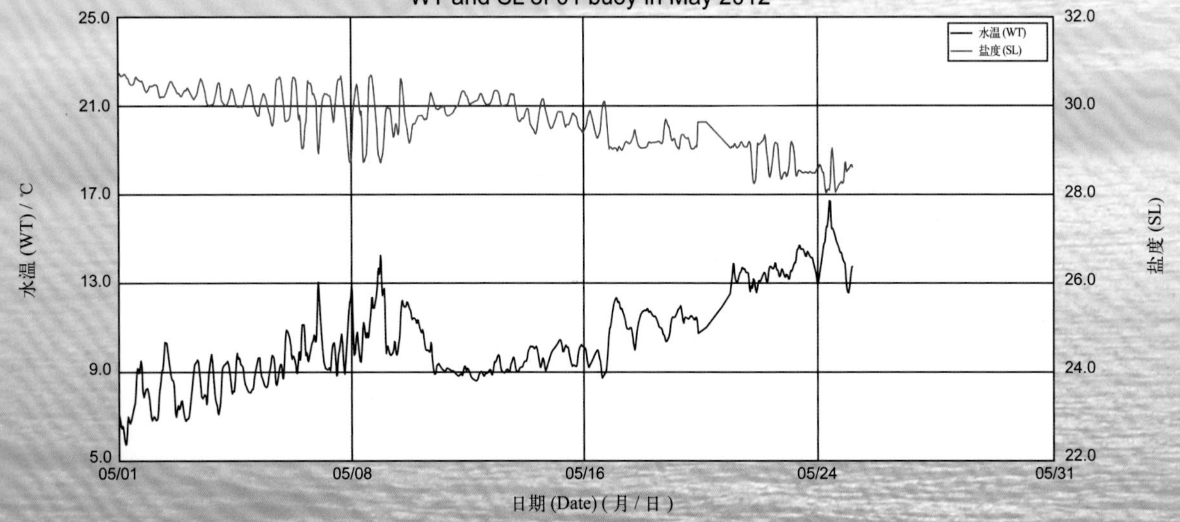

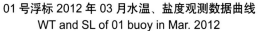

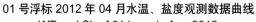

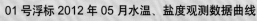

01 号浮标 2012 年 08 月水温、盐度观测数据曲线
WT and SL of 01 buoy in Aug. 2012

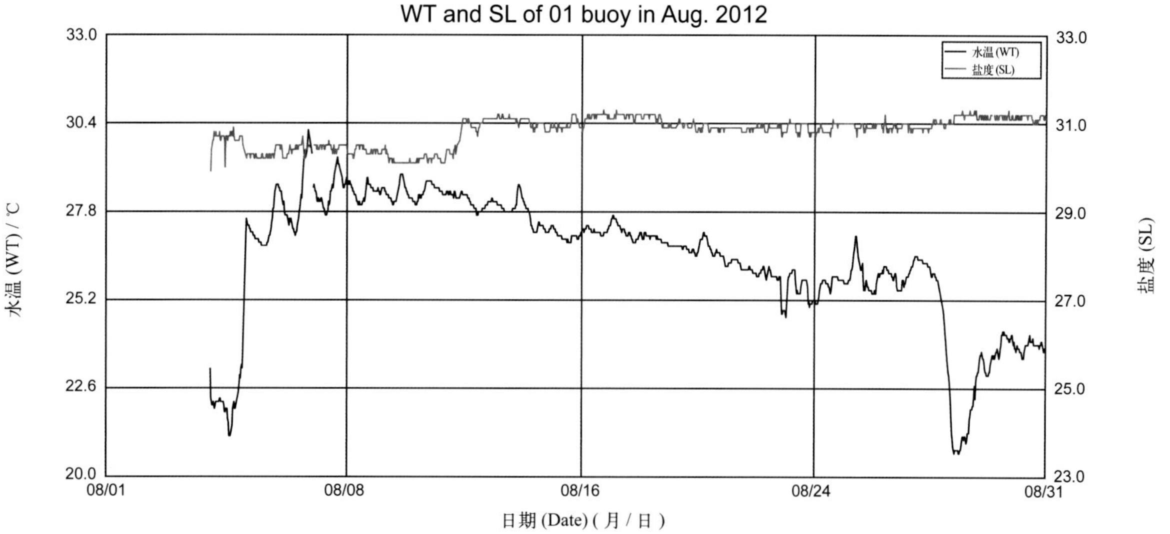

01 号浮标 2012 年 09 月水温、盐度观测数据曲线
WT and SL of 01 buoy in Sep. 2012

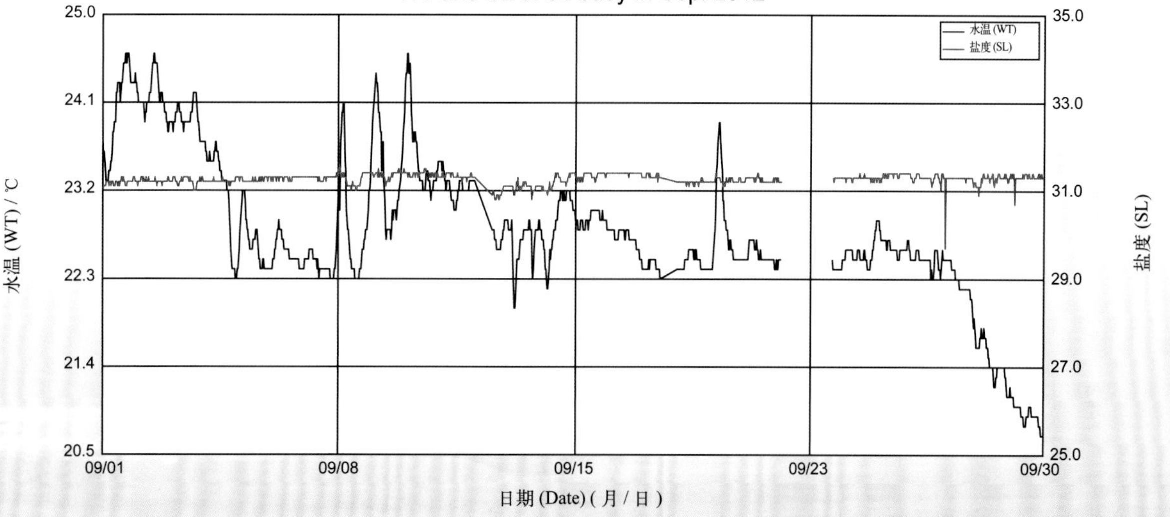

01 号浮标 2012 年 10 月水温、盐度观测数据曲线
WT and SL of 01 buoy in Oct. 2012

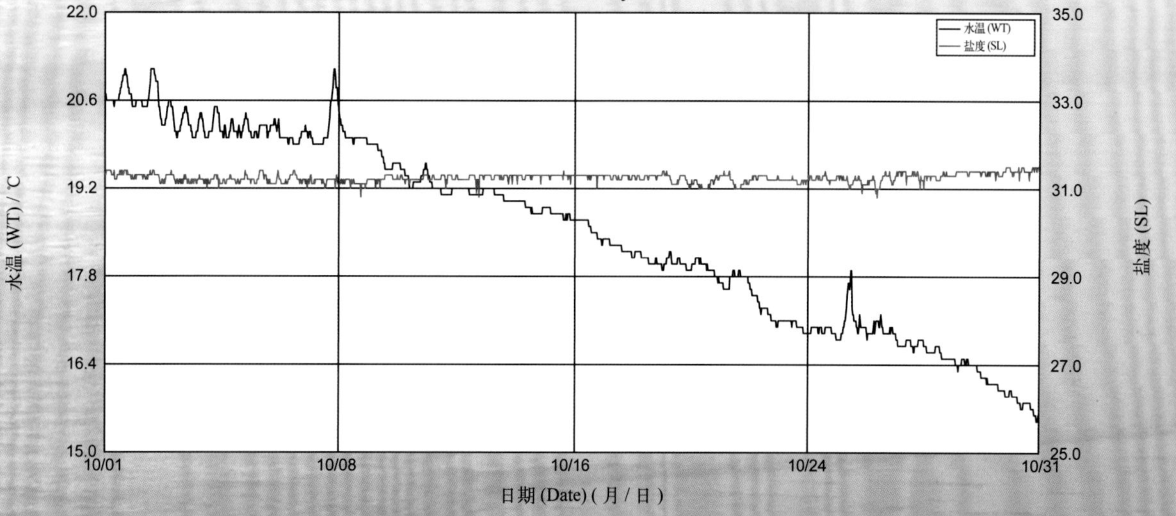

01 号浮标 2012 年 11 月水温、盐度观测数据曲线
WT and SL of 01 buoy in Nov. 2012

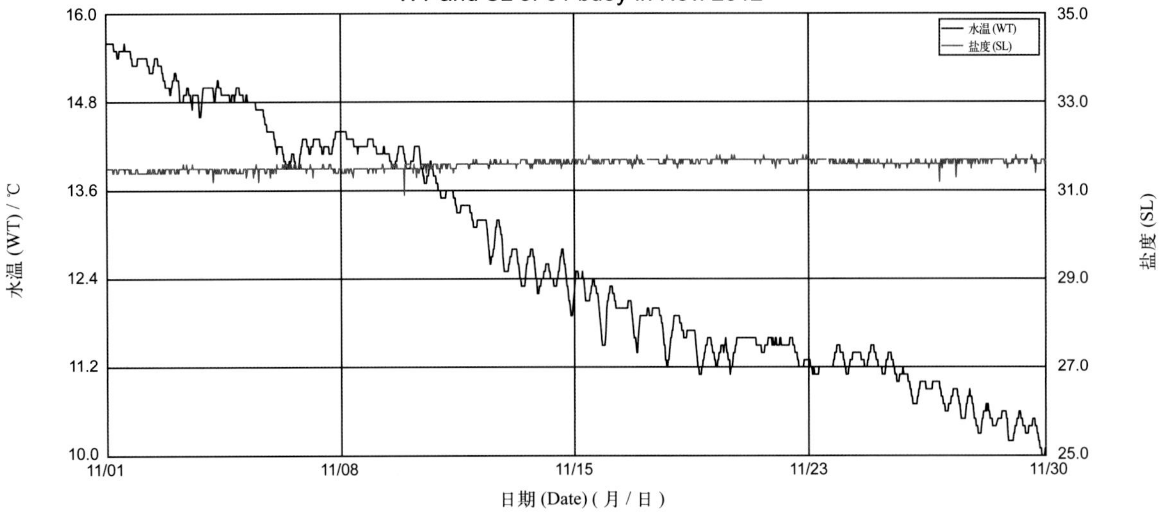

01 号浮标 2012 年 12 月水温、盐度观测数据曲线
WT and SL of 01 buoy in Dec. 2012

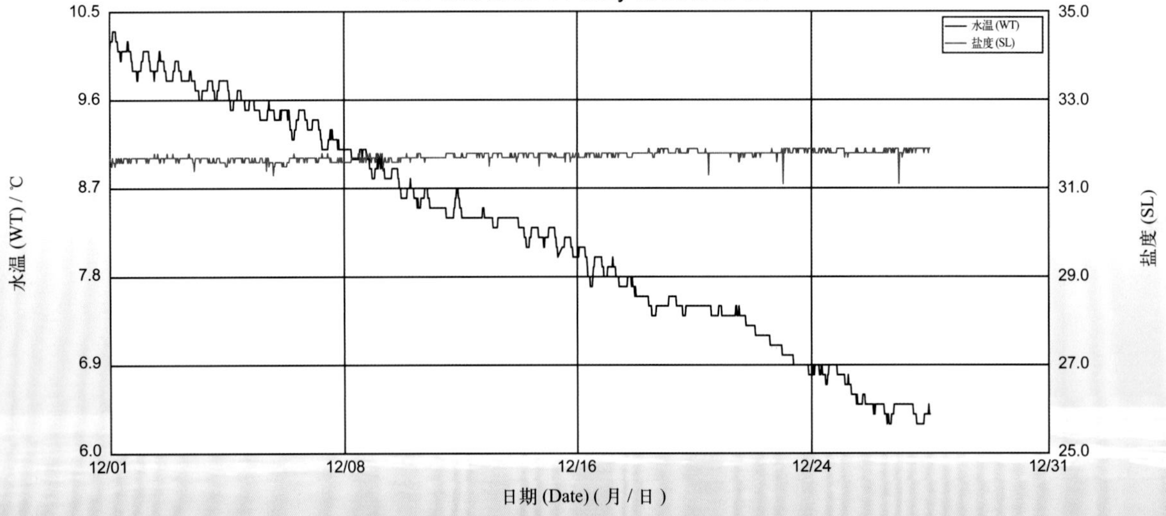

01 号浮标 2013 年 01 月水温、盐度观测数据曲线
WT and SL of 01 buoy in Jan. 2013

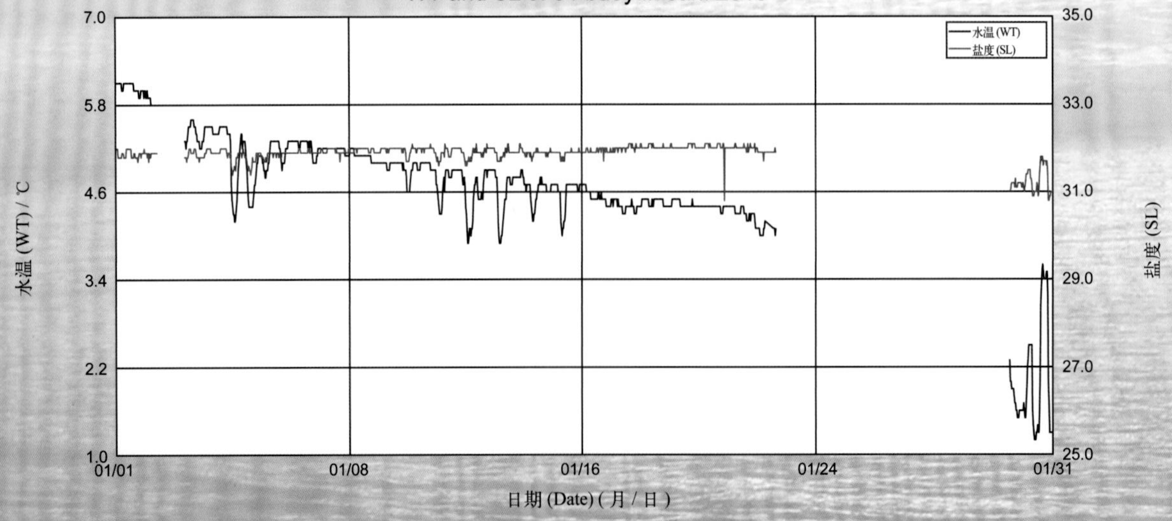

01 号浮标 2013 年 02 月水温、盐度观测数据曲线
WT and SL of 01 buoy in Feb. 2013

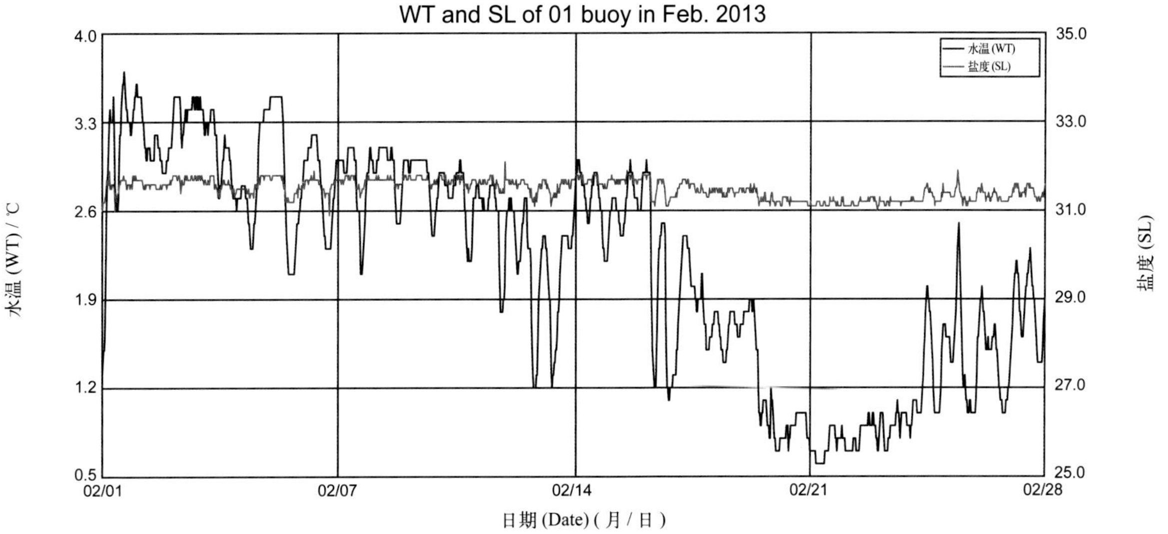

01 号浮标 2013 年 03 月水温、盐度观测数据曲线
WT and SL of 01 buoy in Mar. 2013

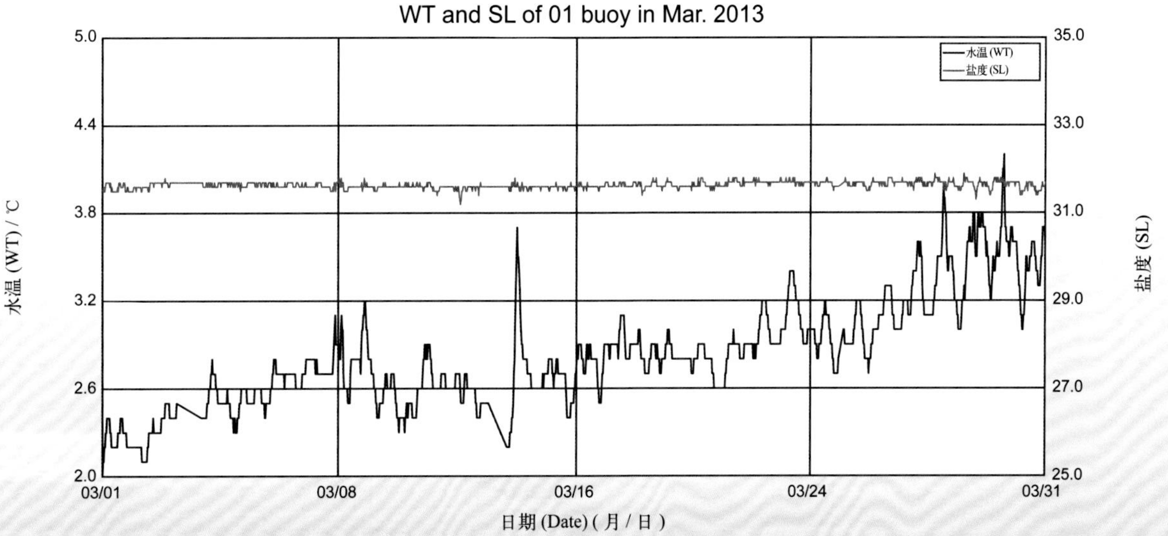

01 号浮标 2013 年 04 月水温、盐度观测数据曲线
WT and SL of 01 buoy in Apr. 2013

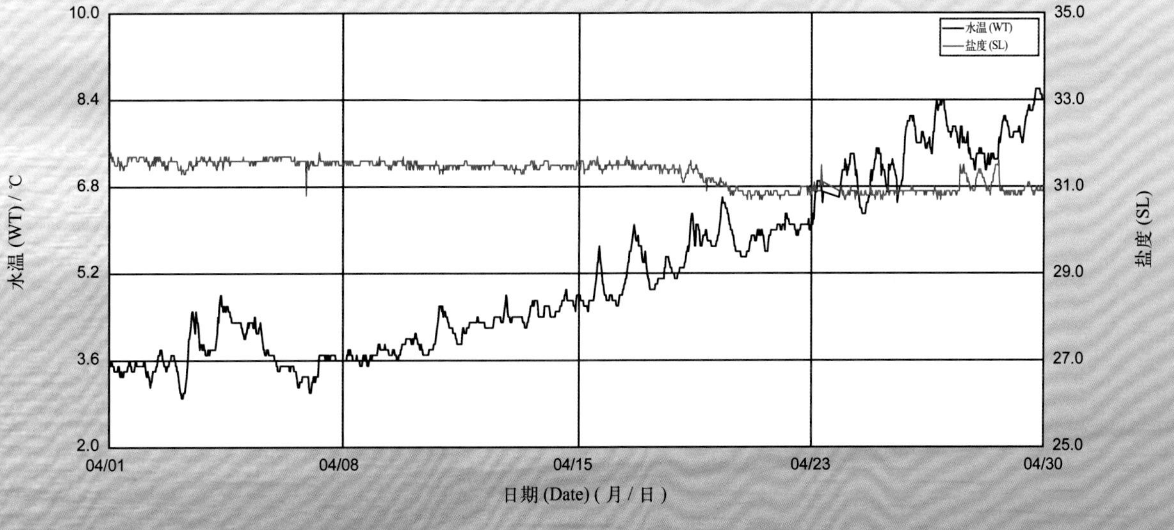

01 号浮标 2013 年 05 月水温、盐度观测数据曲线
WT and SL of 01 buoy in May 2013

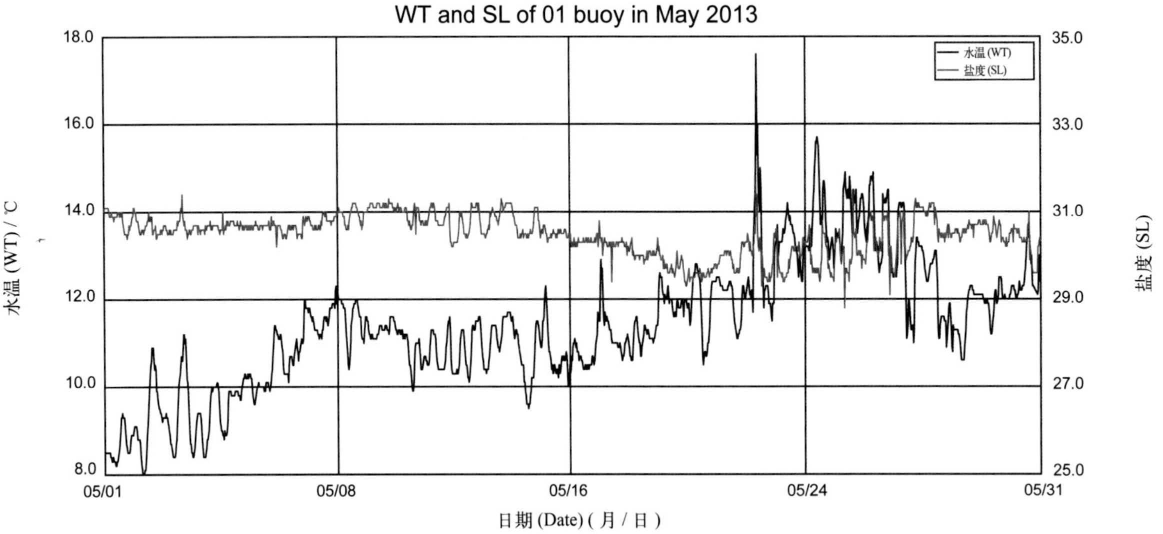

01 号浮标 2013 年 06 月水温、盐度观测数据曲线
WT and SL of 01 buoy in Jun. 2013

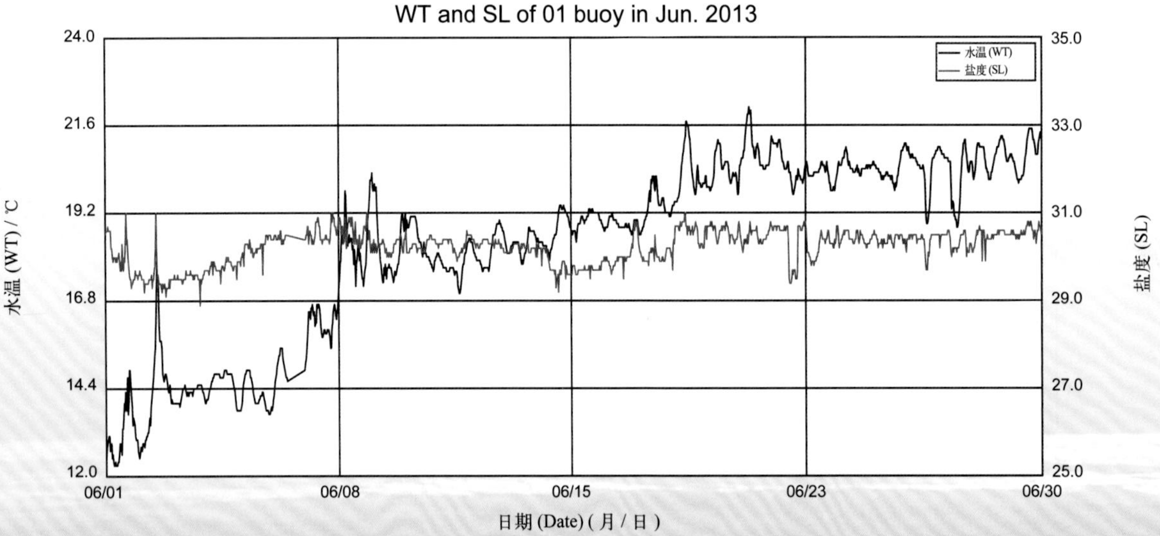

01 号浮标 2013 年 07 月水温、盐度观测数据曲线
WT and SL of 01 buoy in Jul. 2013

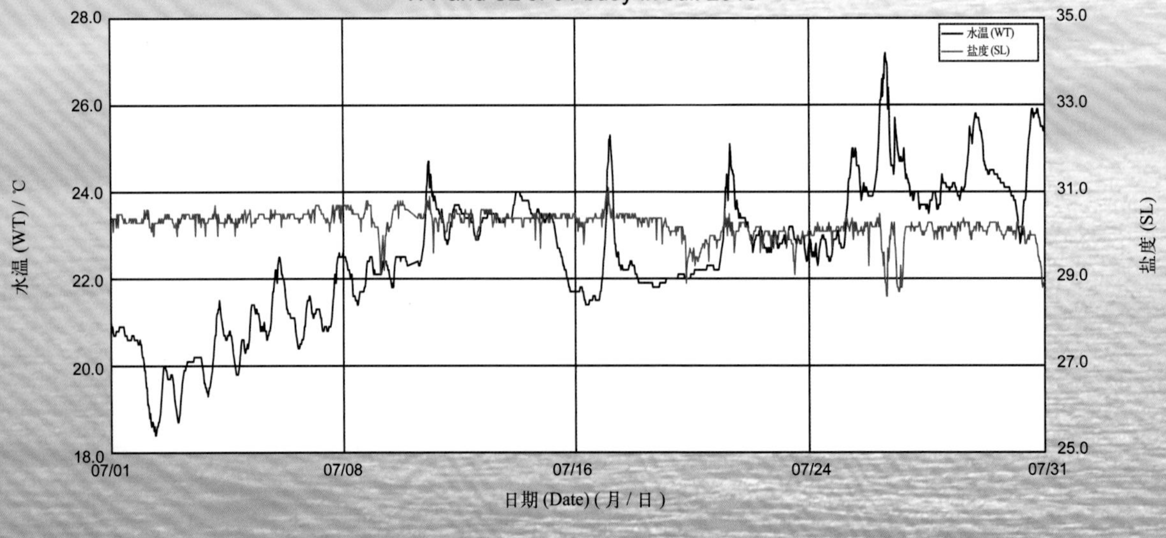

01 号浮标 2013 年 08 月水温、盐度观测数据曲线
WT and SL of 01 buoy in Aug. 2013

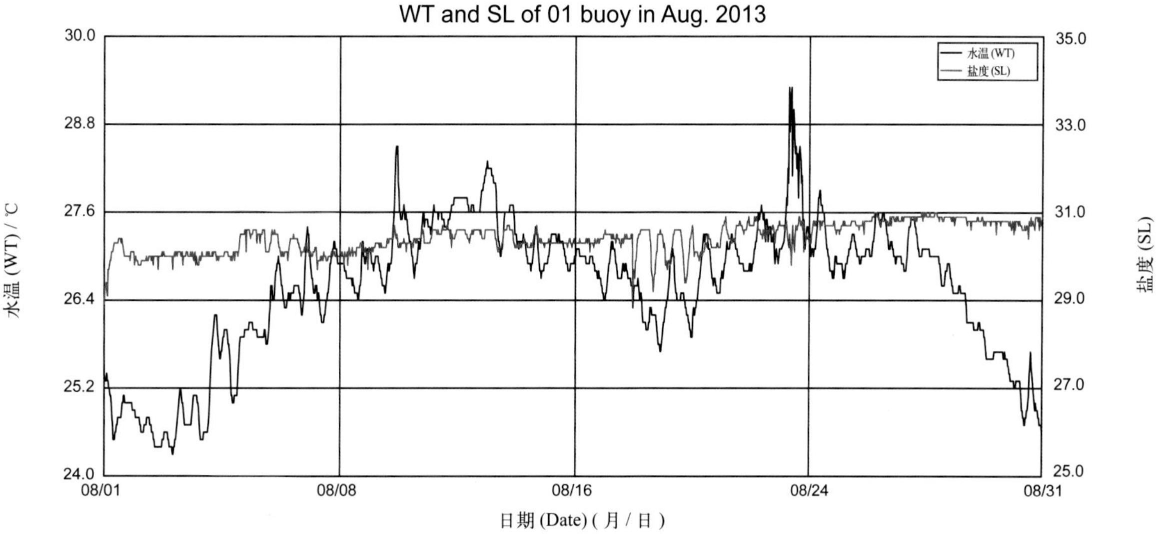

01 号浮标 2013 年 09 月水温、盐度观测数据曲线
WT and SL of 01 buoy in Sep. 2013

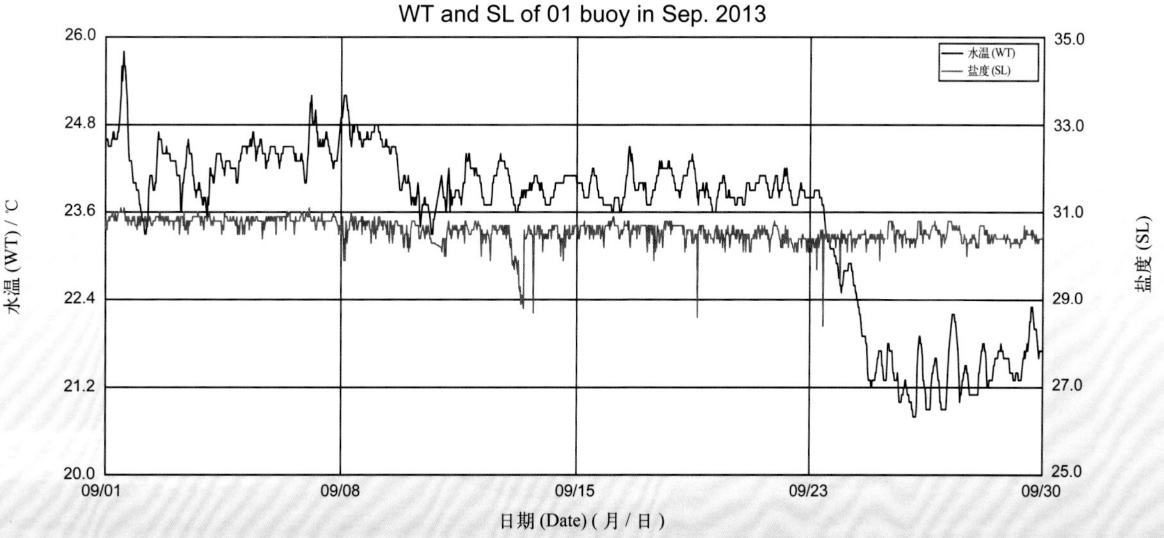

01 号浮标 2013 年 10 月水温、盐度观测数据曲线
WT and SL of 01 buoy in Oct. 2013

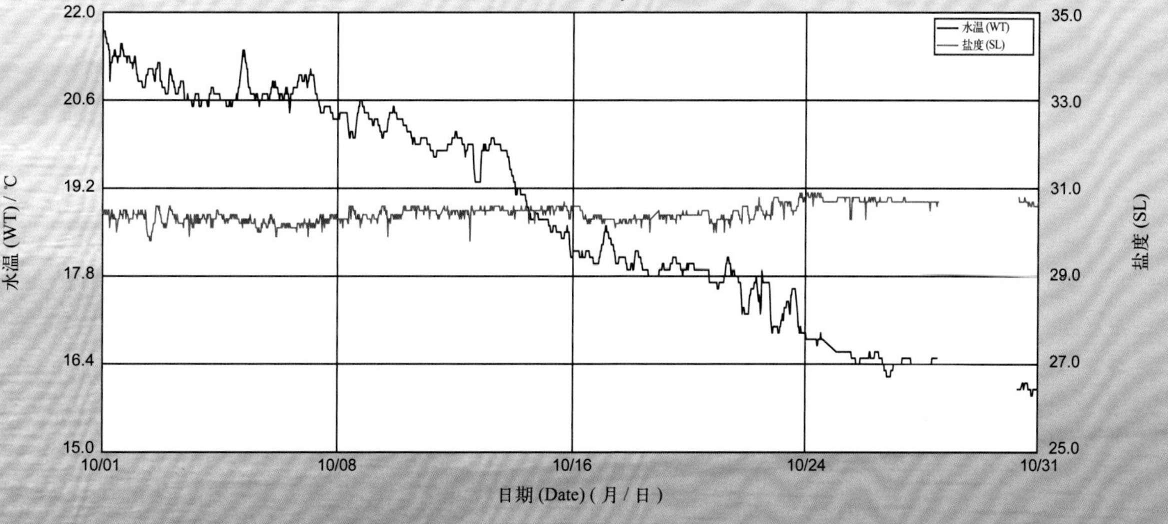

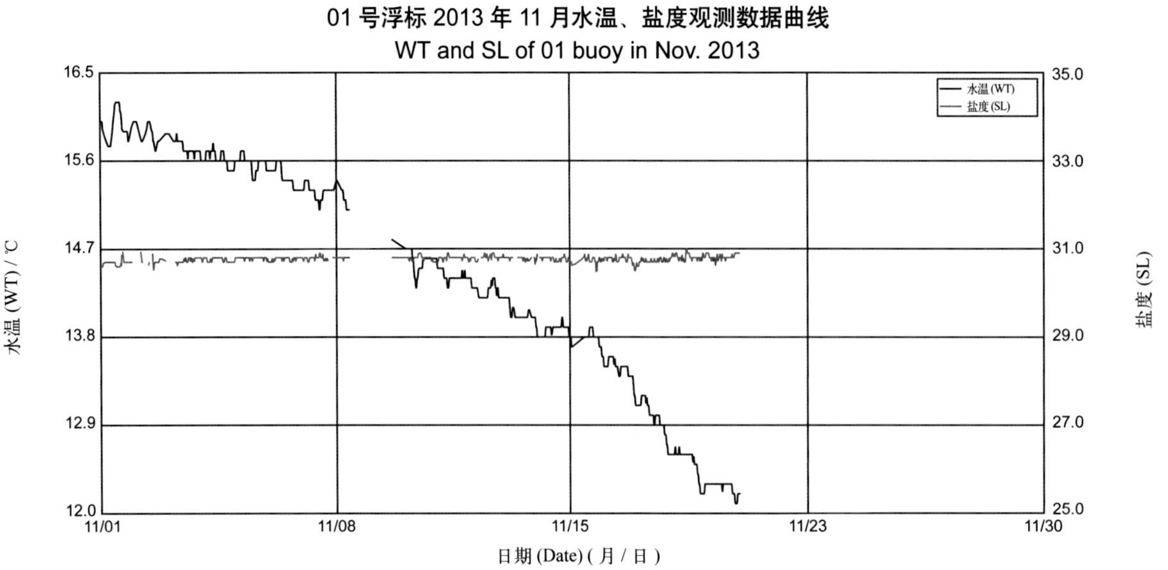
01 号浮标 2013 年 11 月水温、盐度观测数据曲线
WT and SL of 01 buoy in Nov. 2013
16.5
15.6
14.7
13.8
12.9
12.0
35.0
33.0
31.0
29.0
27.0
25.0
11/01
11/08
11/15
11/23
11/30
水温 (WT)
盐度 (SL)
水温 (WT) / ℃
盐度 (SL)
日期 (Date) (月 / 日)

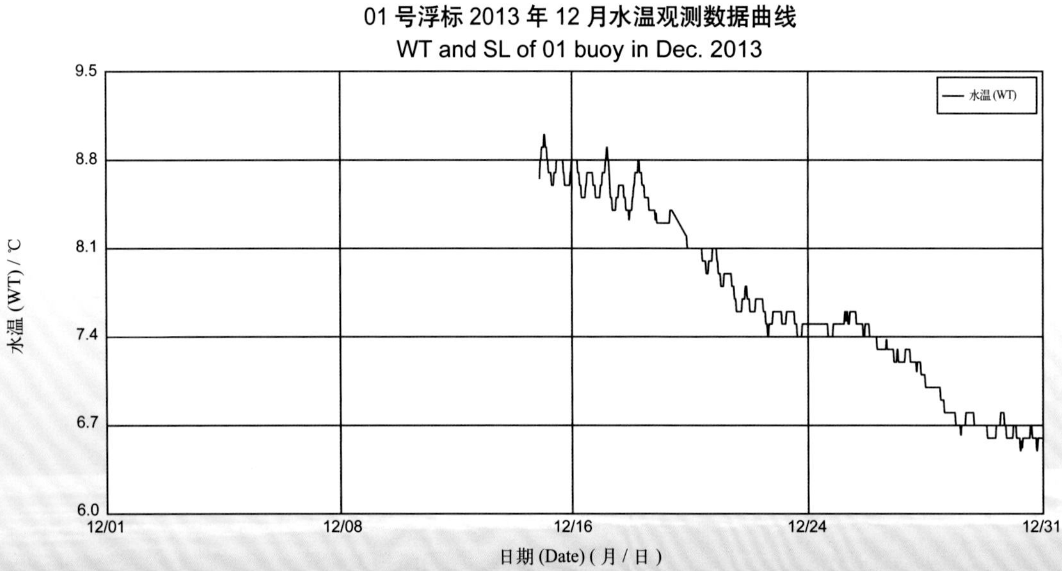
01 号浮标 2013 年 12 月水温观测数据曲线
WT and SL of 01 buoy in Dec. 2013
9.5
8.8
8.1
7.4
6.7
6.0
12/01
12/08
12/16
12/24
12/31
水温 (WT)
水温 (WT) / ℃
日期 (Date) (月 / 日)

03 号浮标观测数据概述及曲线
（水温和盐度）

2013 年，03 号浮标共获取 322 天的水温长序列观测数据和 316 天的盐度长序列观测数据。获取水温数据的主要区间共四个时间段，具体为 1 月 1 日 00:00 至 2 月 6 日 20:20、2 月 26 日 02:10 至 3 月 1 日 13:10、3 月 6 日 06:20 至 11 月 8 日 20:20 和 11 月 24 日 00:30 至 12 月 25 日 03:20；获取盐度数据的主要区间共五个时间段，具体为 1 月 1 日 00:00 至 2 月 6 日 20:20、2 月 26 日 02:10 至 3 月 1 日 13:10、3 月 6 日 06:20 至 10 月 24 日 11:40、11 月 1 日 00:00 至 11 月 8 日 20:20 和 11 月 25 日 12:30 至 12 月 25 日 03:20。

通过对获取数据质量控制和分析，03 号浮标观测海域 2013 年度水温、盐度数据和季节数据特征如下：年度水温平均值为 13.07℃，年度盐度平均值为 28.17；测得的年度最高水温和最低水温分别为 26.5℃和 0.2℃；测得的年度最高盐度和最低盐度分别为 32.3 和 20.6。以 5 月为春季代表月，观测海域春季的平均水温是 10.80℃，平均盐度是 30.92；以 8 月为夏季代表月，观测海域夏季的平均水温是 24.07℃，平均盐度是 24.31。

03 号浮标观测海域月度水温、盐度变化特征与该海域的气温和降水等因素密切相关。2013 年，浮标观测的水温、盐度月平均值和最高值、最低值数据参见表 11。

表 11　03 号浮标 2013 年各月份水温、盐度观测数据

月份	水温 / ℃			盐度			备注
	平均	最高	最低	平均	最高	最低	
1	1.41	4.0	0.2	31.26	31.8	30.9	
2	—	—	—	—	—	—	缺测 19 天数据
3	1.14	3.1	0.2	31.45	32.3	31.0	缺测 4 天数据
4	4.49	7.7	1.5	31.38	31.9	30.8	
5	10.80	15.1	6.1	30.92	32.3	29.1	
6	15.89	20.5	12.5	27.91	29.9	26.5	
7	19.95	25.3	14.3	25.02	27.8	22.0	
8	24.07	26.5	21.6	24.31	27.2	20.6	
9	22.11	24.2	20.5	26.68	28.2	24.8	
10	18.89	21.6	15.8	25.88	27.2	24.4	水温缺测 2 天数据，盐度缺测 7 天数据
11	—	—	—	—	—	—	水温缺测 15 天数据，盐度缺测 16 天数据
12	7.43	10.2	3.0	23.83	25.0	23.2	缺测 3 天数据

03 号浮标 2013 年水温、盐度观测数据曲线

WT and SL of 03 buoy in 2013

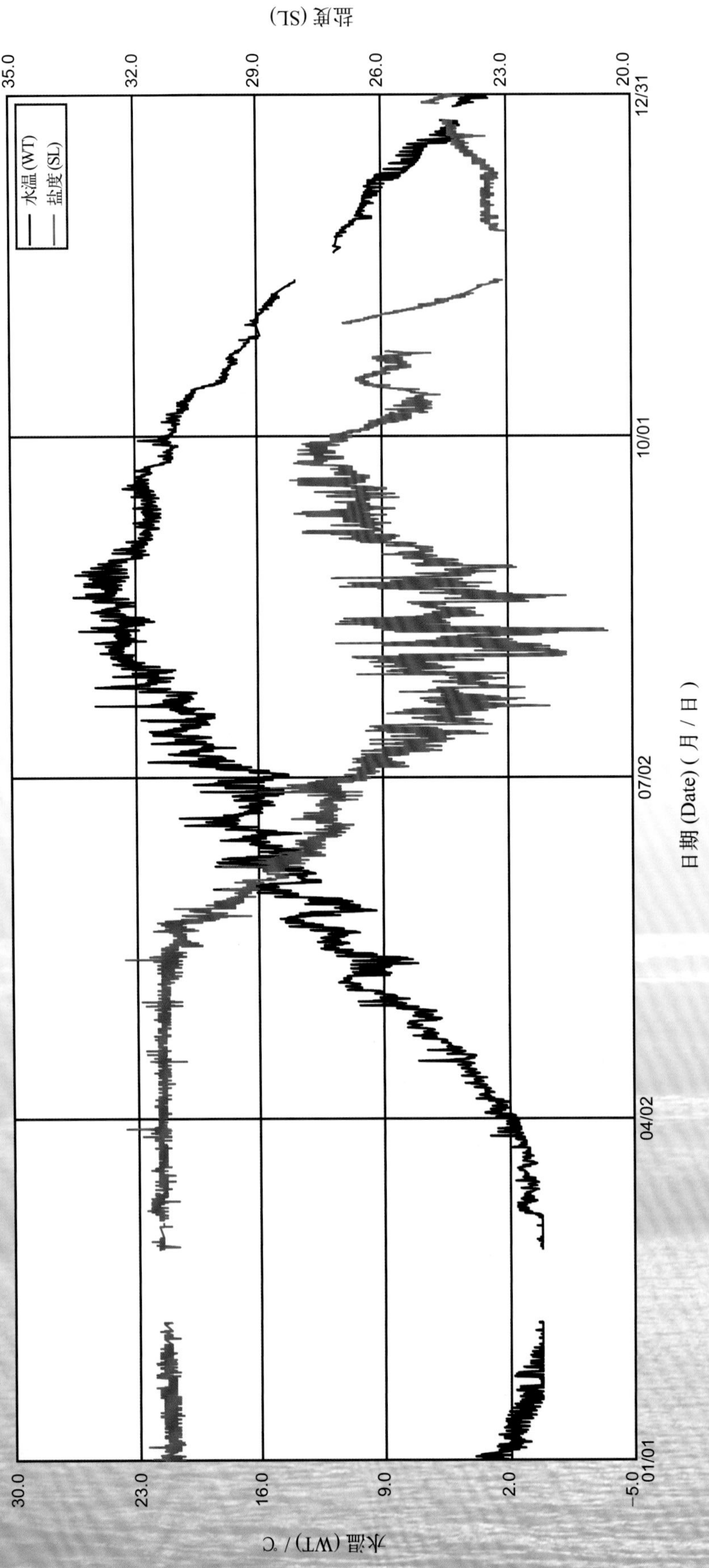

03 号浮标 2013 年 01 月水温、盐度观测数据曲线
WT and SL of 03 buoy in Jan. 2013

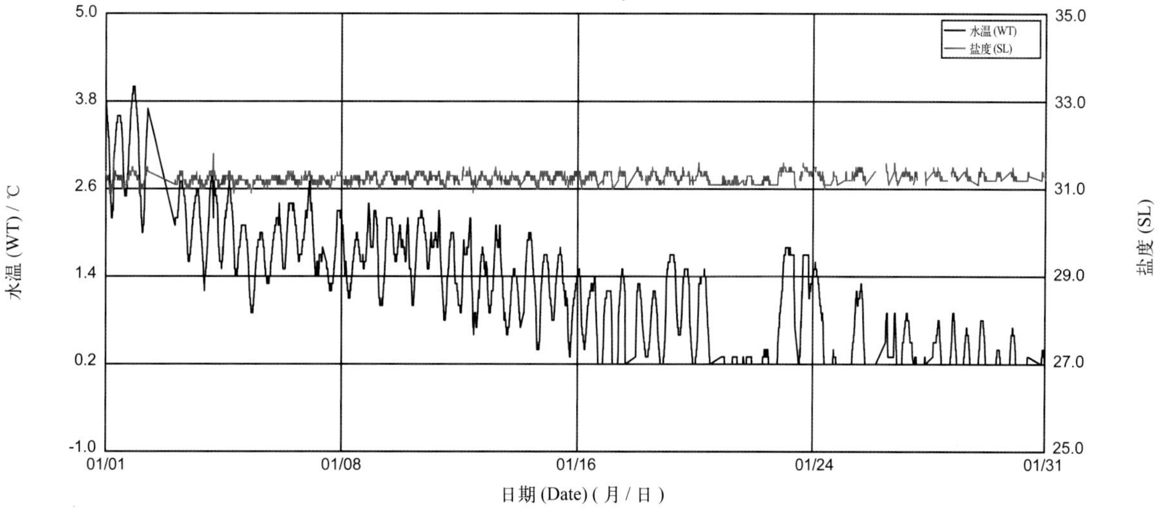

03 号浮标 2013 年 03 月水温、盐度观测数据曲线
WT and SL of 03 buoy in Mar. 2013

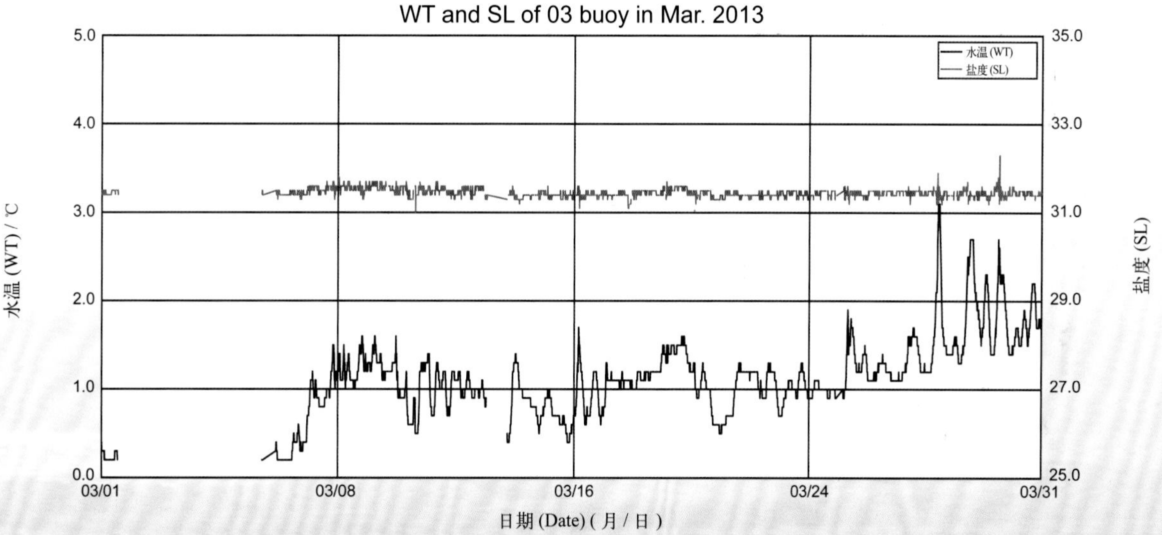

03 号浮标 2013 年 04 月水温、盐度观测数据曲线
WT and SL of 03 buoy in Apr. 2013

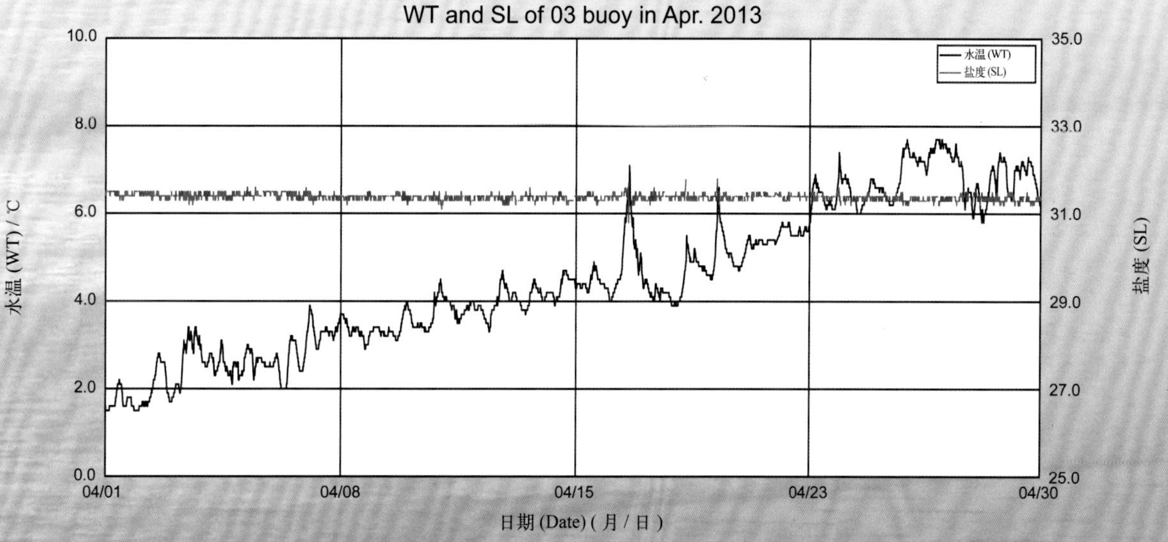

03 号浮标 2013 年 05 月水温、盐度观测数据曲线
WT and SL of 03 buoy in May 2013

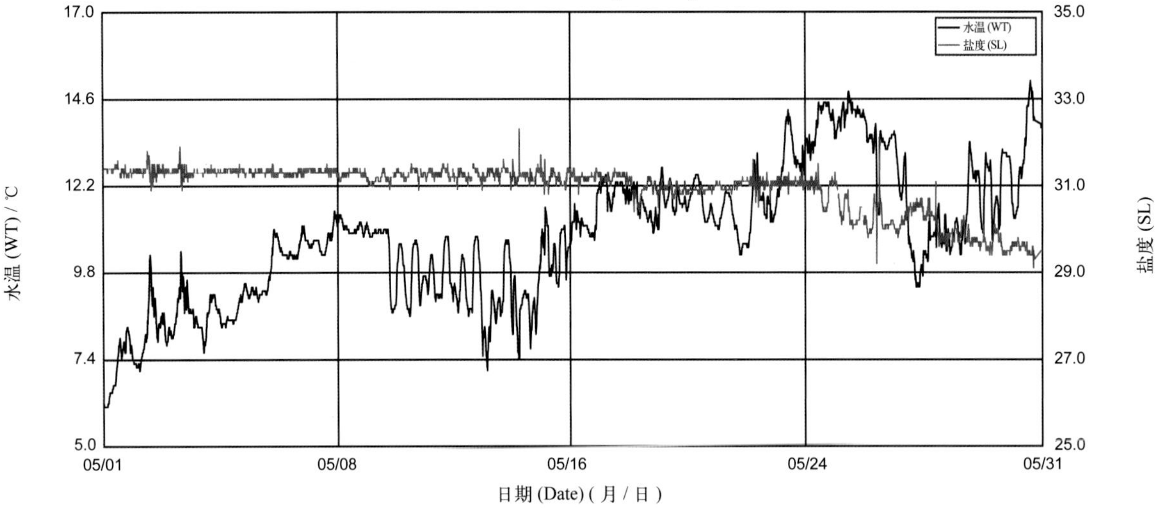

03 号浮标 2013 年 06 月水温、盐度观测数据曲线
WT and SL of 03 buoy in Jun. 2013

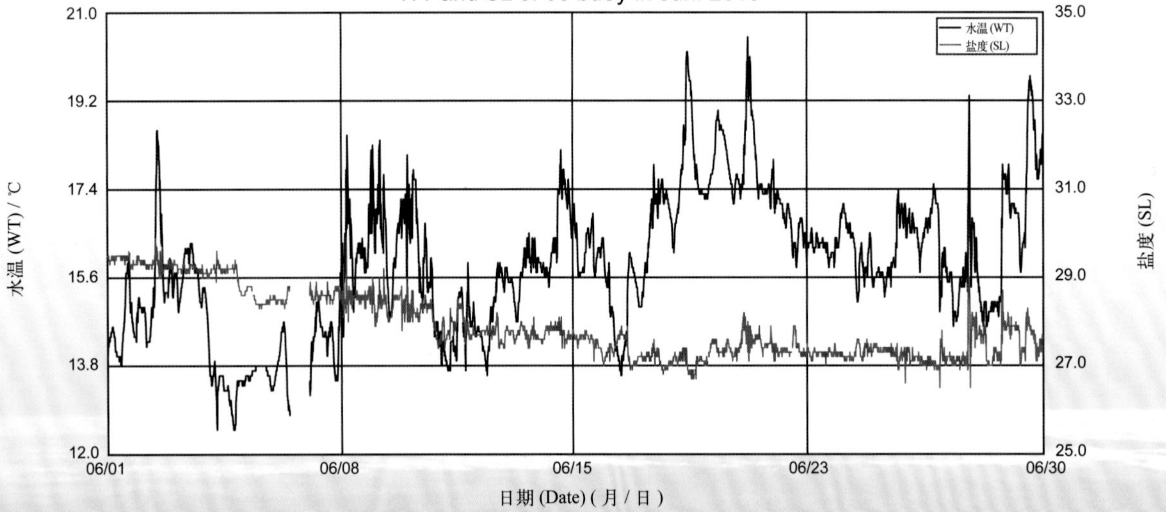

03 号浮标 2013 年 07 月水温、盐度观测数据曲线
WT and SL of 03 buoy in Jul. 2013

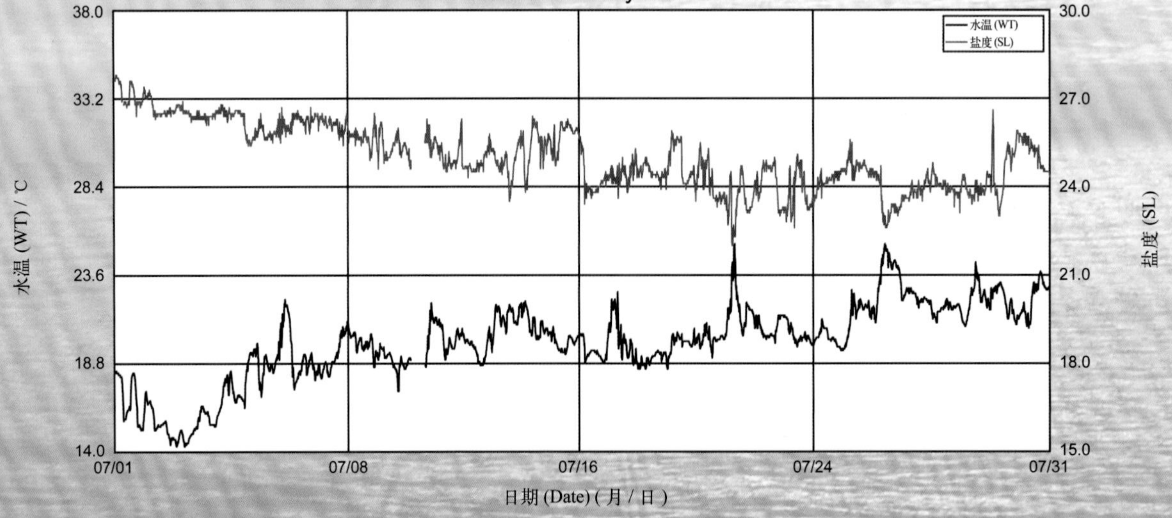

03 号浮标 2013 年 08 月水温、盐度观测数据曲线
WT and SL of 03 buoy in Aug. 2013

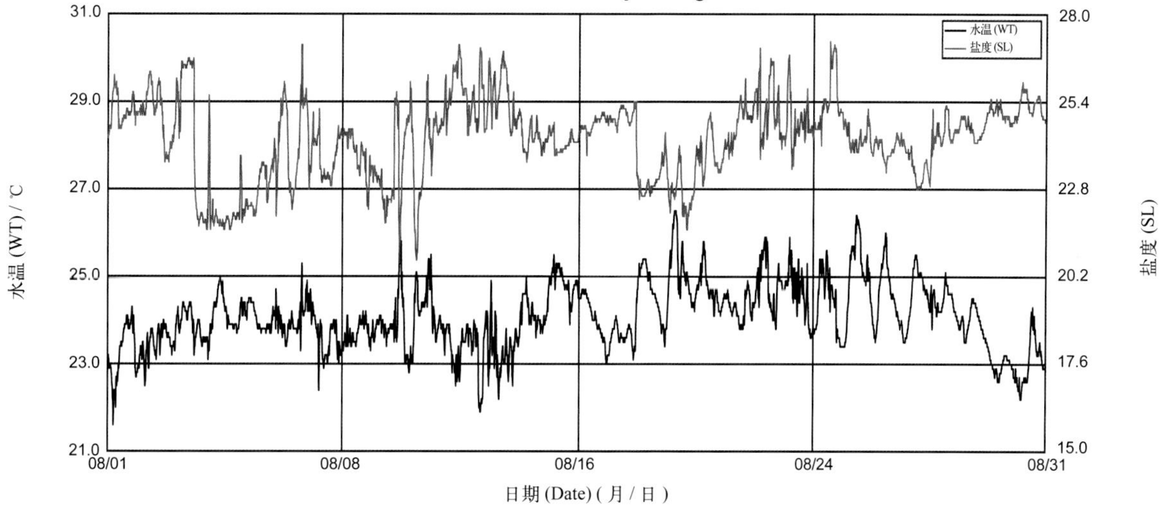

03 号浮标 2013 年 09 月水温、盐度观测数据曲线
WT and SL of 03 buoy in Sep. 2013

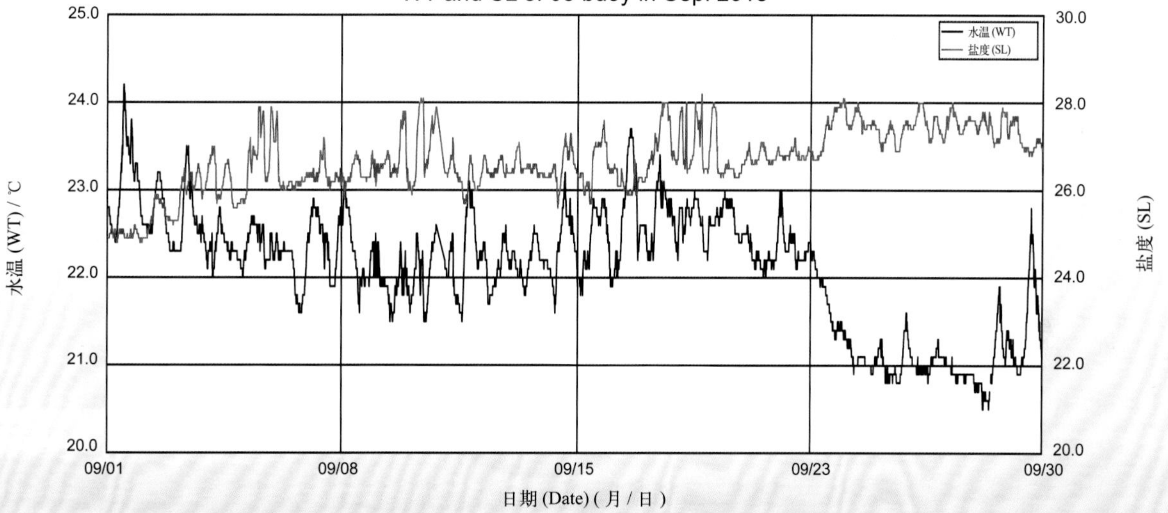

03 号浮标 2013 年 10 月水温、盐度观测数据曲线
WT and SL of 03 buoy in Oct. 2013

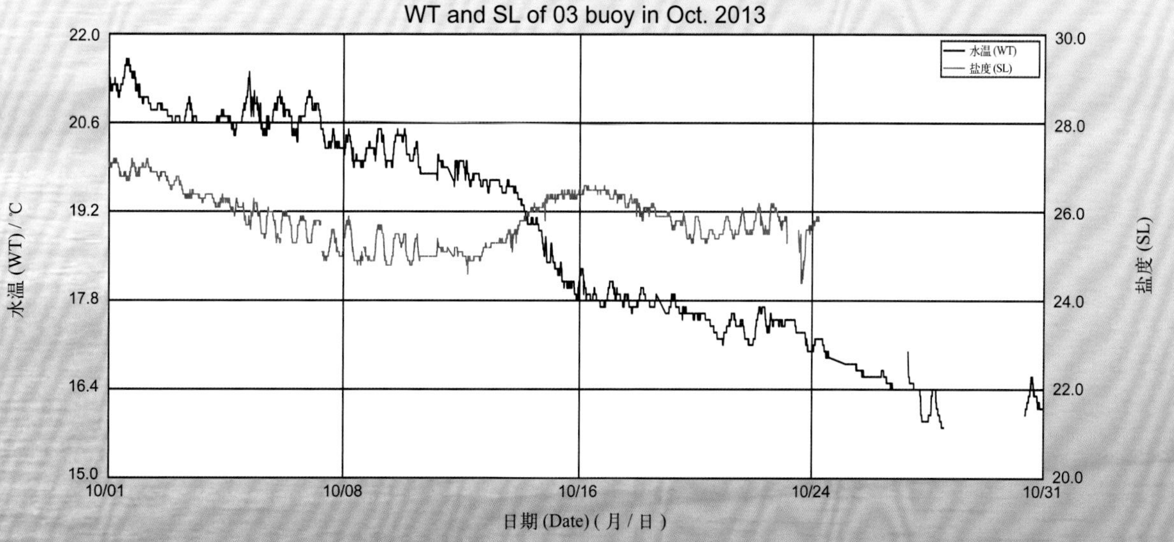

03 号浮标 2013 年 11 月水温、盐度观测数据曲线
WT and SL of 03 buoy in Nov. 2013

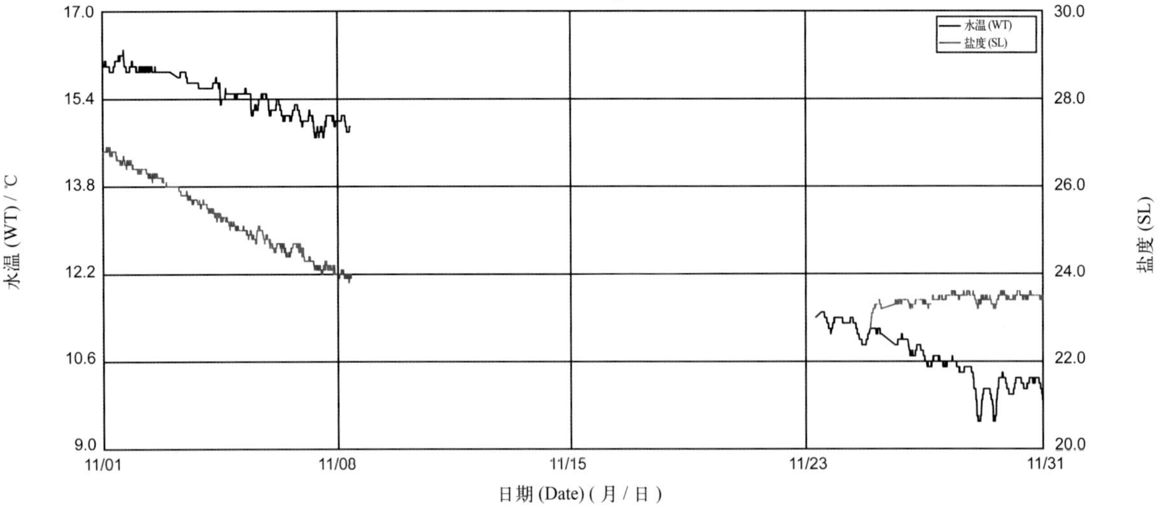

03 号浮标 2013 年 12 月水温、盐度观测数据曲线
WT and SL of 03 buoy in Dec. 2013

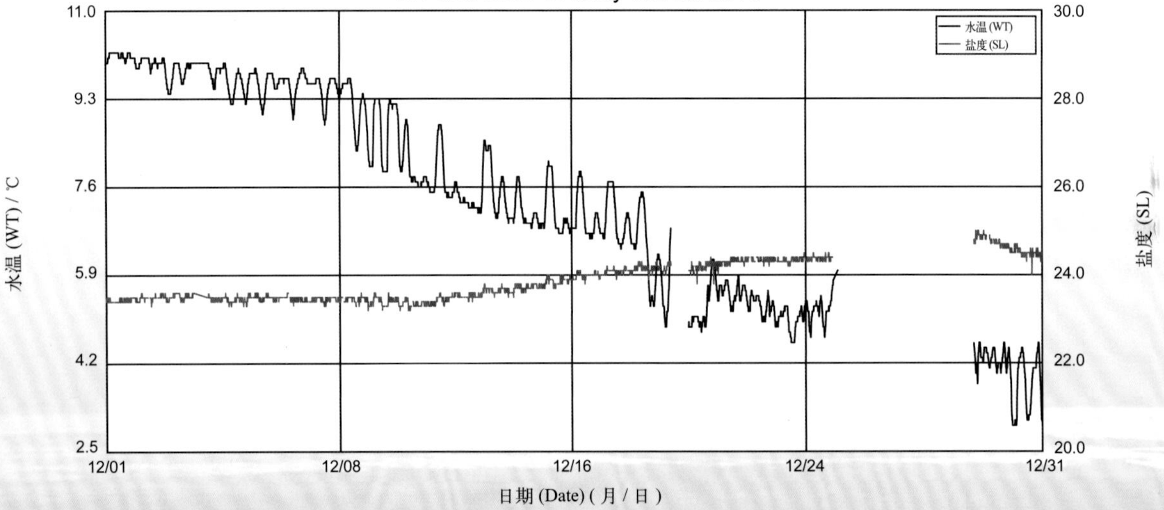

05 号浮标观测数据概述及曲线（水温和盐度）

2012 年，05 号浮标共获取 351 天的水温和盐度长序列观测数据。获取数据的主要区间共三个时间段，具体为 1 月 2 日 14:00 至 1 月 4 日 11:00、1 月 13 日 13:00 至 12 月 19 日 15:00 和 12 月 24 日 09:00 至 12 月 31 日 23:00。

通过对获取数据质量控制和分析，05 号浮标观测海域 2012 年度水温、盐度数据和季节数据特征如下：年度水温平均值为 12.85℃，年度盐度平均值为 30.73；测得的年度最高水温和最低水温分别为 29.8℃和 0.2℃；测得的年度最高盐度和最低盐度分别为 31.5 和 23.4。以 2 月为冬季代表月，观测海域冬季的平均水温是 1.43℃，平均盐度是 31.30；以 5 月为春季代表月，观测海域春季的平均水温是 11.23℃，平均盐度是 30.51；以 8 月为夏季代表月，观测海域夏季的平均水温是 25.62℃，平均盐度是 29.94；以 11 月为秋季代表月，观测海域秋季的平均水温是 13.23℃，平均盐度是 30.86。

05 号浮标观测海域月度水温、盐度变化特征与该海域的气温和降水等因素密切相关。2012 年，浮标观测的水温、盐度月平均值和最高值、最低值数据参见表 12。

表 12　2012 年 05 号浮标各月份水温、盐度观测数据

月份	水温 / ℃			盐度			备注
	平均	最高	最低	平均	最高	最低	
1	3.36	6.1	1.0	31.17	31.4	30.9	缺测 9 天数据
2	1.43	3.2	0.2	31.30	31.5	31.1	
3	1.65	3.7	0.4	31.35	31.5	31.1	
4	4.18	8.5	2.5	31.18	31.4	30.6	缺测 1 天数据
5	11.23	18.2	5.8	30.51	31.4	29.3	缺测 1 天数据
6	17.50	22.5	12.0	30.00	31.0	28.7	
7	22.01	26.2	15.1	30.53	31.2	29.0	
8	25.62	29.8	21.1	29.94	31.0	23.4	
9	22.16	24.6	19.8	30.51	31.2	28.4	
10	18.36	20.9	15.6	30.66	31.5	29.2	
11	13.23	15.8	10.2	30.86	31.3	29.7	
12	7.72	10.5	4.1	31.02	31.5	30.5	缺测 4 天数据

05 号浮标 2012 年水温、盐度观测数据曲线
WT and SL of 05 buoy in 2012

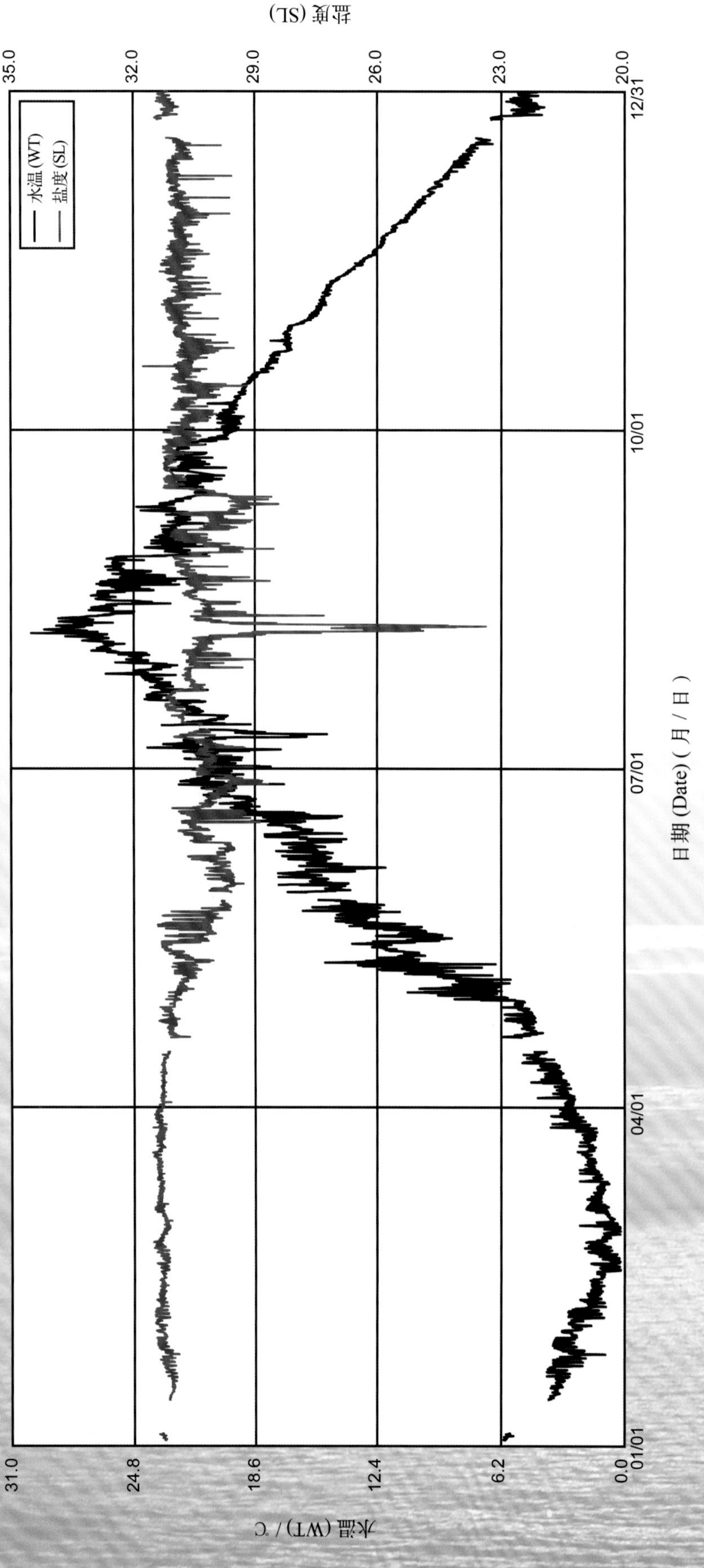

05 号浮标 2012 年 01 月水温、盐度观测数据曲线
WT and SL of 05 buoy in Jan. 2012

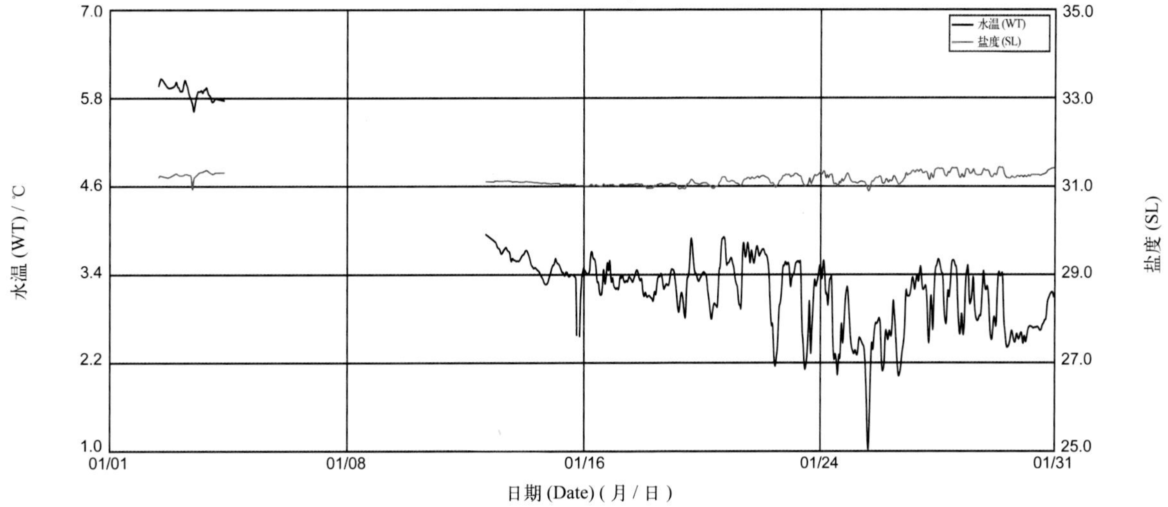

05 号浮标 2012 年 02 月水温、盐度观测数据曲线
WT and SL of 05 buoy in Feb. 2012

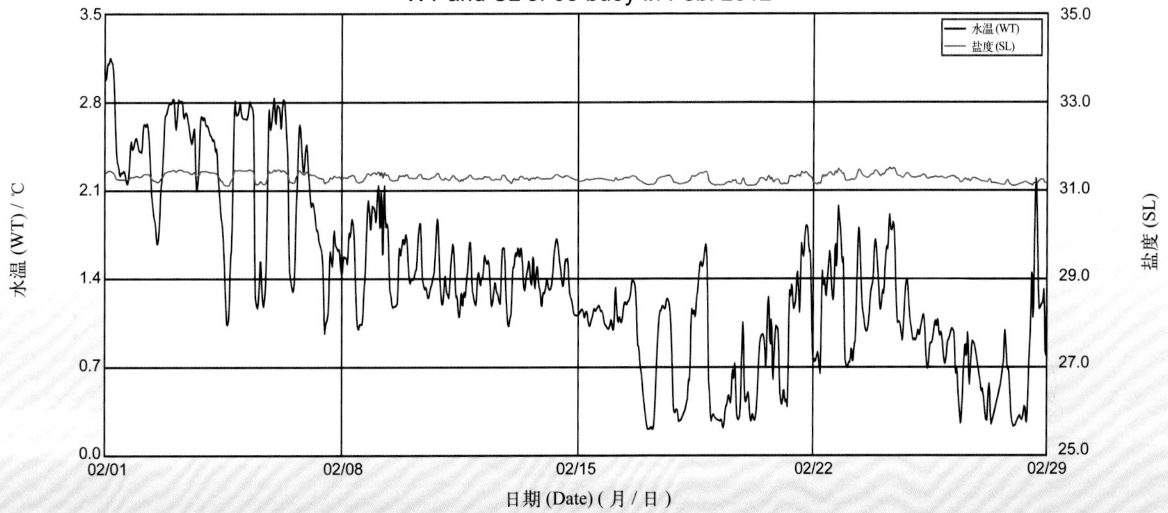

05 号浮标 2012 年 03 月水温、盐度观测数据曲线
WT and SL of 05 buoy in Mar. 2012

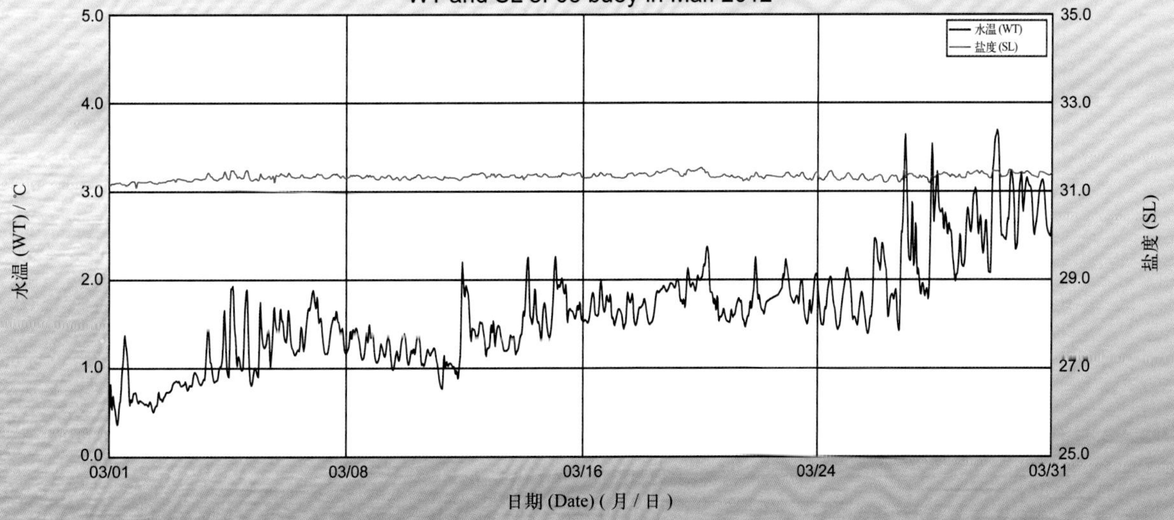

05 号浮标 2012 年 04 月水温、盐度观测数据曲线
WT and SL of 05 buoy in Apr. 2012

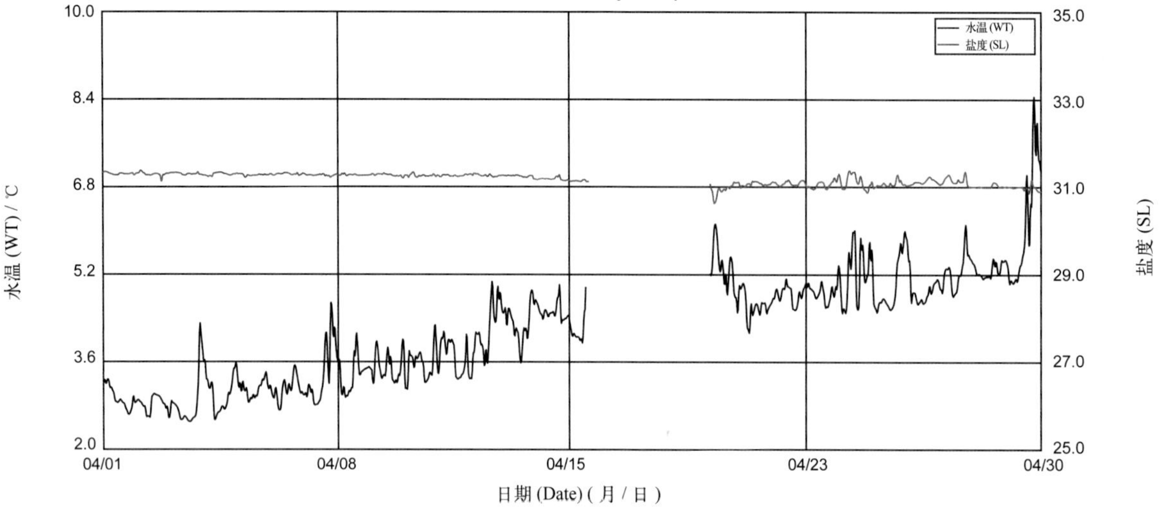

05 号浮标 2012 年 05 月水温、盐度观测数据曲线
WT and SL of 05 buoy in May 2012

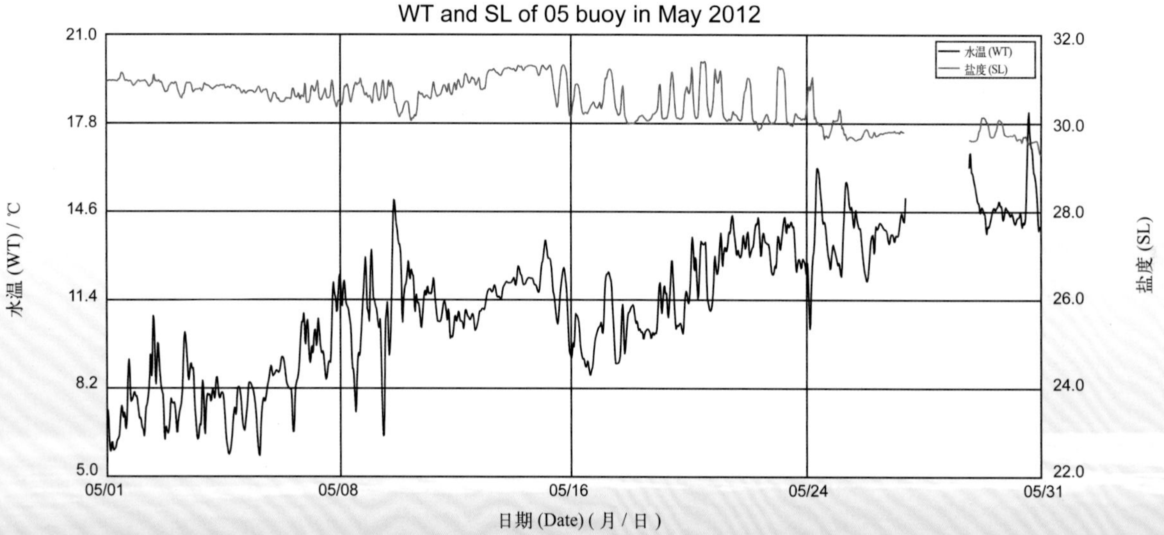

05 号浮标 2012 年 06 月水温、盐度观测数据曲线
WT and SL of 05 buoy in Jun. 2012

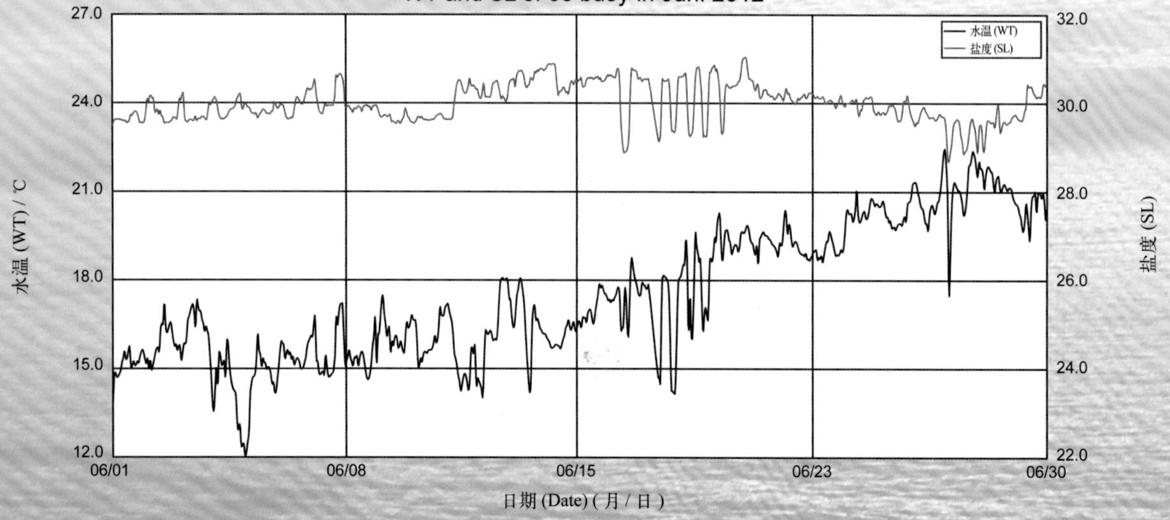

05 号浮标 2012 年 07 月水温、盐度观测数据曲线

WT and SL of 05 buoy in Jul. 2012

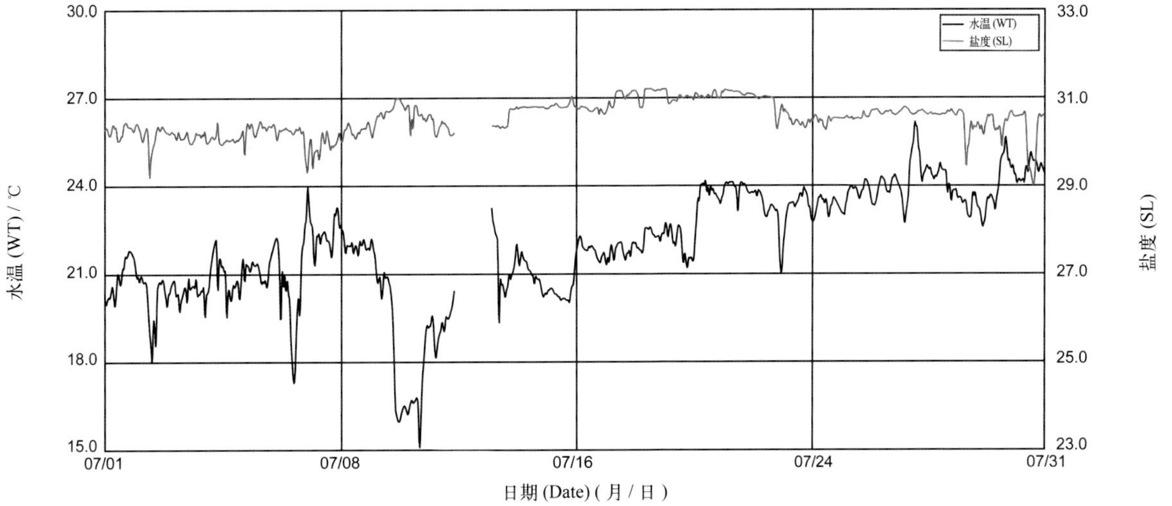

05 号浮标 2012 年 08 月水温、盐度观测数据曲线

WT and SL of 05 buoy in Aug. 2012

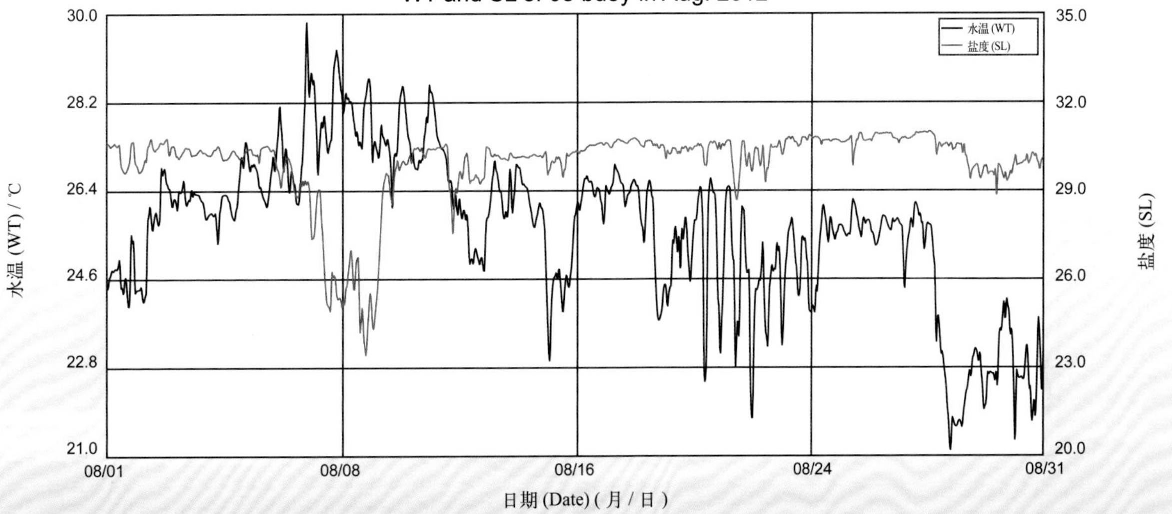

05 号浮标 2012 年 09 月水温、盐度观测数据曲线

WT and SL of 05 buoy in Sep. 2012

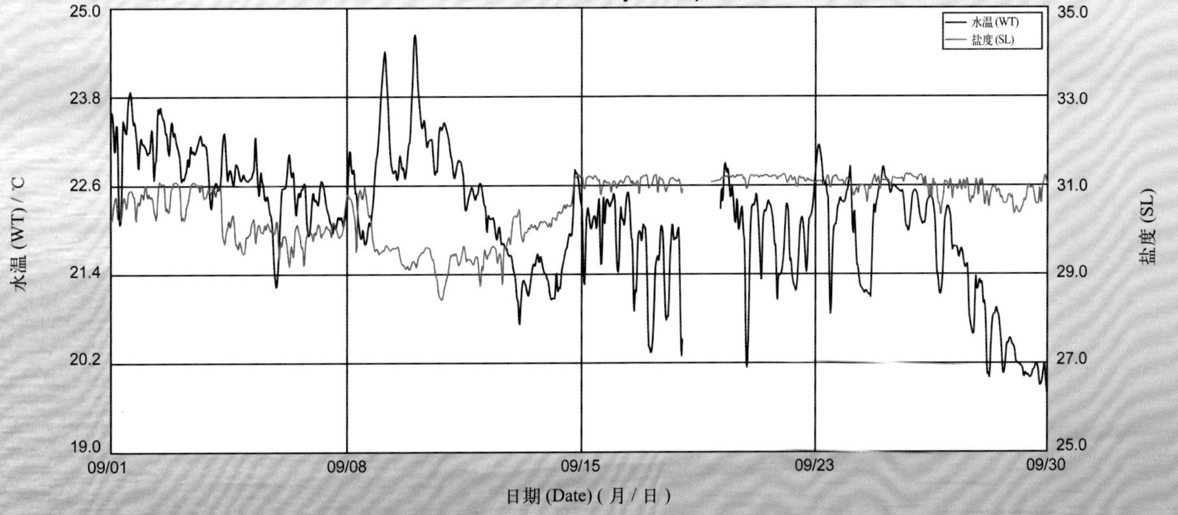

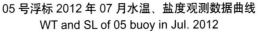

05 号浮标 2012 年 10 月水温、盐度观测数据曲线
WT and SL of 05 buoy in Oct. 2012

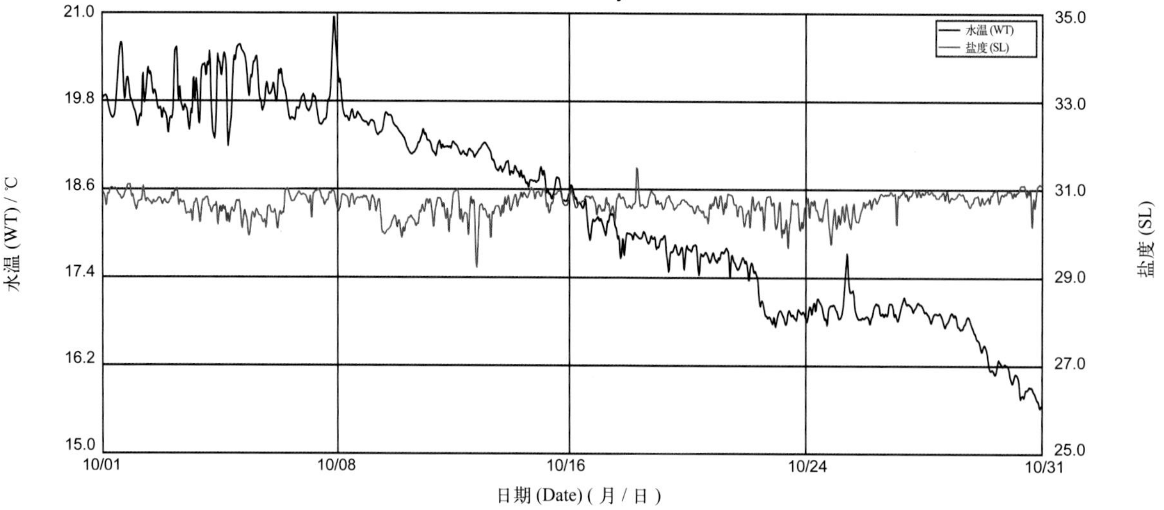

05 号浮标 2012 年 11 月水温、盐度观测数据曲线
WT and SL of 05 buoy in Nov. 2012

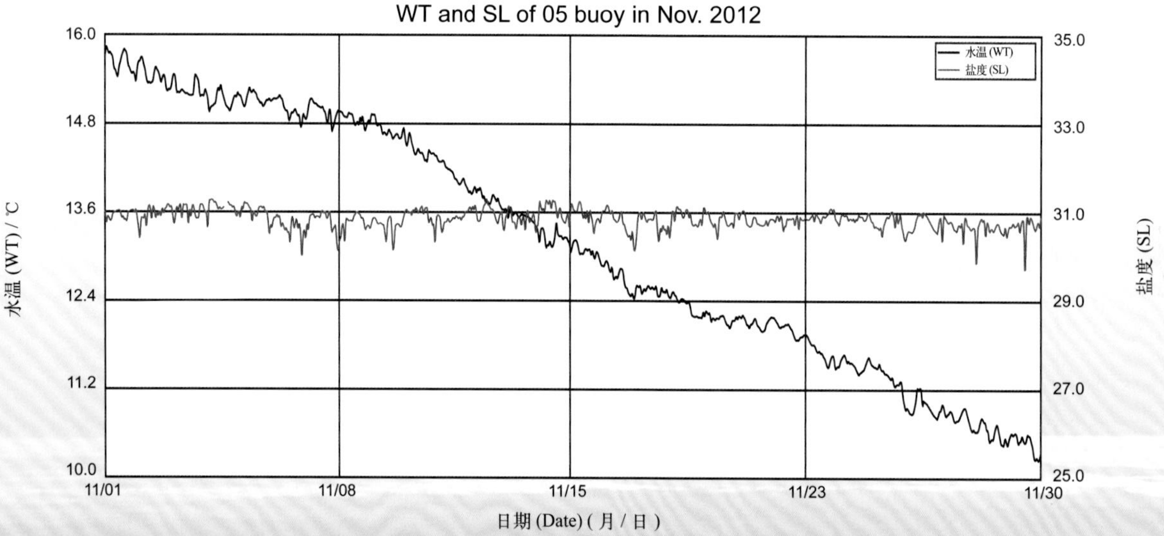

05 号浮标 2012 年 12 月水温、盐度观测数据曲线
WT and SL of 05 buoy in Dec. 2012

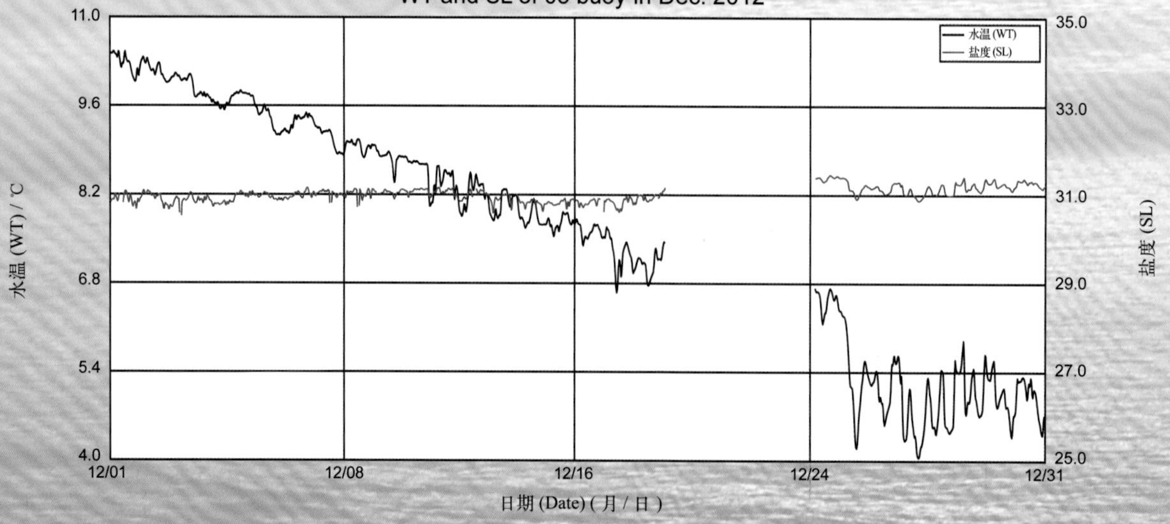

09 号浮标观测数据概述及曲线
（水温和盐度）

2012 年，09 号浮标共获取 231 天的水温长序列观测数据和 176 天的盐度长序列观测数据。获取水温数据的主要区间为 3 月 30 日 14:10 至 11 月 16 日 21:20；获取盐度数据的主要区间为 3 月 30 日 14:10 至 9 月 21 日 14:20。

2013 年，09 号浮标共获取 258 天的水温和盐度长序列观测数据。获取数据的主要区间共两个时间段，具体为 4 月 2 日 12:00 至 5 月 16 日 04:00 和 5 月 30 日 10:00 至 12 月 31 日 23:30。

通过对获取数据质量控制和分析，09 号浮标观测海域 2012 年度水温、盐度数据和季节数据特征如下：年度水温平均值为 19.15℃，年度盐度平均值为 28.21；测得的年度最高水温和最低水温分别为 27.8℃和 6.0℃；测得的年度最高盐度和最低盐度分别为 32.6 和 22.9。以 5 月为春季代表月，观测海域春季的平均水温是 13.78℃，平均盐度是 30.79；以 8 月为夏季代表月，观测海域夏季的平均水温是 25.88℃，平均盐度是 25.96；以 11 月为秋季代表月，观测海域秋季的平均水温是 17.59℃。

通过对获取数据质量控制和分析，09 号浮标观测海域 2013 年度水温、盐度数据和季节数据特征如下：年度水温平均值为 17.53℃，年度盐度平均值为 30.62；测得的年度最高水温和最低水温分别为 27.7℃和 6.4℃；测得的年度最高盐度和最低盐度分别为 32.1 和 28.9。以 5 月为春季代表月，观测海域春季的平均水温是 12.18℃，平均盐度是 30.73；以 8 月为夏季代表月，观测海域夏季的平均水温是 23.92℃，平均盐度是 30.23；以 11 月为秋季代表月，观测海域秋季的平均水温是 15.70℃，平均盐度是 30.00。

09 号浮标观测海域月度水温、盐度变化特征与该海域的气温和降水等因素密切相关。2012 年和 2013 年，浮标观测的水温、盐度月平均值和最高值、最低值数据参见表 13。

表 13　09 号浮标各月份水温、盐度观测数据

月份		水温 / ℃			盐度			备注
		平均	最高	最低	平均	最高	最低	
1	2012 年	—	—	—	—	—	—	缺测数据
	2013 年	—	—	—	—	—	—	缺测数据
2	2012 年	—	—	—	—	—	—	缺测数据
	2013 年	—	—	—	—	—	—	缺测数据
3	2012 年	—	—	—	—	—	—	缺测 29 天数据
	2013 年	—	—	—	—	—	—	缺测数据
4	2012 年	8.32	13.2	6.0	30.44	31.4	29.8	
	2013 年	8.43	12.1	6.6	30.89	31.4	30.1	缺测 1 天数据
5	2012 年	13.78	18.3	10.2	30.79	32.6	29.9	
	2013 年	12.18	17.0	10.3	30.73	31.4	30.3	缺测 13 天数据
6	2012 年	18.39	22.2	14.7	29.50	31.6	27.3	
	2013 年	17.94	22.5	15.1	30.47	31.9	29.9	
7	2012 年	23.22	27.6	17.7	25.88	28.6	23.9	
	2013 年	20.96	24.6	18.1	30.28	31.9	29.0	
8	2012 年	25.88	27.8	21.5	25.96	27.7	25.1	
	2013 年	23.92	27.7	20.5	30.23	32.1	28.9	
9	2012 年	24.70	26.9	22.9	25.39	26.2	22.9	水温缺测 1 天数据，盐度缺测 9 天数据
	2013 年	24.50	26.8	22.7	30.43	31.1	29.7	
10	2012 年	21.58	23.9	19.0	—	—	—	盐度缺测数据
	2013 年	21.24	23.3	18.1	30.63	30.9	29.3	缺测 2 天数据
11	2012 年	17.59	19.4	14.9	—	—	—	水温缺测 14 天数据，盐度缺测数据
	2013 年	15.70	18.5	12.0	30.00	30.3	29.3	缺测 1 天数据
12	2012 年	—	—	—	—	—	—	缺测数据
	2013 年	9.73	12.7	6.4	29.94	30.1	29.5	

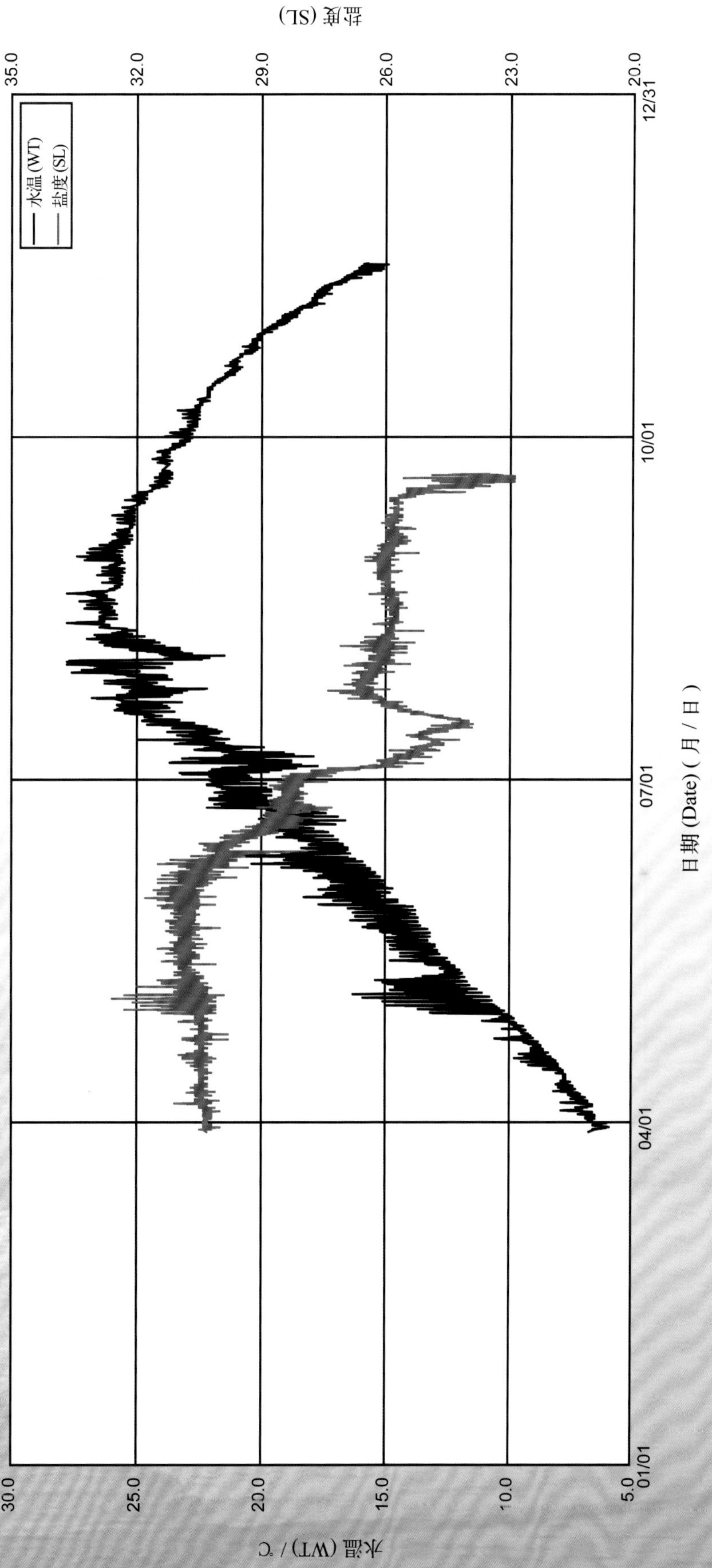

09 号浮标 2012 年水温、盐度观测数据曲线
WT and SL of 09 buoy in 2012

09 号浮标 2013 年水温、盐度观测数据曲线
WT and SL of 09 buoy in 2013

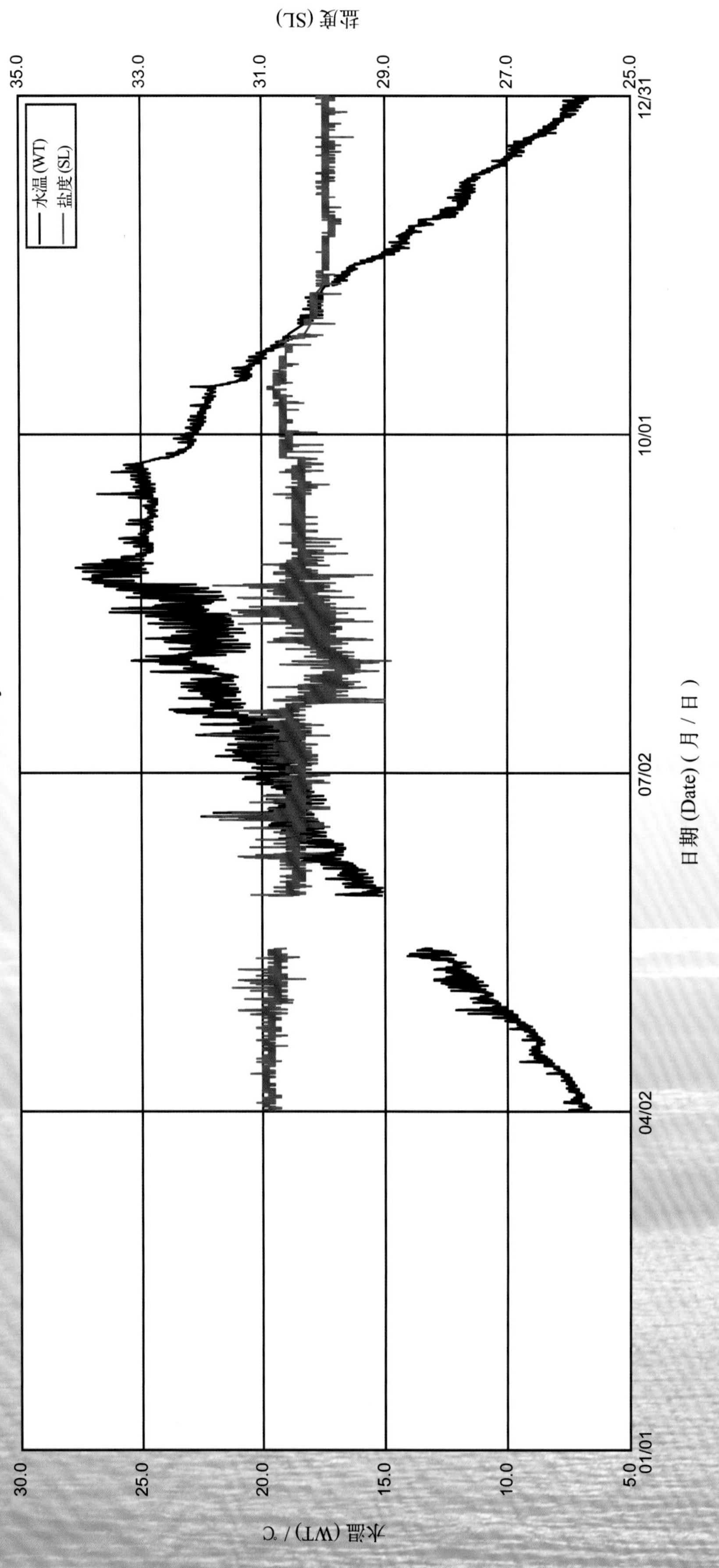

09 号浮标 2012 年 04 月水温、盐度观测数据曲线
WT and SL of 09 buoy in Apr. 2012

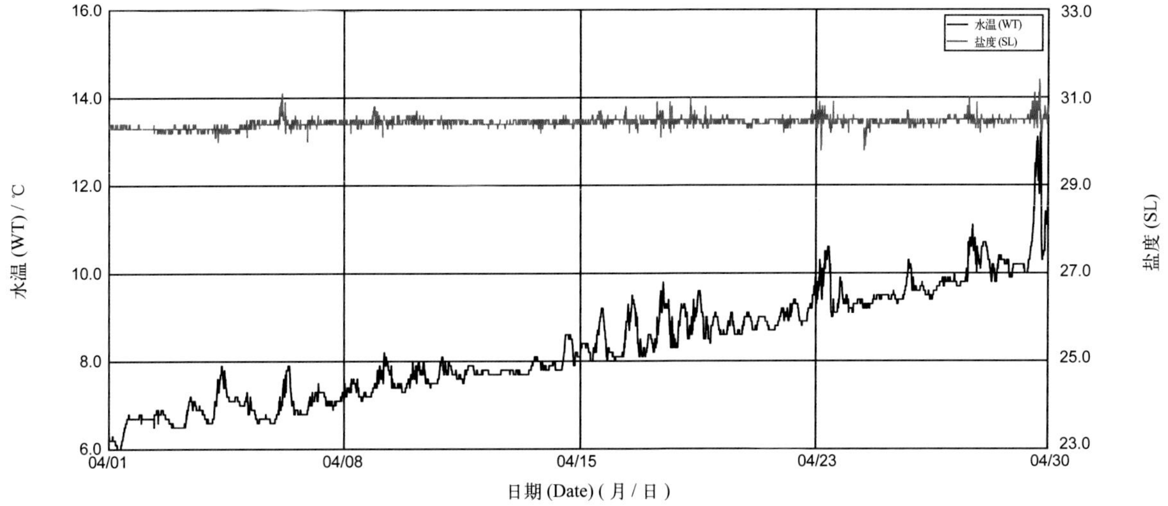

09 号浮标 2012 年 05 月水温、盐度观测数据曲线
WT and SL of 09 buoy in May 2012

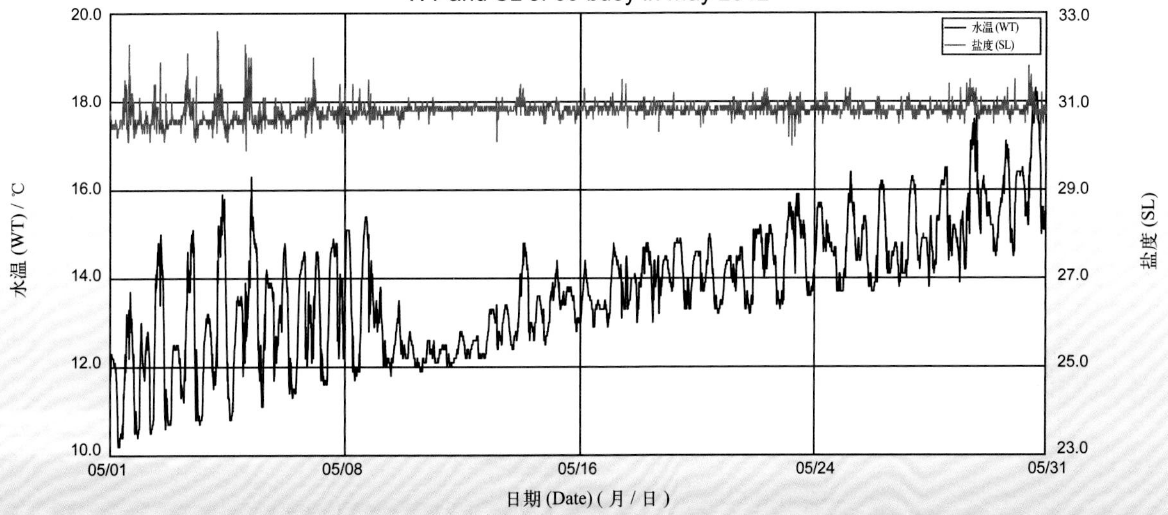

09 号浮标 2012 年 06 月水温、盐度观测数据曲线
WT and SL of 09 buoy in Jun. 2012

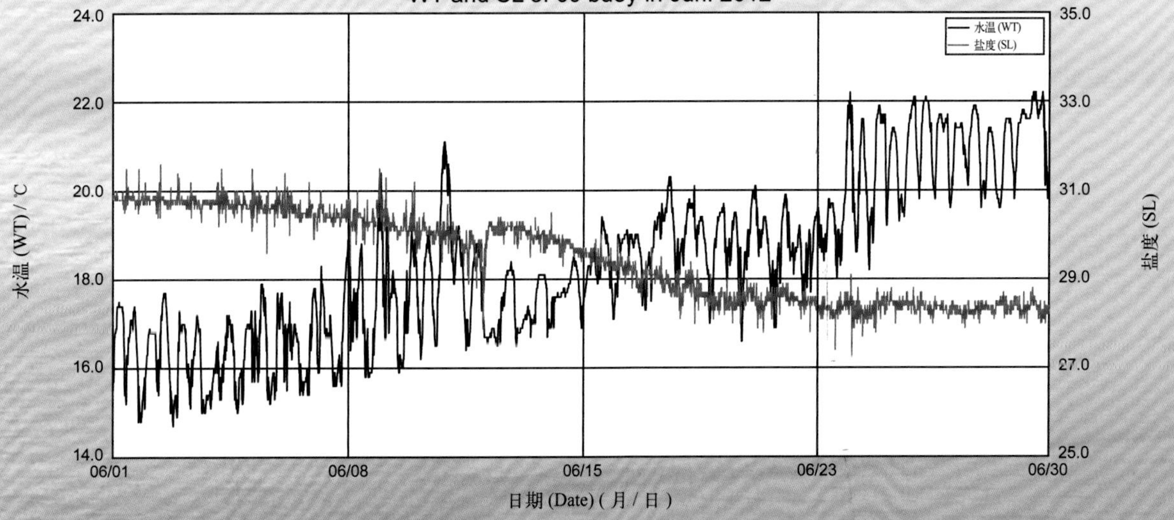

09 号浮标 2012 年 07 月水温、盐度观测数据曲线
WT and SL of 09 buoy in Jul. 2012

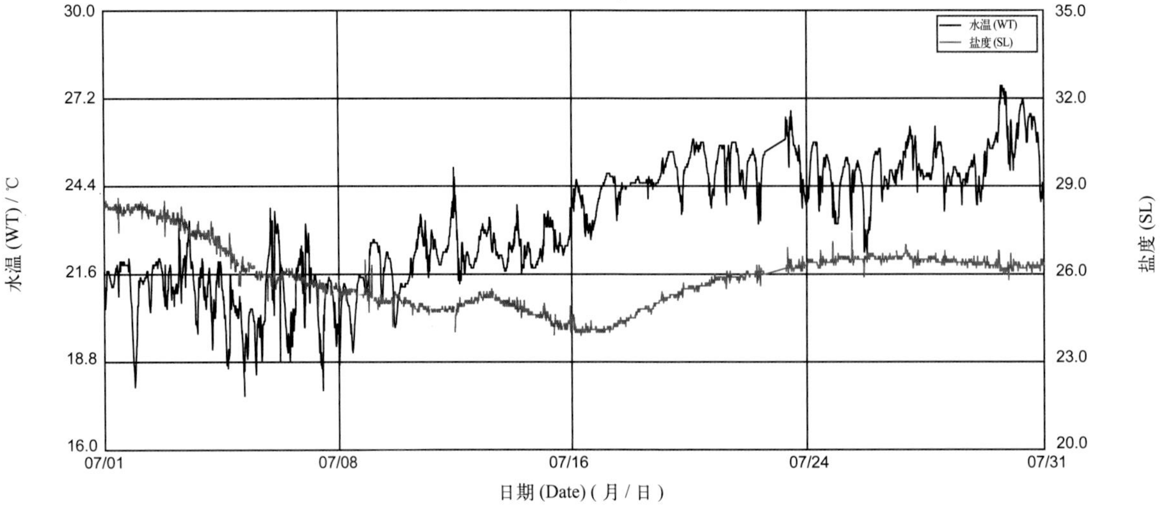

09 号浮标 2012 年 08 月水温、盐度观测数据曲线
WT and SL of 09 buoy in Aug. 2012

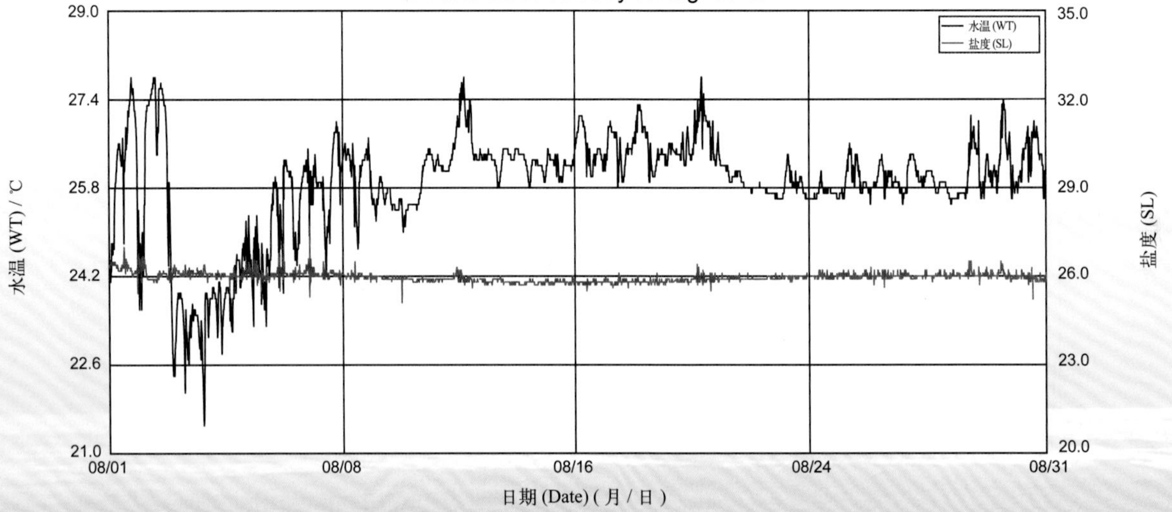

09 号浮标 2012 年 09 月水温、盐度观测数据曲线
WT and SL of 09 buoy in Sep. 2012

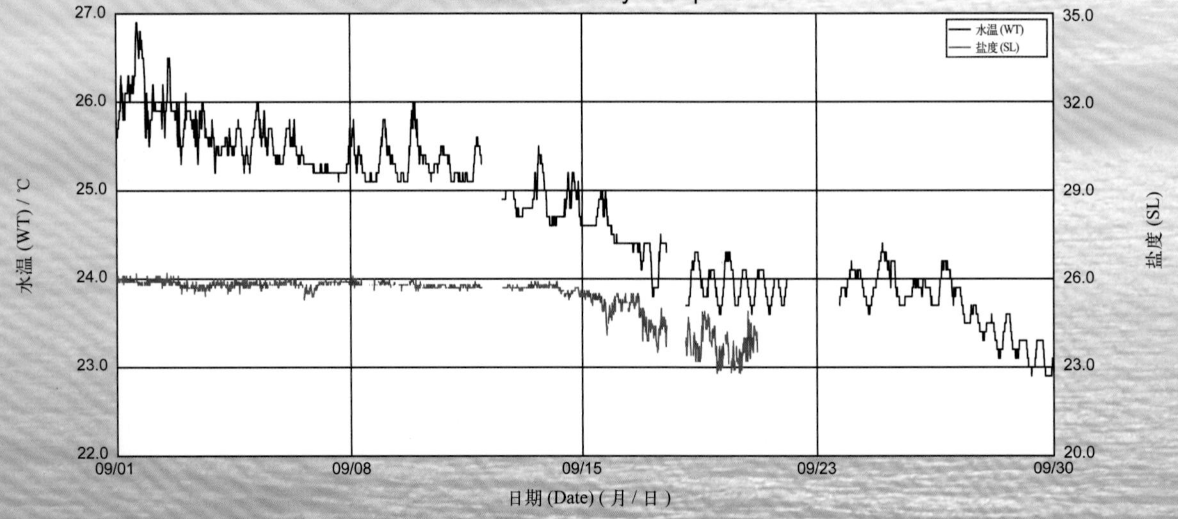

09 号浮标 2012 年 10 月水温观测数据曲线
WT and SL of 09 buoy in Oct. 2012

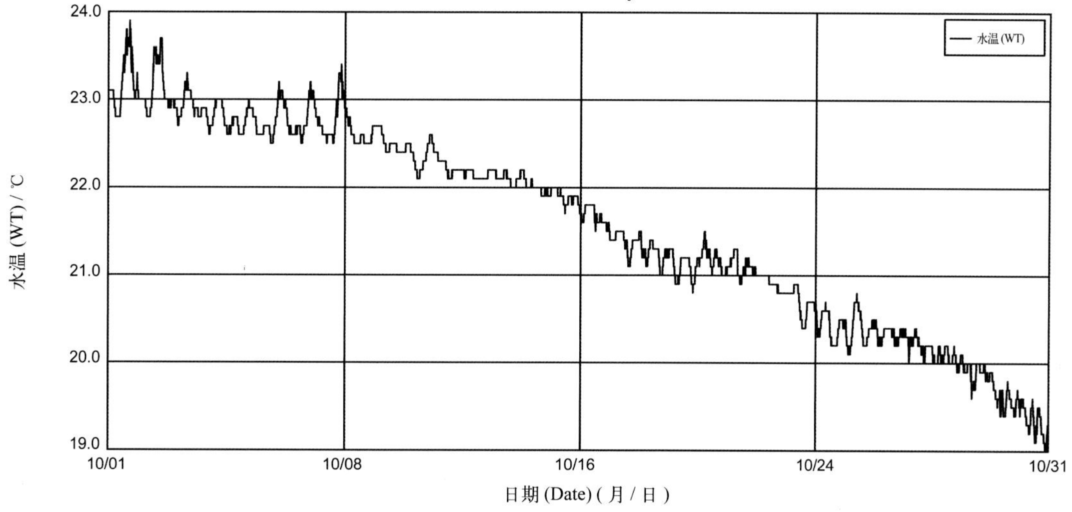

09 号浮标 2012 年 11 月水温观测数据曲线
WT and SL of 09 buoy in Nov. 2012

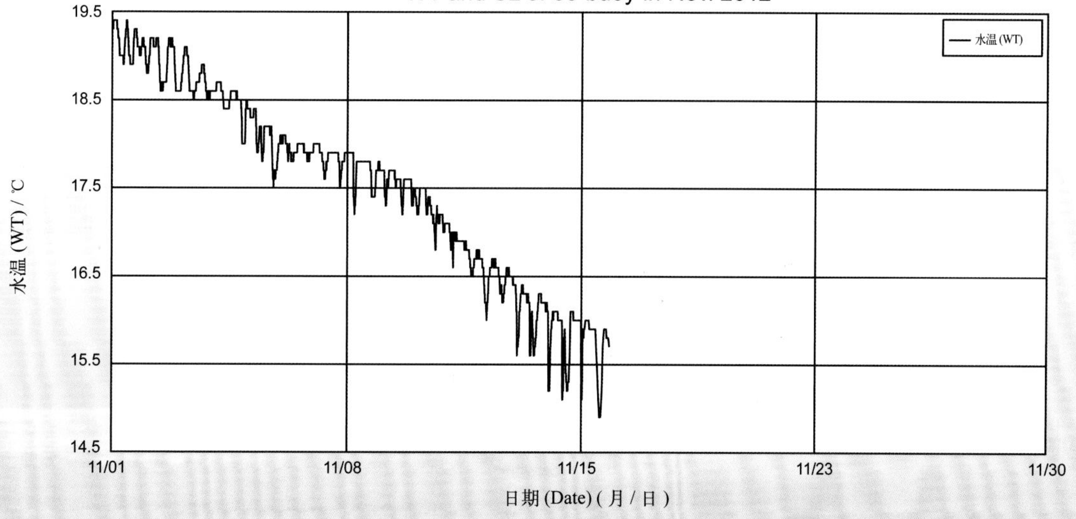

09 号浮标 2013 年 04 月水温、盐度观测数据曲线
WT and SL of 09 buoy in Apr. 2013

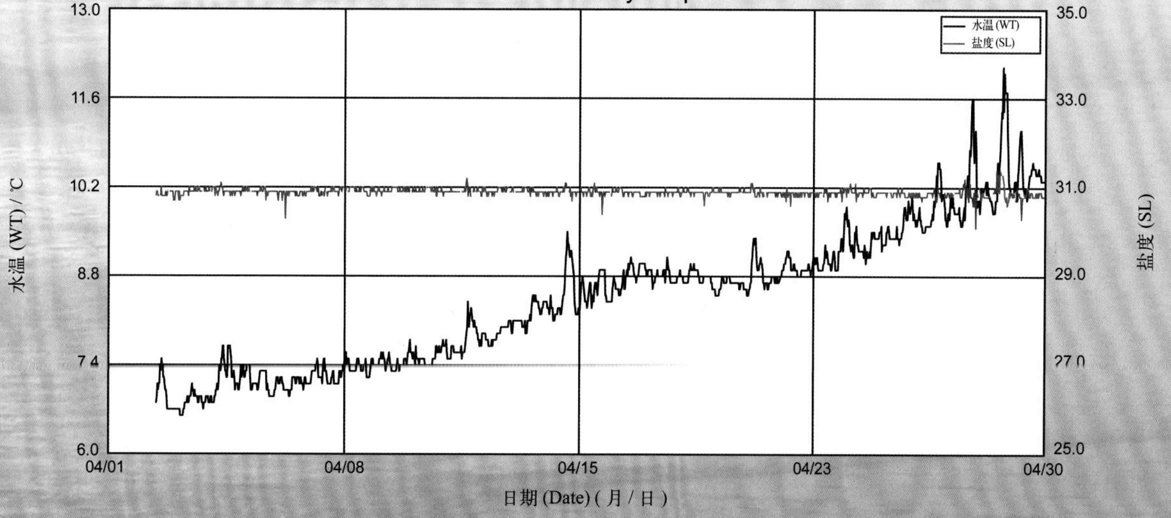

09 号浮标 2013 年 05 月水温、盐度观测数据曲线
WT and SL of 09 buoy in May 2013

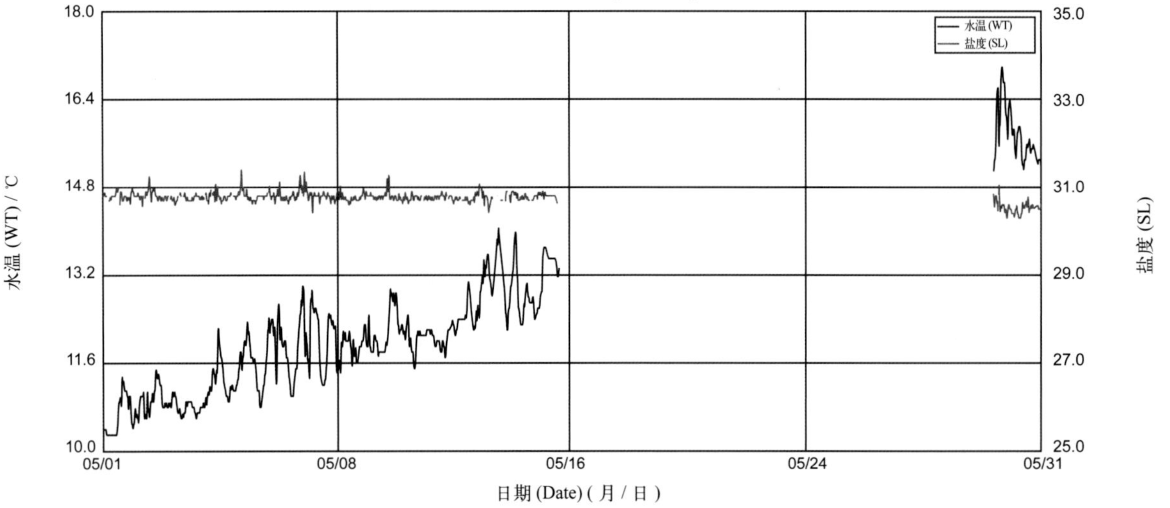

09 号浮标 2013 年 06 月水温、盐度观测数据曲线
WT and SL of 09 buoy in Jun. 2013

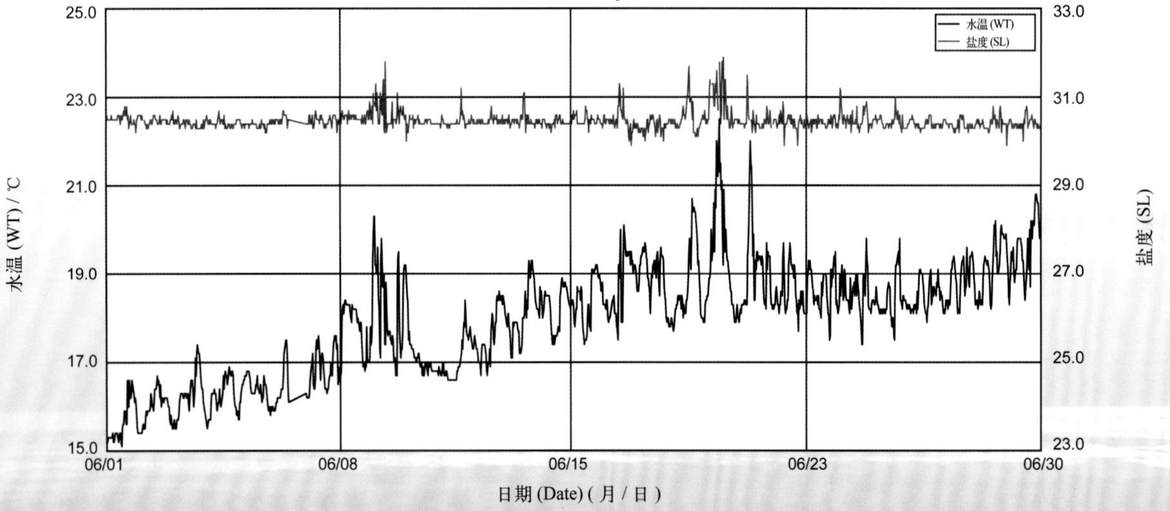

09 号浮标 2013 年 07 月水温、盐度观测数据曲线
WT and SL of 09 buoy in Jul. 2013

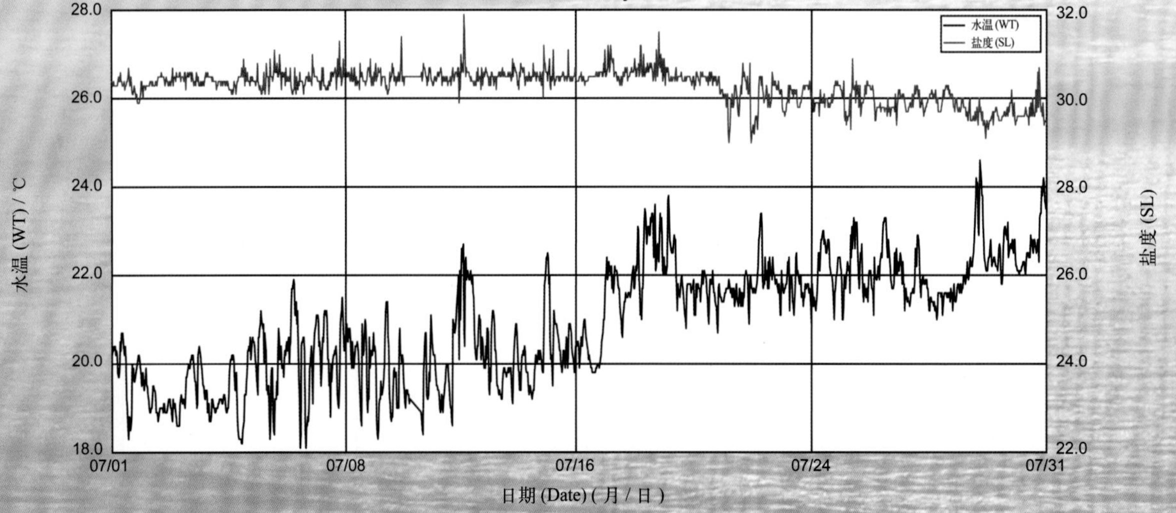

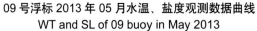

09 号浮标 2013 年 08 月水温、盐度观测数据曲线

WT and SL of 09 buoy in Aug. 2013

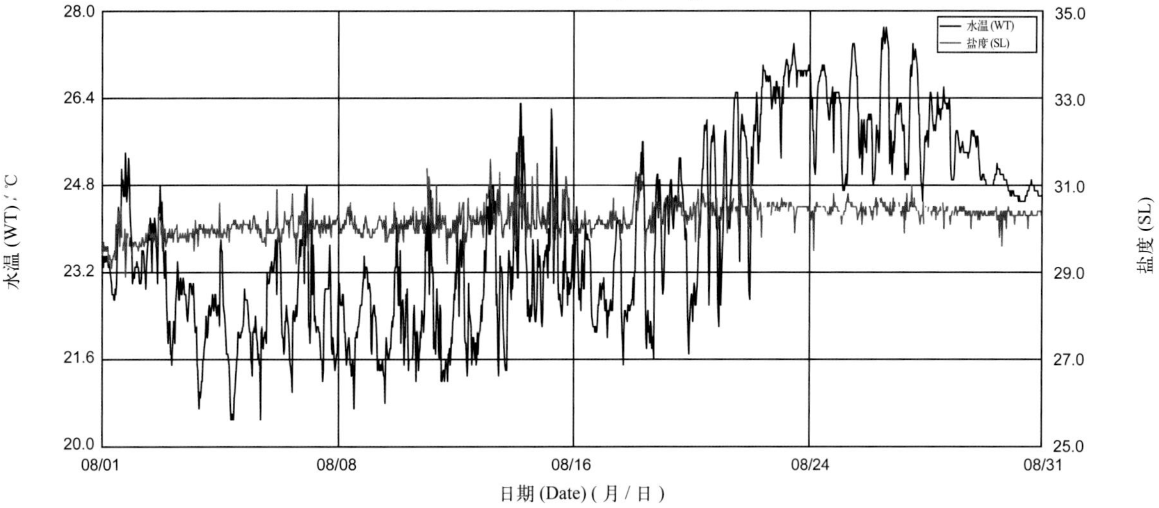

09 号浮标 2013 年 09 月水温、盐度观测数据曲线

WT and SL of 09 buoy in Sep. 2013

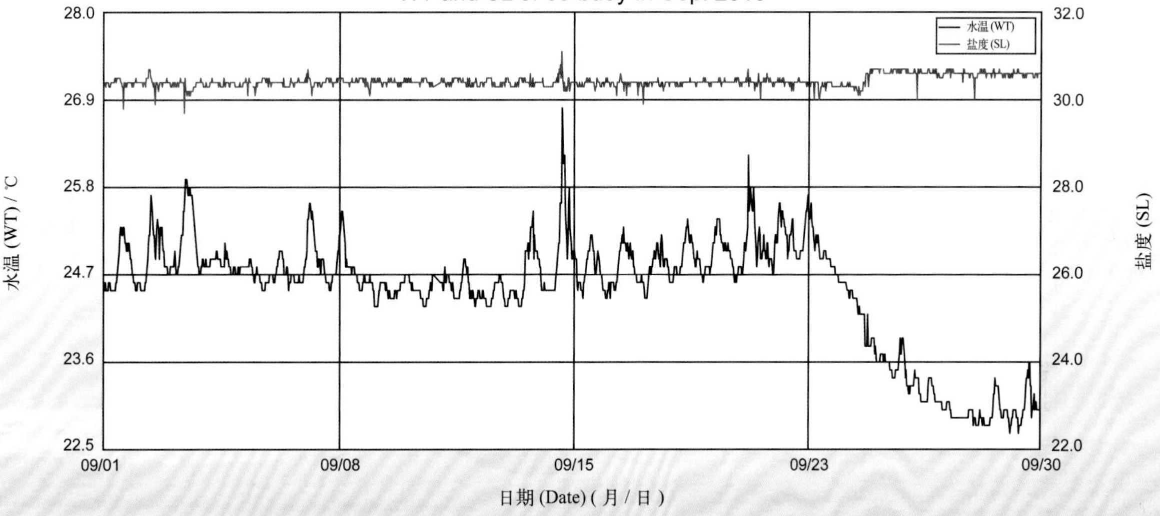

09 号浮标 2013 年 10 月水温、盐度观测数据曲线

WT and SL of 09 buoy in Oct. 2013

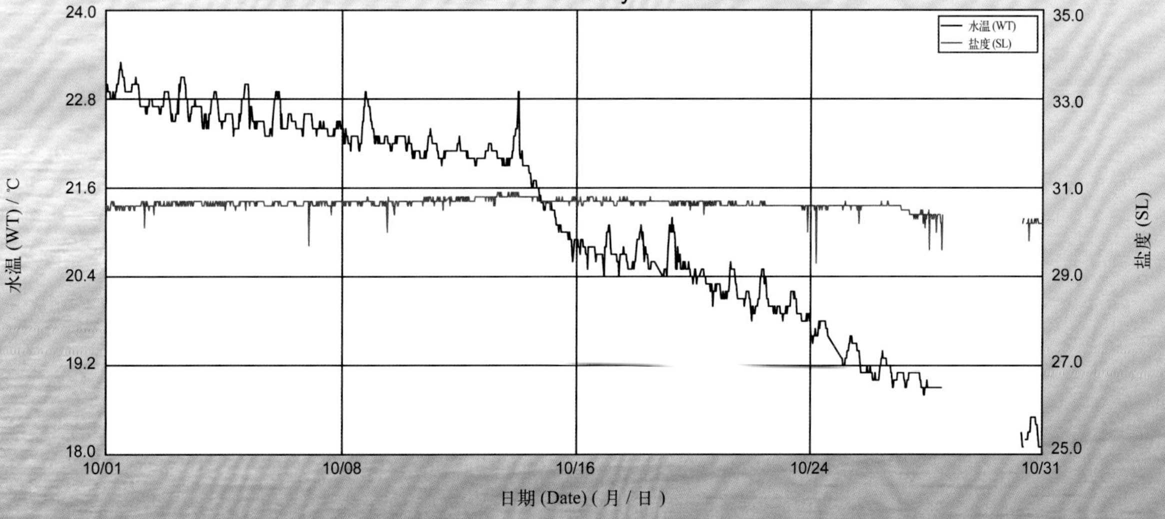

09 号浮标 2013 年 11 月水温、盐度观测数据曲线
WT and SL of 09 buoy in Nov. 2013

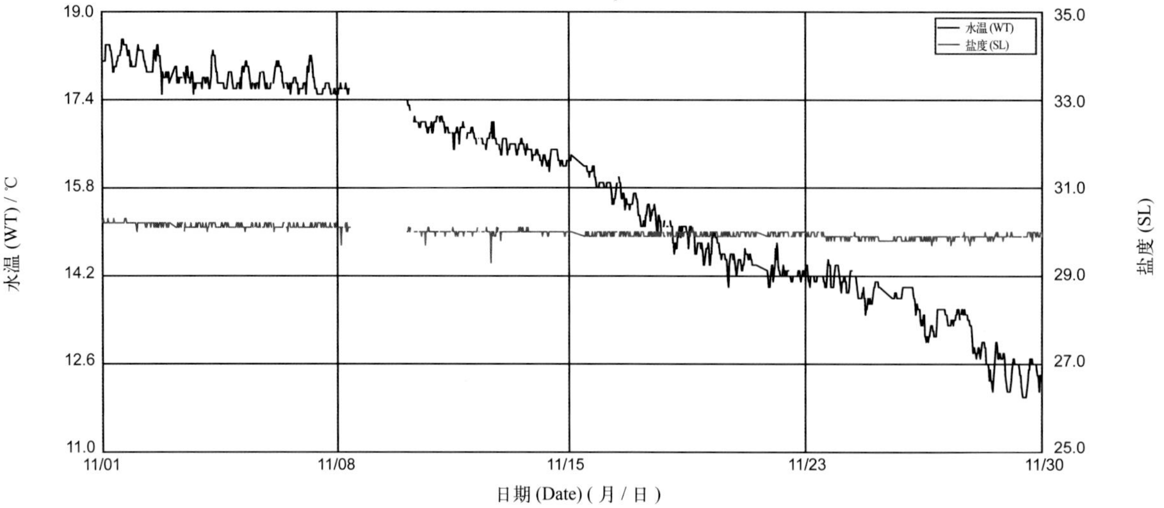

09 号浮标 2013 年 12 月水温、盐度观测数据曲线
WT and SL of 09 buoy in Dec. 2013

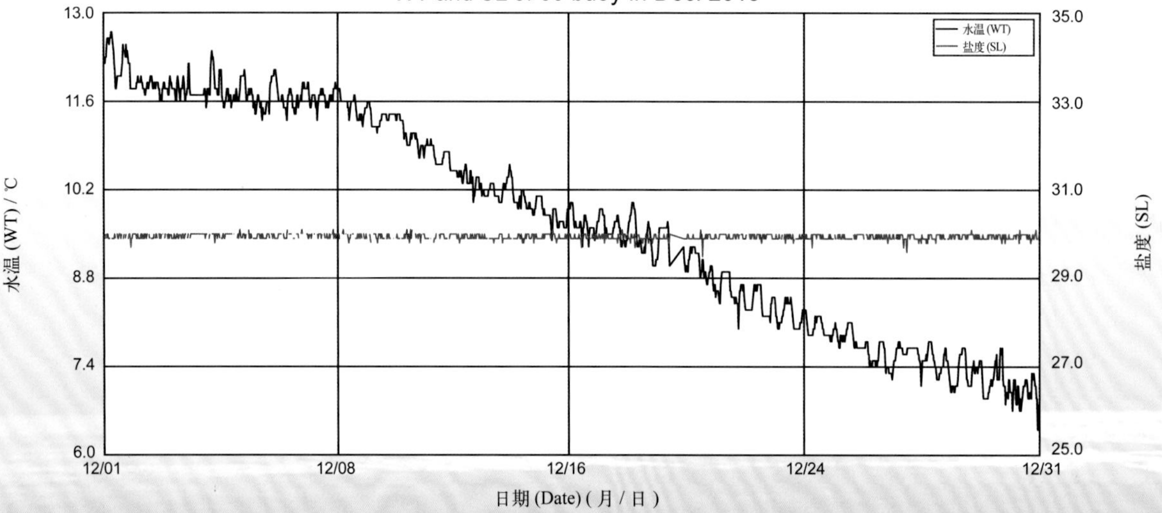

01 号浮标观测数据概述及曲线（有效波高和有效波周期）

2012 年，01 号浮标共获取 226 天的有效波高和有效波周期长序列观测数据。获取数据的主要区间共两个时间段，具体为 3 月 7 日 10:00 至 5 月 25 日 09:00 和 8 月 4 日 11:00 至 12 月 28 日 03:00。

2013 年，01 号浮标共获取 332 天的有效波高和有效波周期长序列观测数据。获取数据的主要区间共三个时间段，具体为 1 月 1 日 00:00 至 1 月 22 日 22:30、1 月 30 日 12:00 至 11 月 21 日 08:30 和 12 月 15 日 09:00 至 12 月 31 日 23:30。

通过对获取数据质量控制和分析，01 号浮标观测海域 2012 年度和 2013 年度有效波高、有效波周期数据和季节数据特征如下。

2012 年度有效波高平均值为 0.83 m，年度有效波周期平均值为 4.69 s；测得的年度最大有效波高为 5.0 m（11 月 11 日），对应的有效波周期为 8.6 s，当时有效波高≥ 2 m 的海浪持续了 30 h（11 月 11—12 日）；测得的年度最长有效波周期为 13.2 s（8 月 7 日）。以 5 月为春季代表月，观测海域春季的平均有效波高是 0.38 m，平均有效波周期是 4.46 s；以 8 月为夏季代表月，观测海域夏季的平均有效波高是 0.65 m，平均有效波周期是 6.08 s；以 11 月为秋季代表月，观测海域秋季的平均有效波高是 1.16 m，平均有效波周期是 4.75 s。

2013 年度有效波高平均值为 0.74 m，年度有效波周期平均值为 4.54 s；测得的年度最大有效波高为 3.6 m（5 月 27 日），对应的有效波周期为 7.3 s，当时有效波高≥2 m 的海浪持续了 15.5 h（5 月 27—28 日）；测得的年度最长有效波周期和最短有效波周期分别为 11.9 s（7 月 14 日）和 2.4 s（2 月 21 日）。以 2 月为冬季代表月，观测海域冬季的平均有效波高是 0.80 m，平均有效波周期是 4.14 s；以 5 月为春季代表月，观测海域春季的平均有效波高是 0.60 m，平均有效波周期是 4.28 s；以 8 月为夏季代表月，观测海域夏季的平均有效波高是 0.70 m，平均有效波周期是 5.31 s；以 11 月为秋季代表月，观测海域秋季的平均有效波高是 0.97 m，平均有效波周期是 4.30 s。

2012 年和 2013 年，01 号浮标观测海域有效波高、有效波周期的月平均值和最大值、最小值数据参见表 14。

2012 年，01 号浮标获取到有效波高≥2 m 的海浪过程共有 19 次。2012 年，01 号浮标记录到 2 次台风过程。第一次台风过程，01 号浮标获取到第 15 号强台风“布拉万”期间最大有效波高为 3.8 m（8 月 28 日），对应有效波周期为 6.9 s，有效波高≥2 m 的海浪持续时长为 13 h（8 月 28—29 日），该时间段的平均有效波高为 2.86 m，平均有效波周期为 6.39 s；第二次台风过程，01 号标观测到的第 16 号超强台风“三巴”期间波浪数据波动不是很剧烈，获取到的最大有效波高为 1.6 m（9 月 17 日），对应有效波周期为 5.0 s。

2013 年，01 号浮标获取到有效波高≥2 m 的海浪过程共有 25 次。2013 年，01 号浮标记录到 1 次寒潮过程，寒潮期间的最大有效波高为 2.7 m（2 月 7 日），有效波高≥2 m 的海浪持续时长为 5.5 h，该时间段的平均有效波高为 2.34 m，平均有效波周期为 5.3 s。

表 14 01 号浮标各月份有效波高、有效波周期数据

月份		有效波高 / m			有效波周期 / s			备注
		平均	最大	最小	平均	最长	最短	
1	2012 年	—	—	—	—	—	—	缺测数据
	2013 年	0.78	2.0	0.2	4.10	5.8	2.8	缺测 7 天数据，记录 1 次≥ 2 m 过程
2	2012 年	—	—	—	—	—	—	缺测数据
	2013 年	0.80	2.7	0.2	4.14	6.3	2.4	记录 1 次寒潮过程，记录 3 次≥ 2 m 过程
3	2012 年	0.81	1.86	0.14	4.47	7.5	2.5	缺测 6 天数据
	2013 年	0.83	2.9	0.2	4.20	6.3	2.6	记录 5 次≥ 2 m 过程
4	2012 年	0.82	2.02	0.15	4.90	8.0	2.5	记录 2 次≥ 2 m 过程
	2013 年	0.72	2.3	0.2	4.27	7.9	2.7	记录 1 次≥ 2 m 过程
5	2012 年	0.38	1.15	0.11	4.46	8.5	2.5	缺测 6 天数据
	2013 年	0.60	3.6	0.2	4.28	8.5	2.6	记录 1 次≥ 2 m 过程
6	2012 年	—	—	—	—	—	—	缺测数据
	2013 年	0.49	1.3	0.2	4.80	10.5	2.5	
7	2012 年	—	—	—	—	—	—	缺测数据
	2013 年	0.84	2.4	0.2	5.84	11.9	3.3	记录 2 次≥ 2 m 过程
8	2012 年	0.65	3.8	0.0	6.08	13.2	0.0	缺测 3 天数据，记录 1 次台风过程，记录 1 次≥ 2 m 过程
	2013 年	0.70	2.4	0.2	5.31	11.1	2.5	记录 1 次≥ 2 m 过程
9	2012 年	0.57	2.6	0.0	3.86	8.0	0.0	缺测 1 天数据，记录 1 次台风过程，记录 1 次≥ 2 m 过程
	2013 年	0.60	1.9	0.2	4.23	7.4	2.5	
10	2012 年	2.24	2.9	0.1	4.32	8.0	2.6	记录 4 次≥ 2 m 过程
	2013 年	0.75	2.6	0.2	4.26	11.1	2.5	缺测 2 天数据，记录 3 次≥ 2 m 过程
11	2012 年	1.16	5.0	0.0	4.75	8.8	0.0	记录 5 次≥ 2 m 过程，
	2013 年	0.97	2.4	0.2	4.30	6.0	2.7	缺测 10 天数据，记录 3 次≥ 2 m 过程
12	2012 年	1.03	3.0	0.2	4.54	7.0	2.7	缺测 3 天数据，记录 6 次≥ 2 m 过程
	2013 年	1.05	2.4	0.2	4.42	6.7	2.4	缺测 14 天数据，记录 5 次≥ 2 m 过程

01 号浮标 2012 年有效波高、有效波周期观测数据曲线
SignWH and SignWP of 01 buoy in 2012

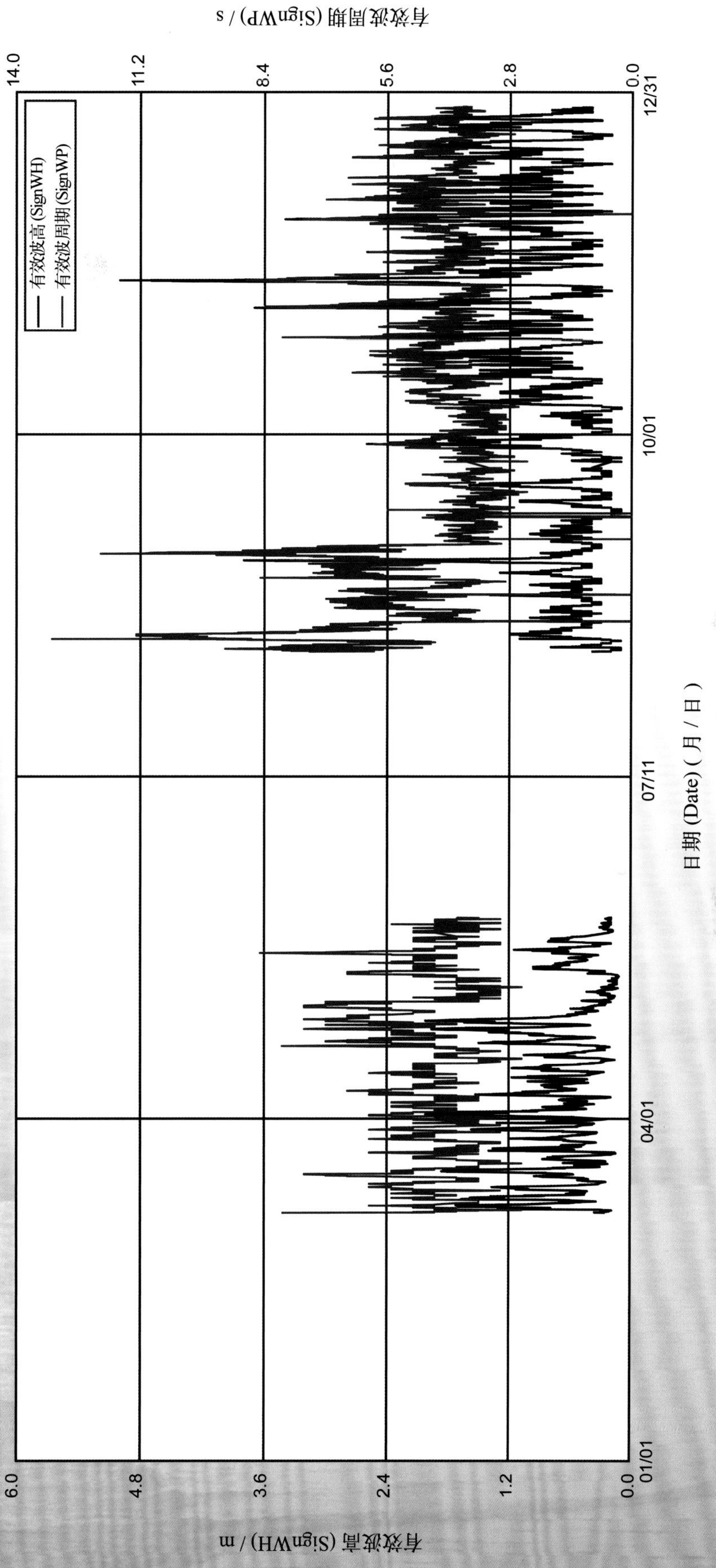

01 号浮标 2013 年有效波高、有效波周期观测数据曲线
SignWH and SignWP of 01 buoy in 2013

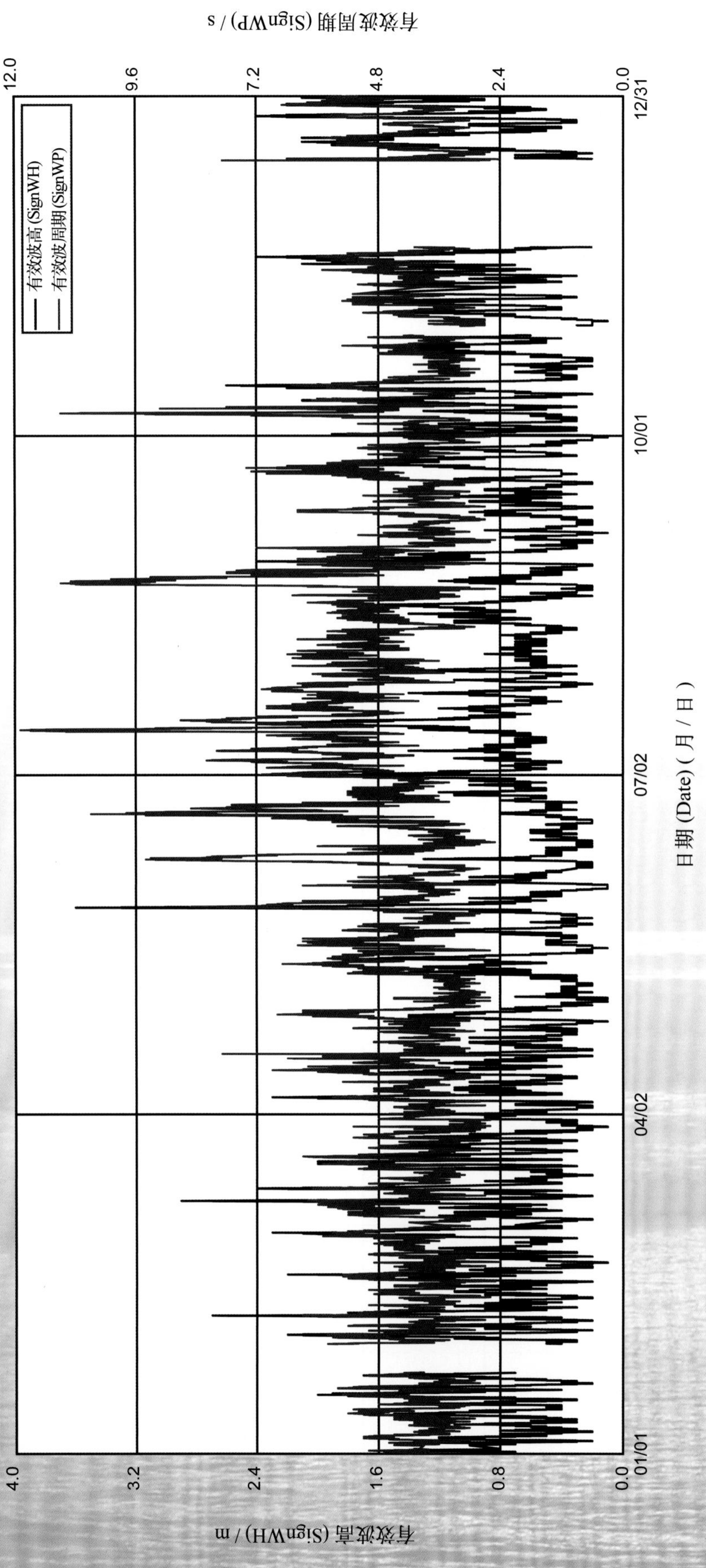

01 号浮标 2012 年 03 月有效波高、有效波周期观测数据曲线
SignWH and SignWP of 01 buoy in Mar. 2012

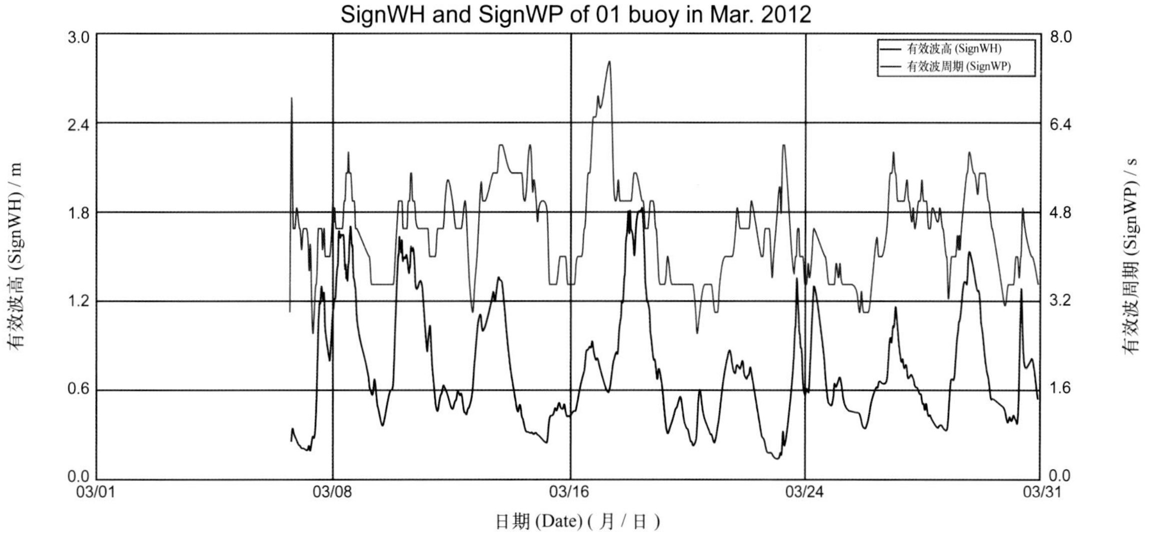

01 号浮标 2012 年 04 月有效波高、有效波周期观测数据曲线
SignWH and SignWP of 01 buoy in Apr. 2012

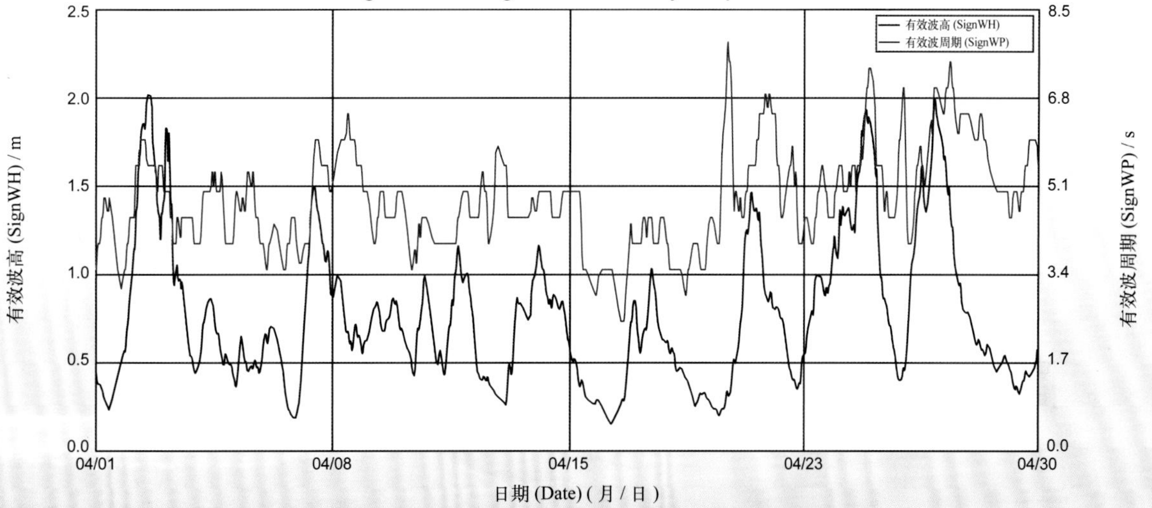

01 号浮标 2012 年 05 月有效波高、有效波周期观测数据曲线
SignWH and SignWP of 01 buoy in May 2012

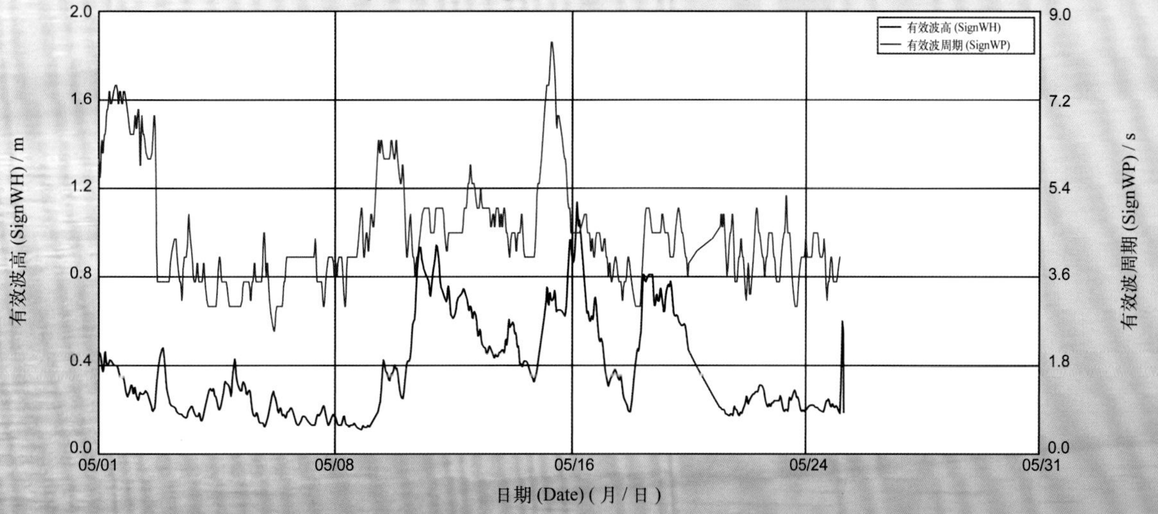

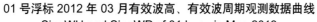

01 号浮标 2012 年 08 月有效波高、有效波周期观测数据曲线
SignWH and SignWP of 01 buoy in Aug. 2012

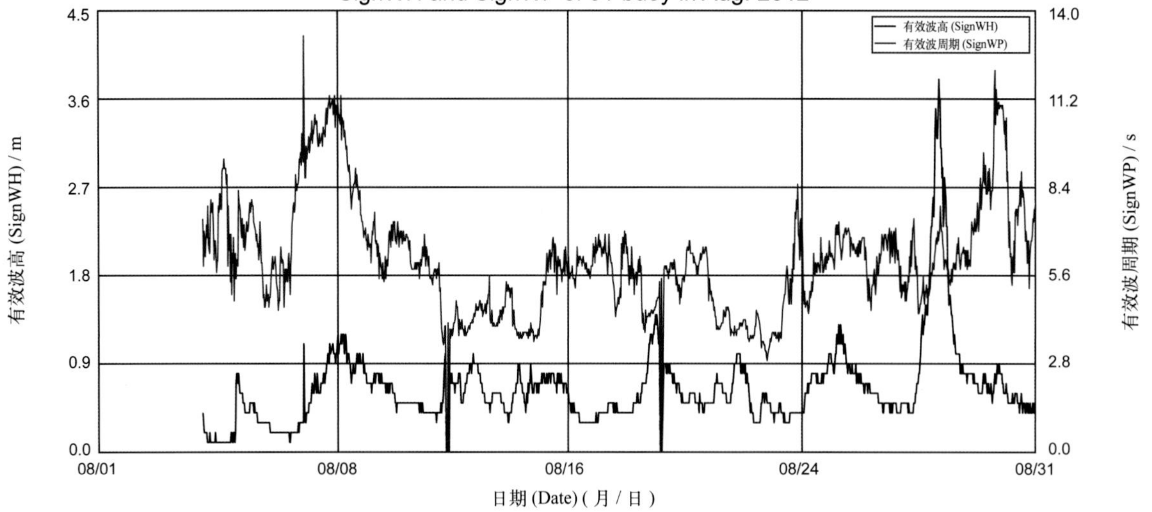

01 号浮标 2012 年 09 月有效波高、有效波周期观测数据曲线
SignWH and SignWP of 01 buoy in Sep. 2012

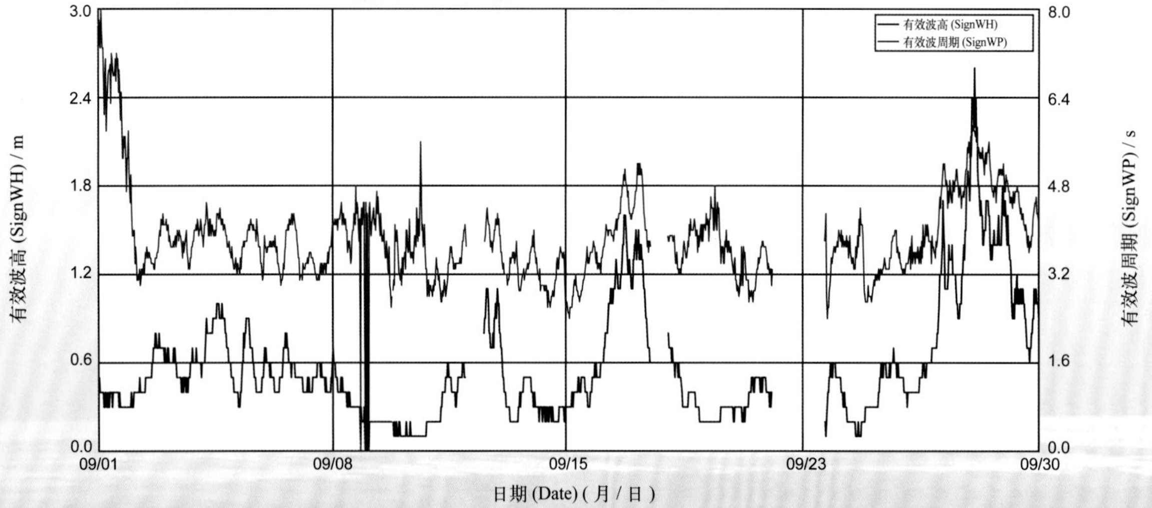

01 号浮标 2012 年 10 月有效波高、有效波周期观测数据曲线
SignWH and SignWP of 01 buoy in Oct. 2012

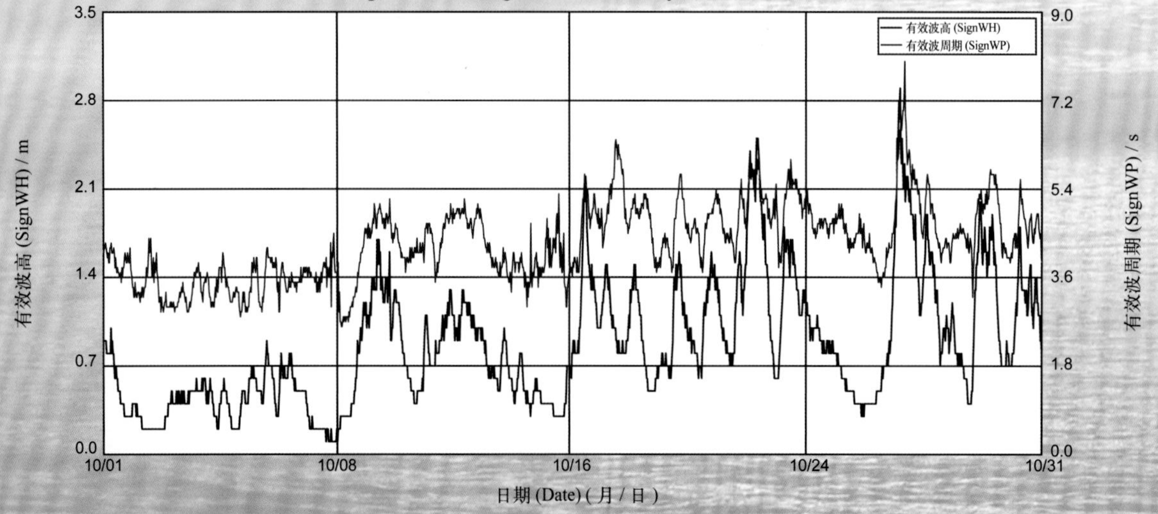

01 号浮标 2012 年 11 月有效波高、有效波周期观测数据曲线
SignWH and SignWP of 01 buoy in Nov. 2012

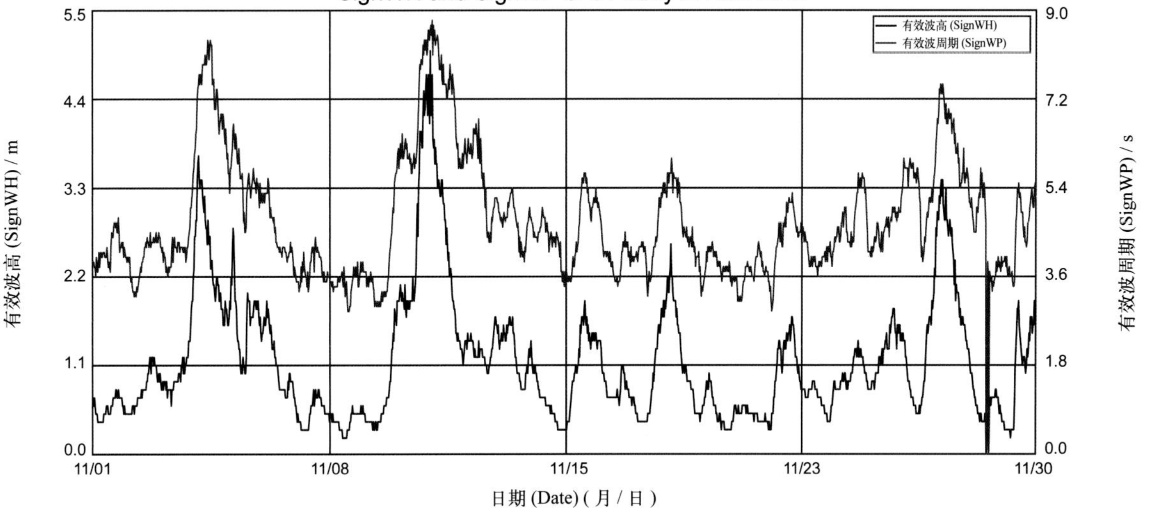

01 号浮标 2012 年 12 月有效波高、有效波周期观测数据曲线
SignWH and SignWP of 01 buoy in Dec. 2012

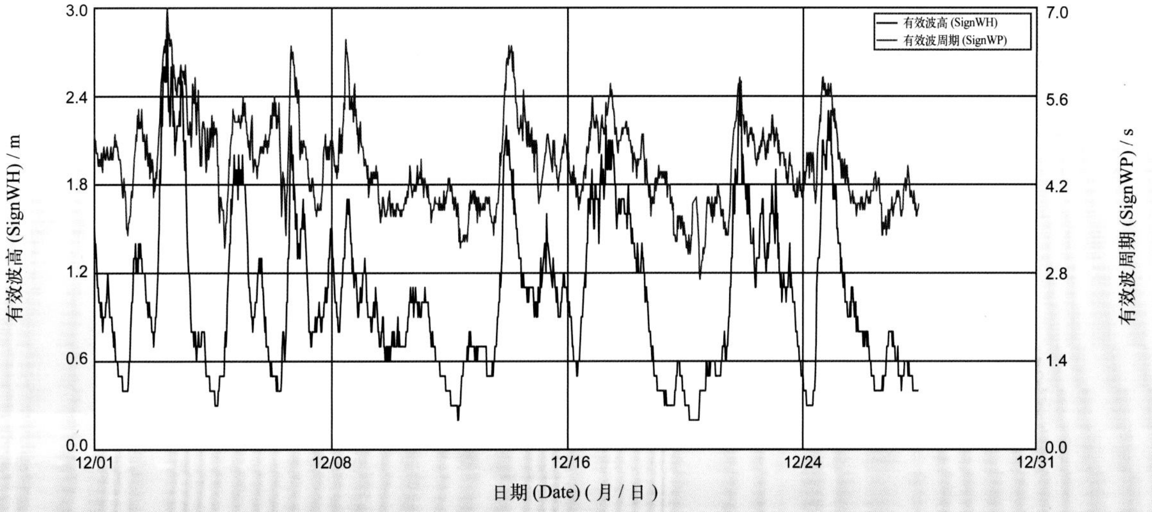

01 号浮标 2013 年 01 月有效波高、有效波周期观测数据曲线
SignWH and SignWP of 01 buoy in Jan. 2013

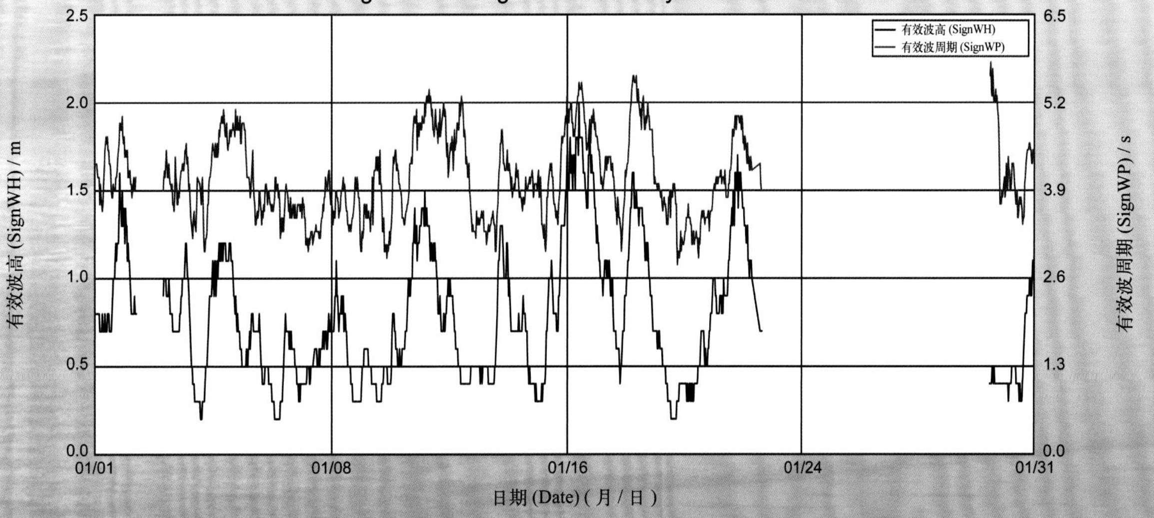

01 号浮标 2013 年 02 月有效波高、有效波周期观测数据曲线
SignWH and SignWP of 01 buoy in Feb. 2013

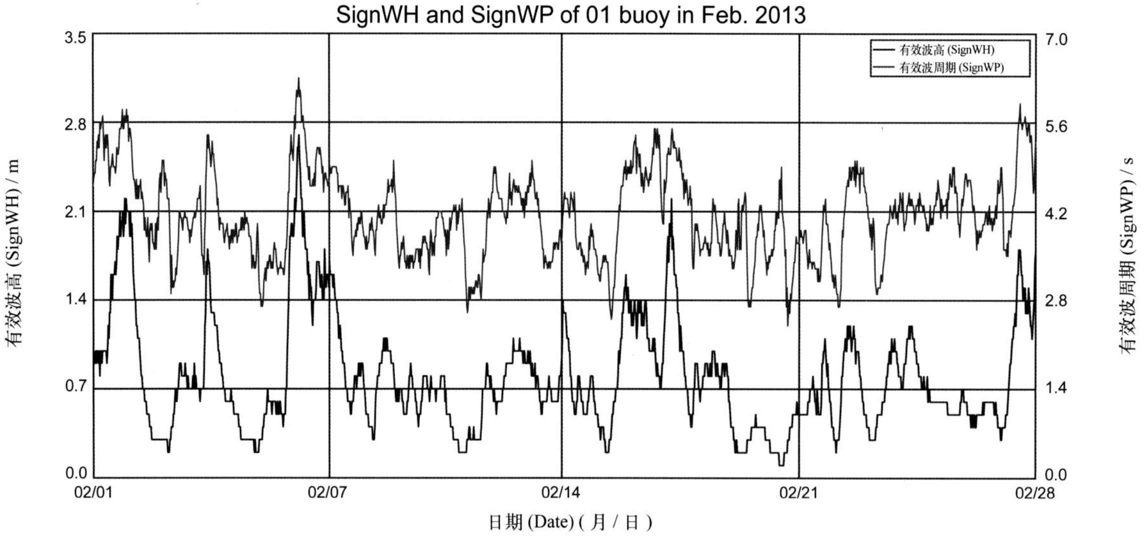

01 号浮标 2013 年 03 月有效波高、有效波周期观测数据曲线
SignWH and SignWP of 01 buoy in Mar. 2013

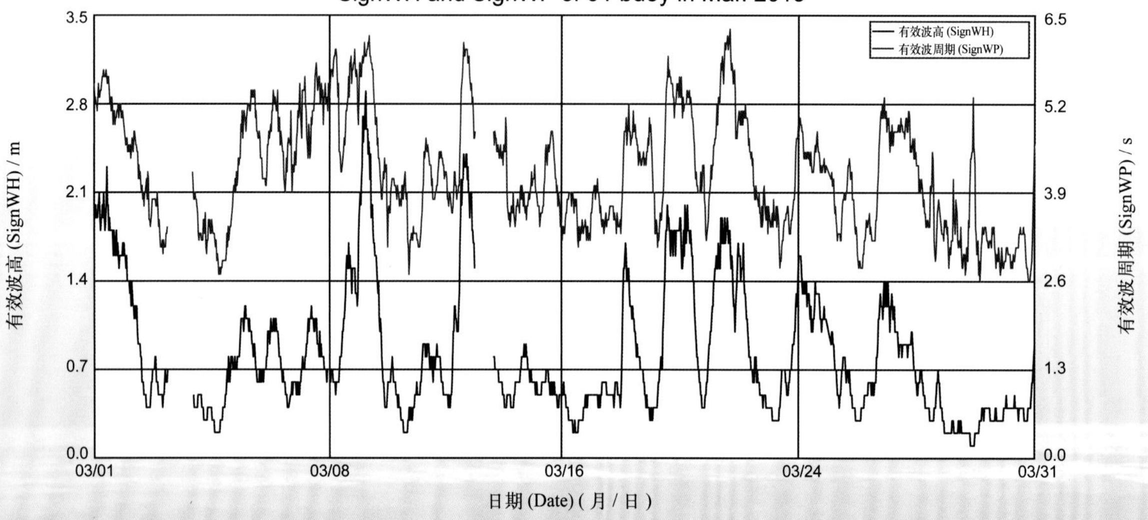

01 号浮标 2013 年 04 月有效波高、有效波周期观测数据曲线
SignWH and SignWP of 01 buoy in Apr. 2013

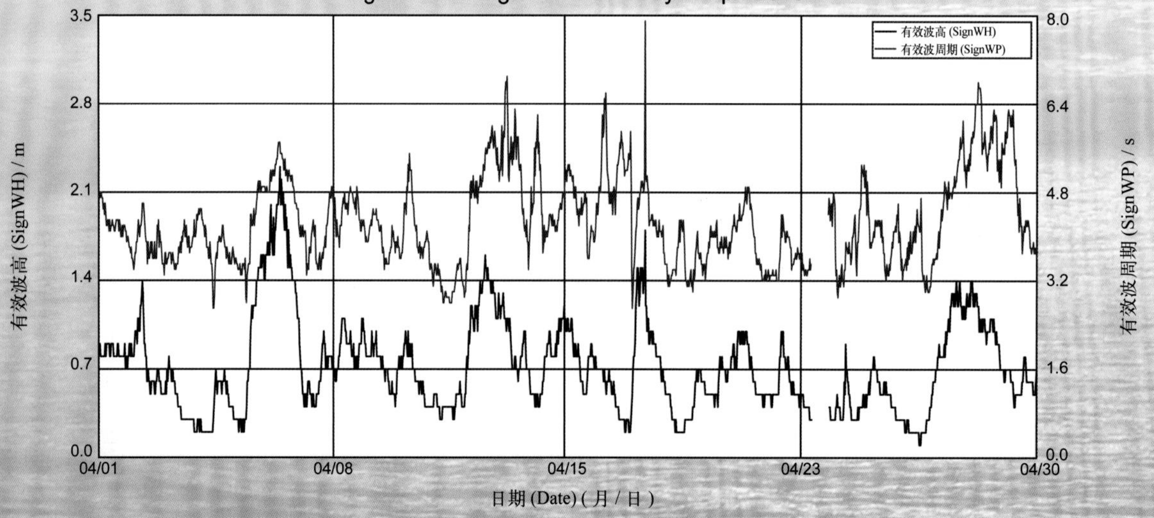

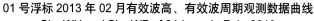

01 号浮标 2013 年 05 月有效波高、有效波周期观测数据曲线
SignWH and SignWP of 01 buoy in May 2013

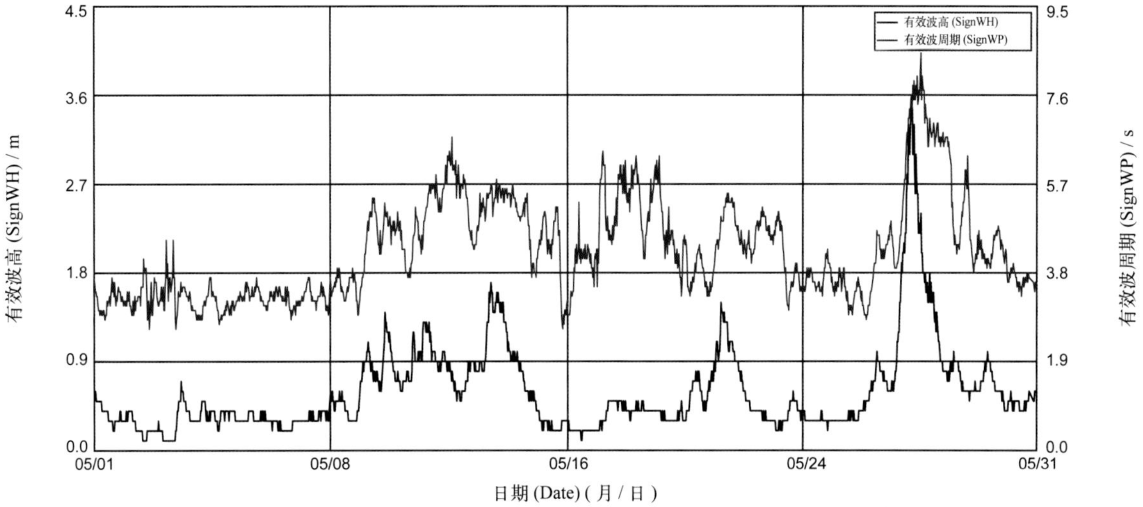

01 号浮标 2013 年 06 月有效波高、有效波周期观测数据曲线
SignWH and SignWP of 01 buoy in Jun. 2013

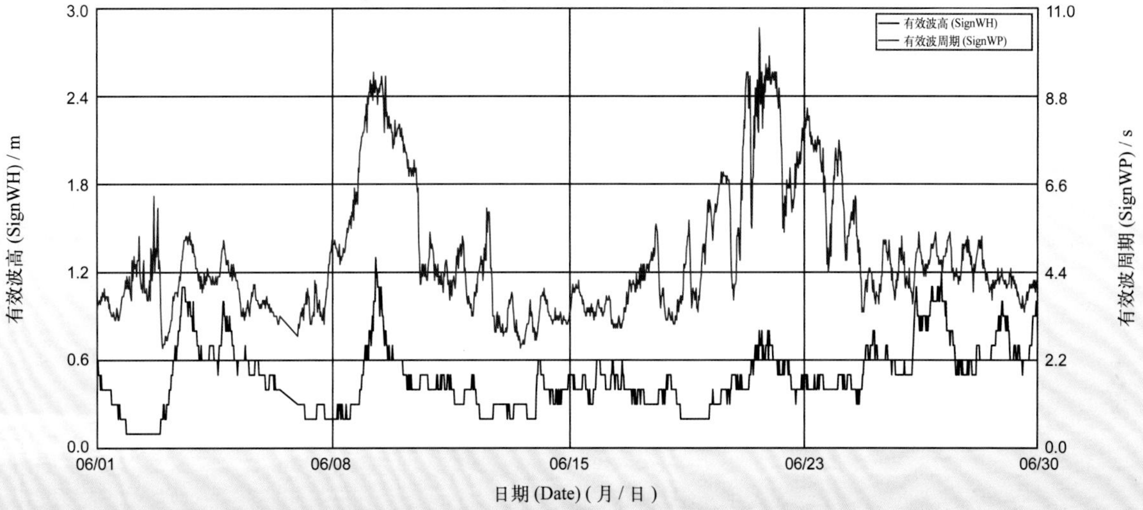

01 号浮标 2013 年 07 月有效波高、有效波周期观测数据曲线
SignWH and SignWP of 01 buoy in Jul. 2013

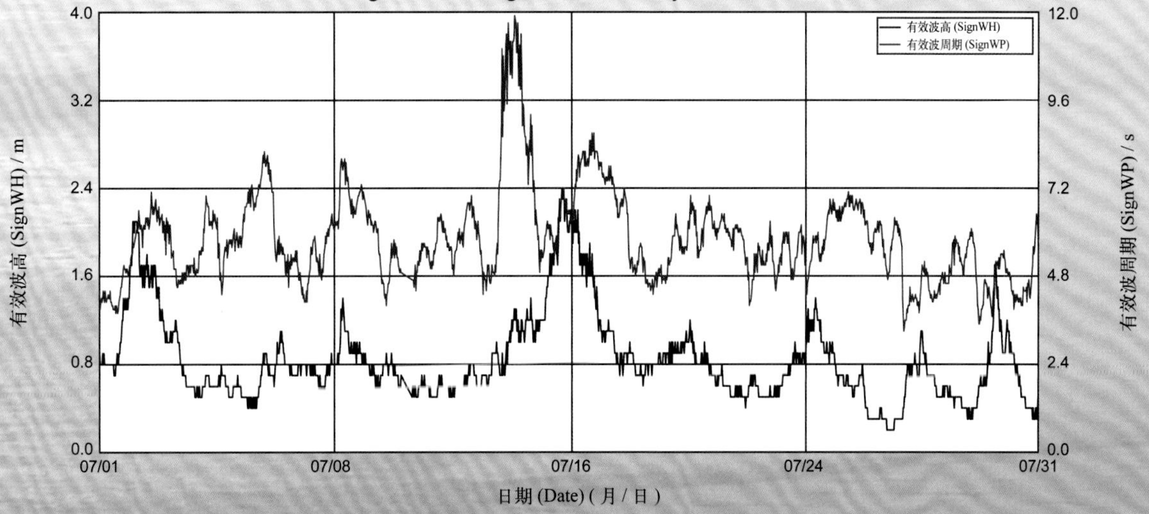

01 号浮标 2013 年 08 月有效波高、有效波周期观测数据曲线
SignWH and SignWP of 01 buoy in Aug. 2013

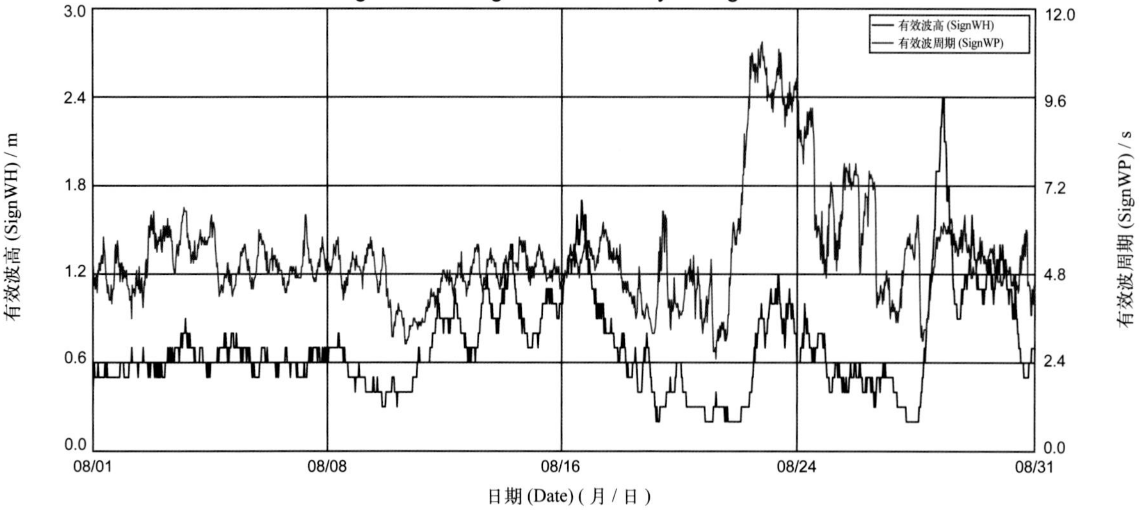

01 号浮标 2013 年 09 月有效波高、有效波周期观测数据曲线
SignWH and SignWP of 01 buoy in Sep. 2013

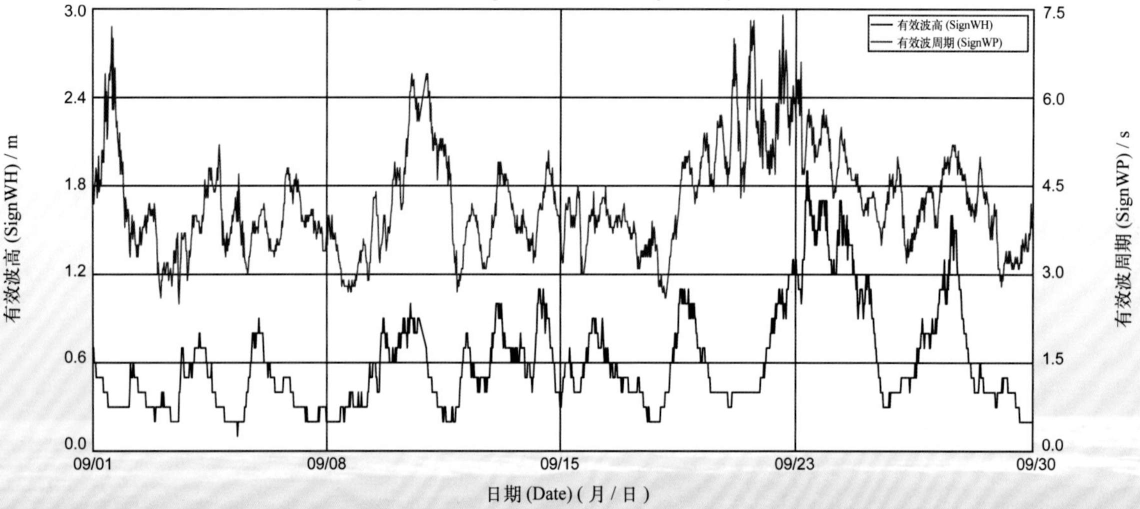

01 号浮标 2013 年 10 月有效波高、有效波周期观测数据曲线
SignWH and SignWP of 01 buoy in Oct. 2013

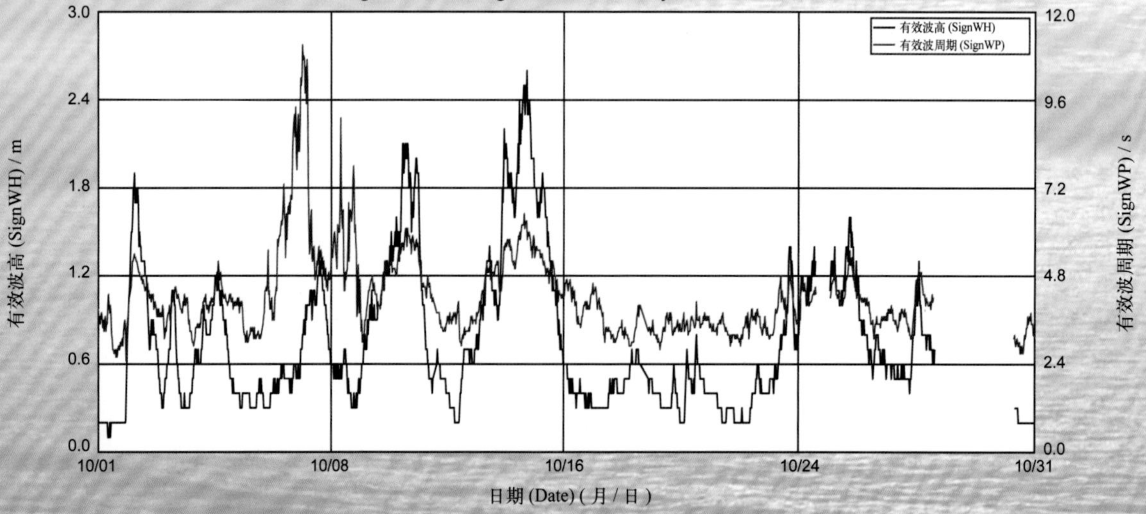

01 号浮标 2013 年 11 月有效波高、有效波周期观测数据曲线
SignWH and SignWP of 01 buoy in Nov. 2013

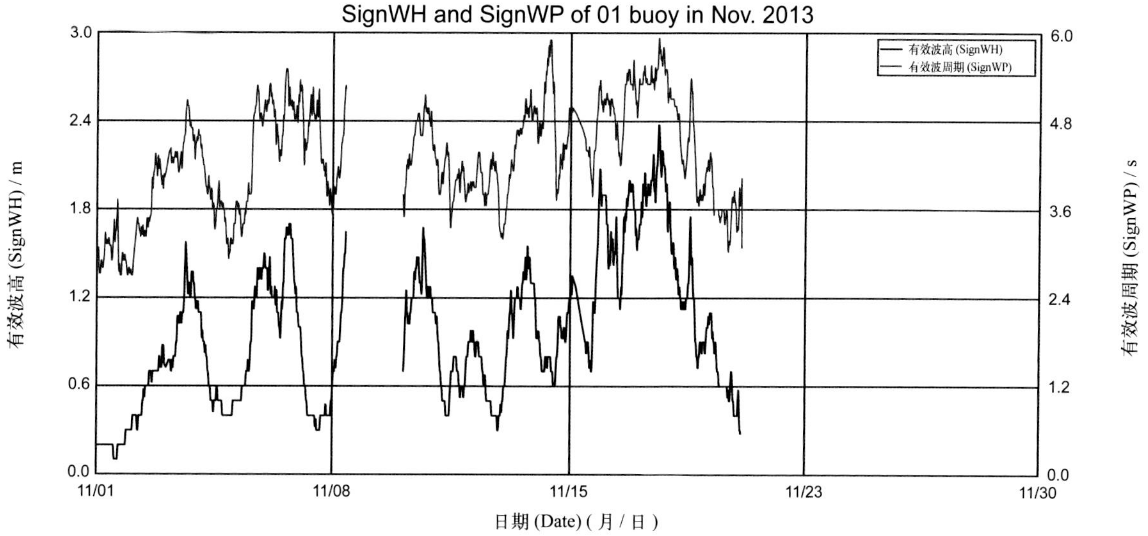

01 号浮标 2013 年 12 月有效波高、有效波周期观测数据曲线
SignWH and SignWP of 01 buoy in Dec. 2013

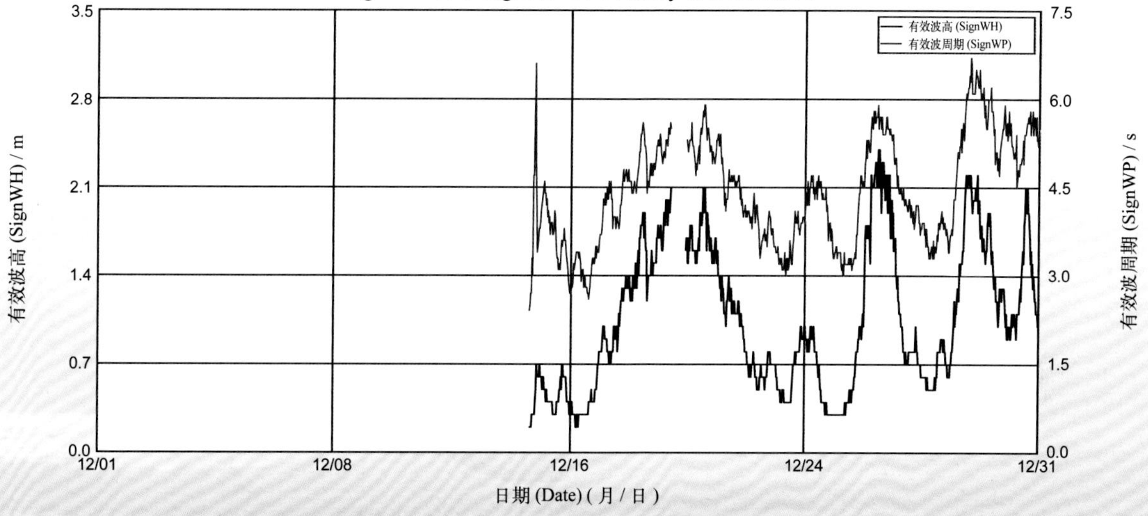

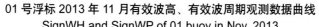

03 号浮标观测数据概述及曲线
（有效波高和有效波周期）

2013 年，03 号浮标共获取 362 天的有效波高和有效波周期长序列观测数据。获取数据的主要区间共三个时间段，具体为 1 月 1 日 00:00 至 10 月 28 日 16:50、10 月 31 日 08:30 至 11 月 8 日 22:20 和 11 月 10 日 19:00 至 12 月 31 日 23:50。

通过对获取数据质量控制和分析，03 号浮标观测海域 2013 年度有效波高、有效波周期数据和季节数据特征如下：年度有效波高平均值为 0.59 m，年度有效波周期平均值为 4.37 s；测得的年度最大有效波高为 3.5 m（5 月 27 日），对应的有效波周期为 8.0 s，当时有效波高≥2 m 的海浪持续了 10.8 h（5 月 27—28 日）；测得的年度最长有效波周期和最短有效波周期分别为 11.8 s（7 月 14 日）和 2.3 s（1 月 26 日、9 月 4 日）。以 2 月为冬季代表月，观测海域冬季的平均有效波高是 0.58 m，平均有效波周期是 3.88 s；以 5 月为春季代表月，观测海域春季的平均有效波高是 0.53 m，平均有效波周期是 4.29 s；以 8 月为夏季代表月，观测海域夏季的平均有效波高是 0.60 m，平均有效波周期是 5.52 s；以 11 月为秋季代表月，观测海域秋季的平均有效波高是 0.72 m，平均有效波周期是 3.96 s。

2013 年，03 号浮标观测海域有效波高、有效波周期的月平均值和最大值、最小值数据参见表 15。

2013 年，03 号浮标获取到有效波高≥ 2 m 的海浪过程共有 5 次。2013 年，03 号浮标记录到 1 次寒潮过程，寒潮期间的最大有效波高为 1.6 m（2 月 7 日），有效波高≥ 1.5 m 的海浪持续时长为 1 h，该时间段的平均有效波高为 1.55 m，平均有效波周期为 4.55 s。

表 15　2013 年 03 号浮标各月份有效波高、有效波周期数据

月份	有效波高 / m			有效波周期 / s			备注
	平均	最大	最小	平均	最长	最短	
1	0.53	1.4	0.1	3.80	6.1	2.3	
2	0.58	1.8	0.1	3.88	6.0	2.4	记录 1 次寒潮过程
3	0.62	1.8	0.1	3.98	6.2	2.4	
4	0.58	1.5	0.1	4.06	7.6	2.4	
5	0.53	3.5	0.1	4.29	8.1	2.4	记录 1 次≥ 2 m 过程
6	0.43	1.0	0.1	4.94	10.7	2.4	
7	0.77	2.4	0.2	5.92	11.8	3.5	记录 2 次≥ 2 m 过程
8	0.60	2.3	0.2	5.52	10.9	2.7	记录 1 次≥ 2 m 过程
9	0.50	1.5	0.1	4.12	8.0	2.3	
10	0.62	1.6	0.1	4.04	10.8	2.4	缺测 2 天数据
11	0.72	2.0	0.1	3.96	6.2	2.4	缺测 1 天数据，记录 1 次≥ 2 m 过程
12	0.64	1.6	0.1	3.78	6.0	2.4	

03 号浮标 2013 年有效波高、有效波周期观测数据曲线
SignWH and SignWP of 03 buoy in 2013

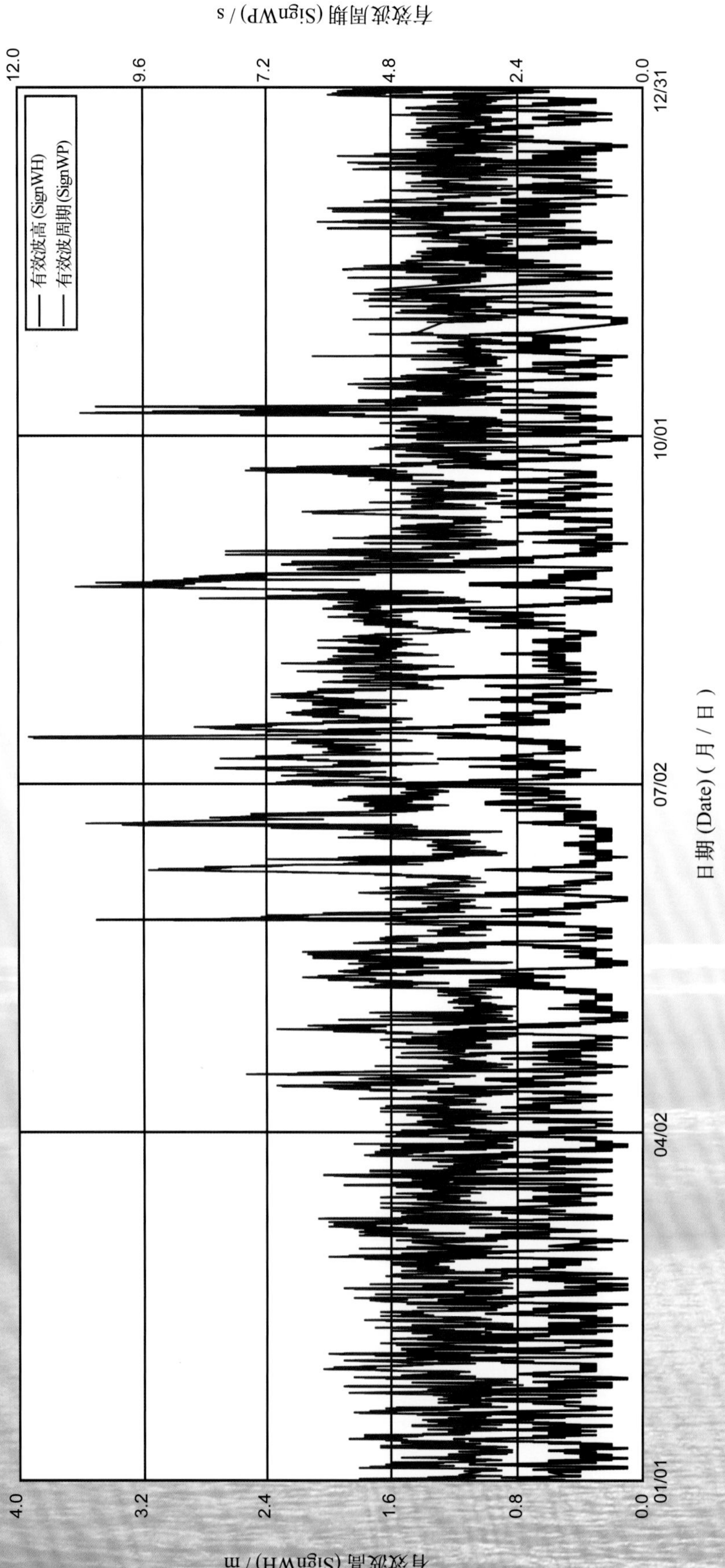

03号浮标2013年01月有效波高、有效波周期观测数据曲线

SignWH and SignWP of 03 buoy in Jan. 2013

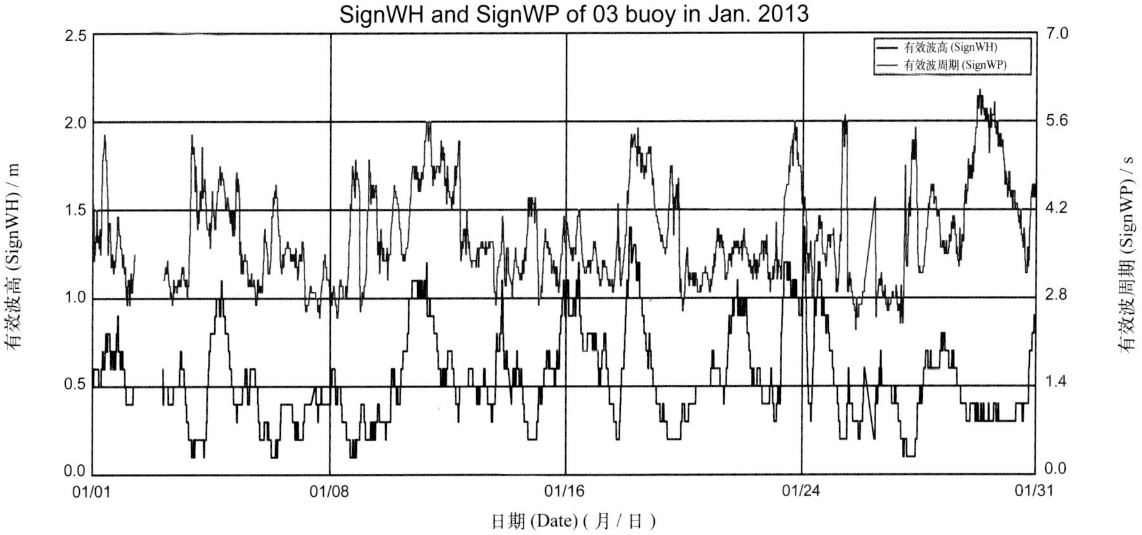

03号浮标2013年02月有效波高、有效波周期观测数据曲线

SignWH and SignWP of 03 buoy in Feb. 2013

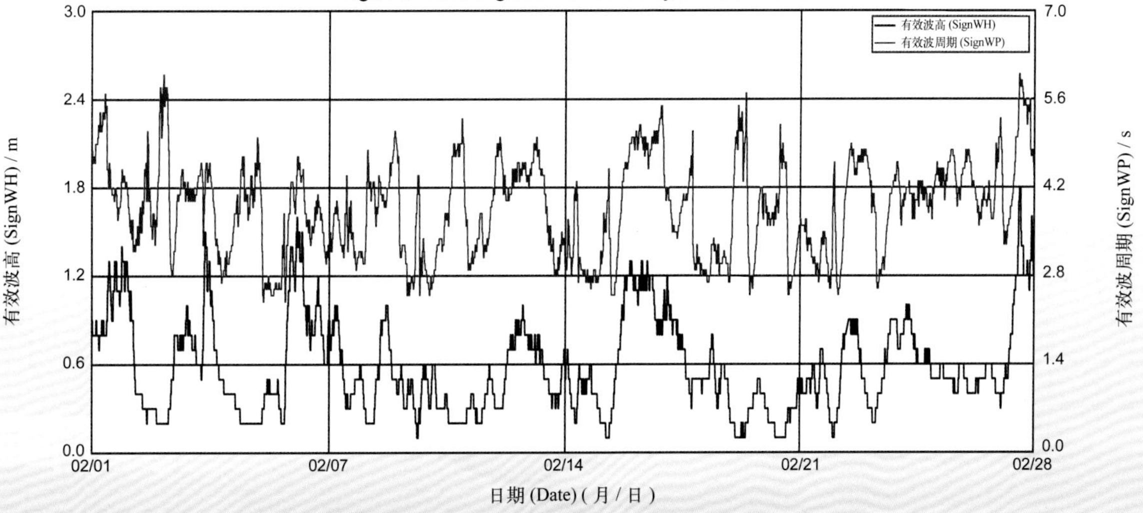

03号浮标2013年03月有效波高、有效波周期观测数据曲线

SignWH and SignWP of 03 buoy in Mar. 2013

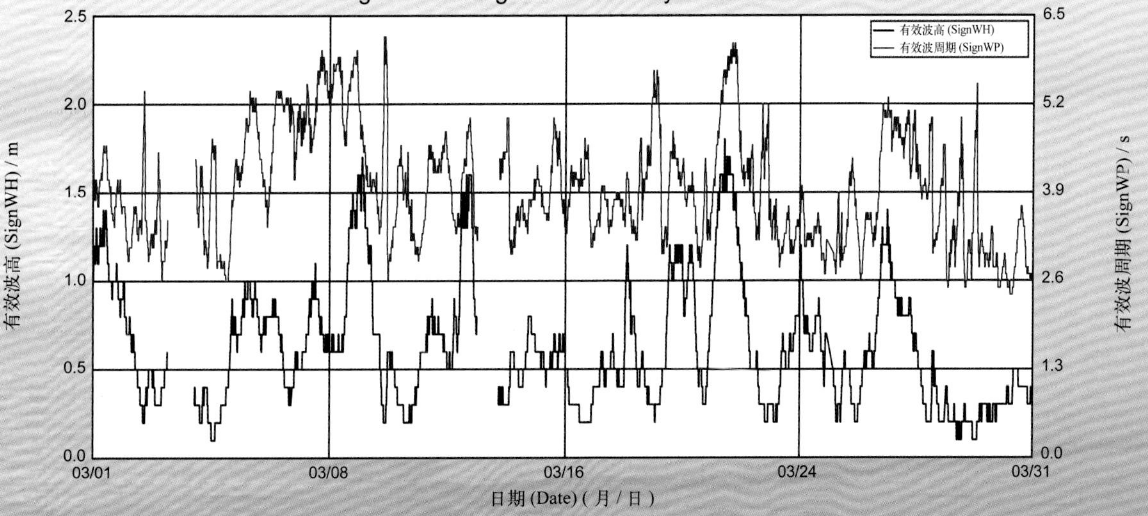

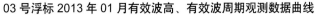

03 号浮标 2013 年 04 月有效波高、有效波周期观测数据曲线

SignWH and SignWP of 03 buoy in Apr. 2013

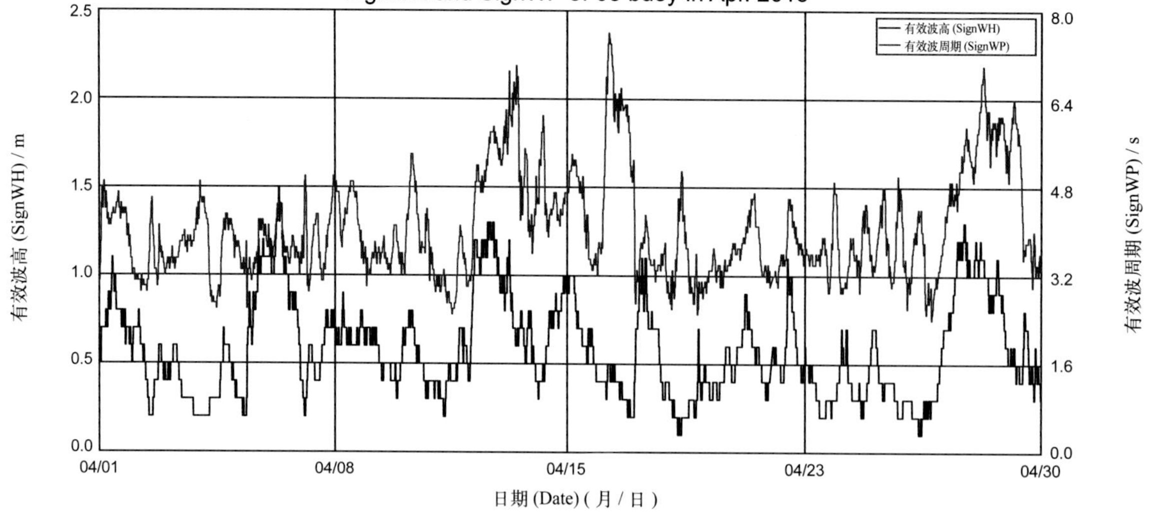

03 号浮标 2013 年 05 月有效波高、有效波周期观测数据曲线

SignWH and SignWP of 03 buoy in May 2013

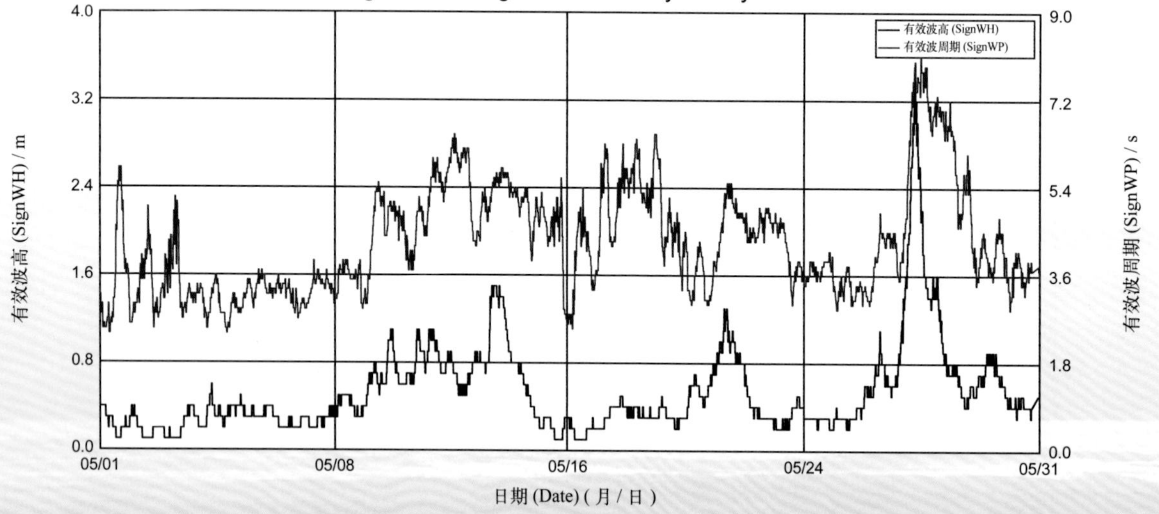

03 号浮标 2013 年 06 月有效波高、有效波周期观测数据曲线

SignWH and SignWP of 03 buoy in Jun. 2013

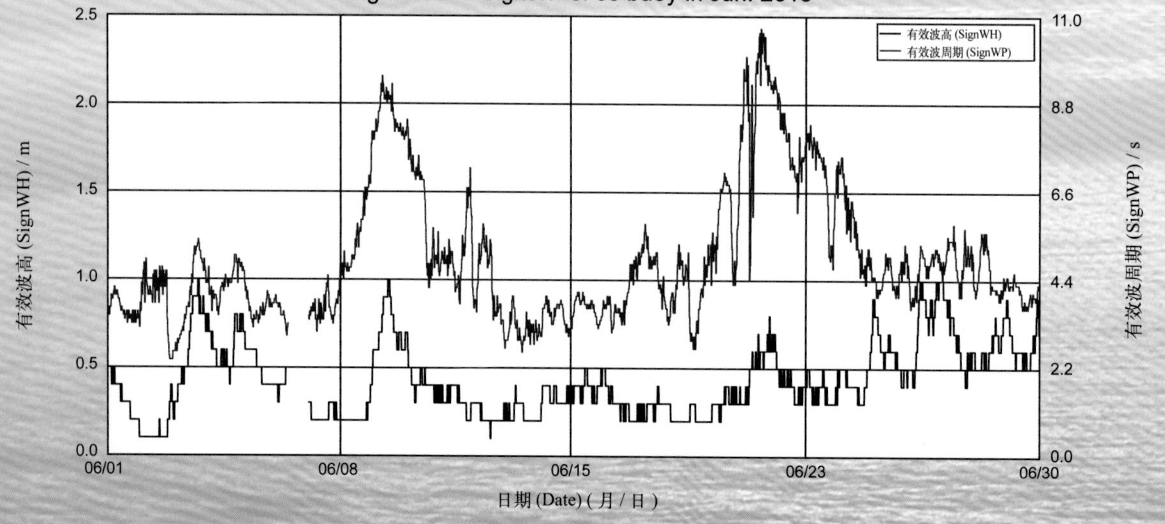

03 号浮标 2013 年 07 月有效波高、有效波周期观测数据曲线

SignWH and SignWP of 03 buoy in Jul. 2013

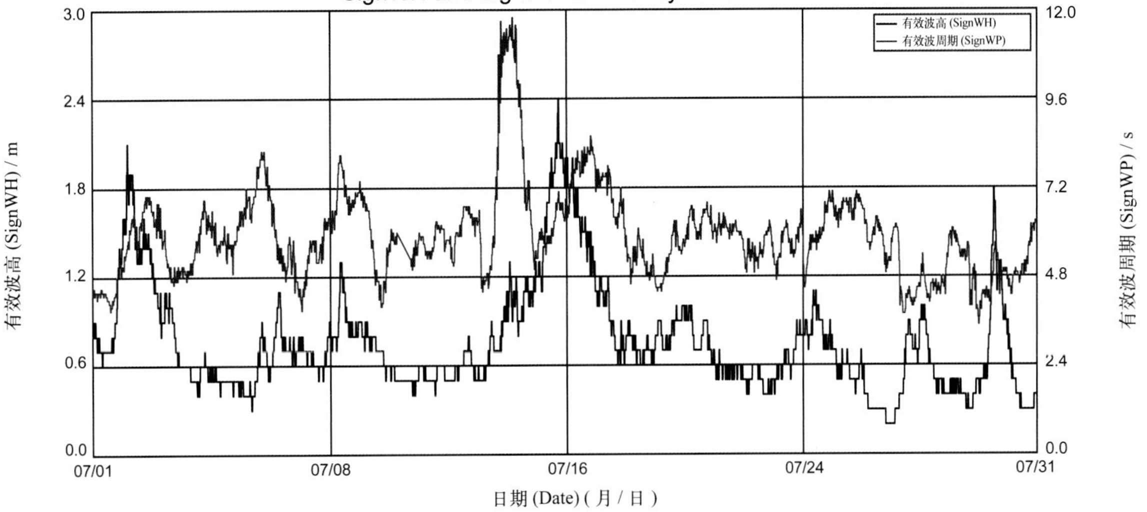

03 号浮标 2013 年 08 月有效波高、有效波周期观测数据曲线

SignWH and SignWP of 03 buoy in Aug. 2013

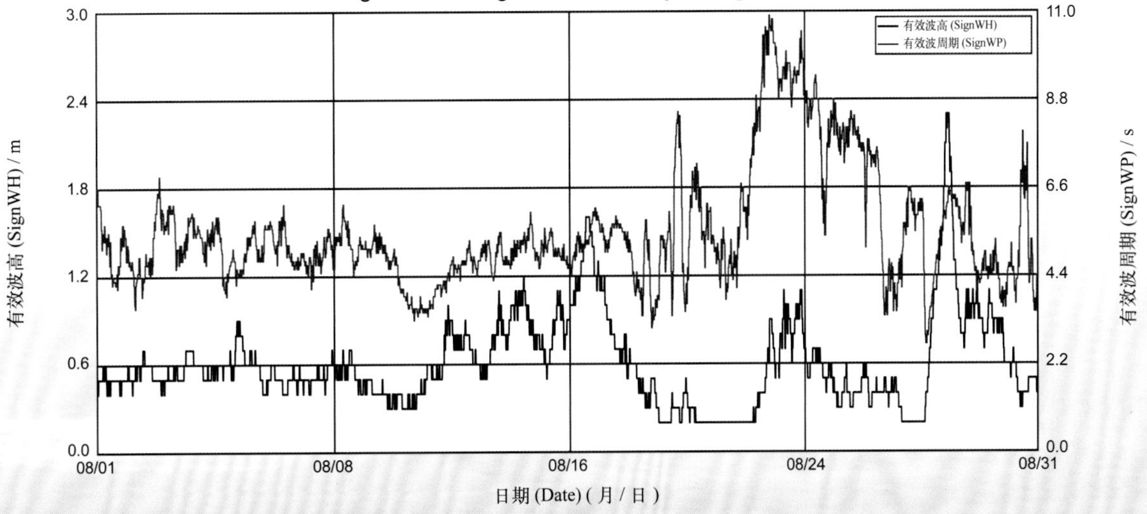

03 号浮标 2013 年 09 月有效波高、有效波周期观测数据曲线

SignWH and SignWP of 03 buoy in Sep. 2013

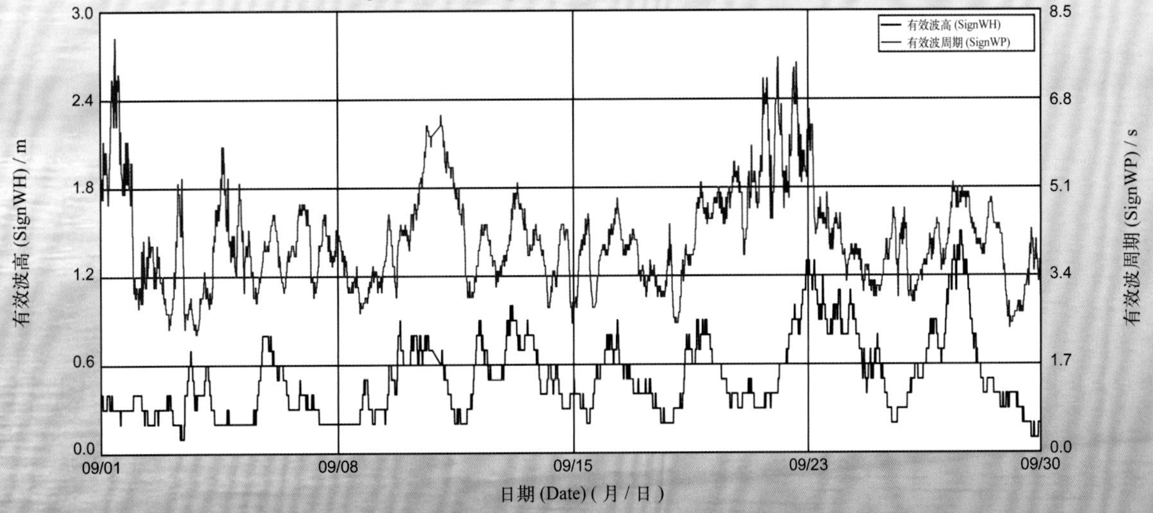

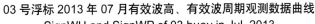

03 号浮标 2013 年 10 月有效波高、有效波周期观测数据曲线
SignWH and SignWP of 03 buoy in Oct. 2013

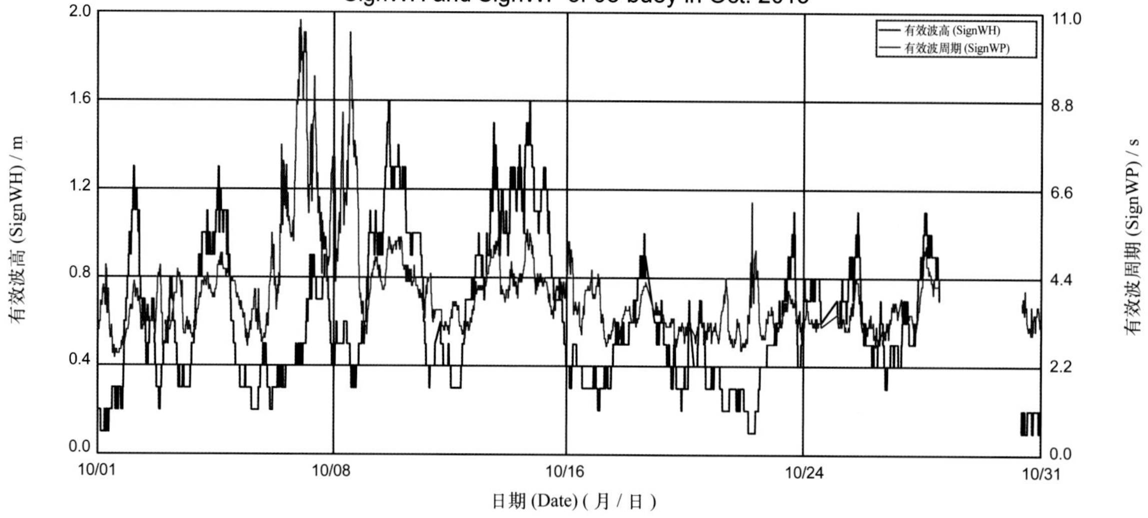

03 号浮标 2013 年 11 月有效波高、有效波周期观测数据曲线
SignWH and SignWP of 03 buoy in Nov. 2013

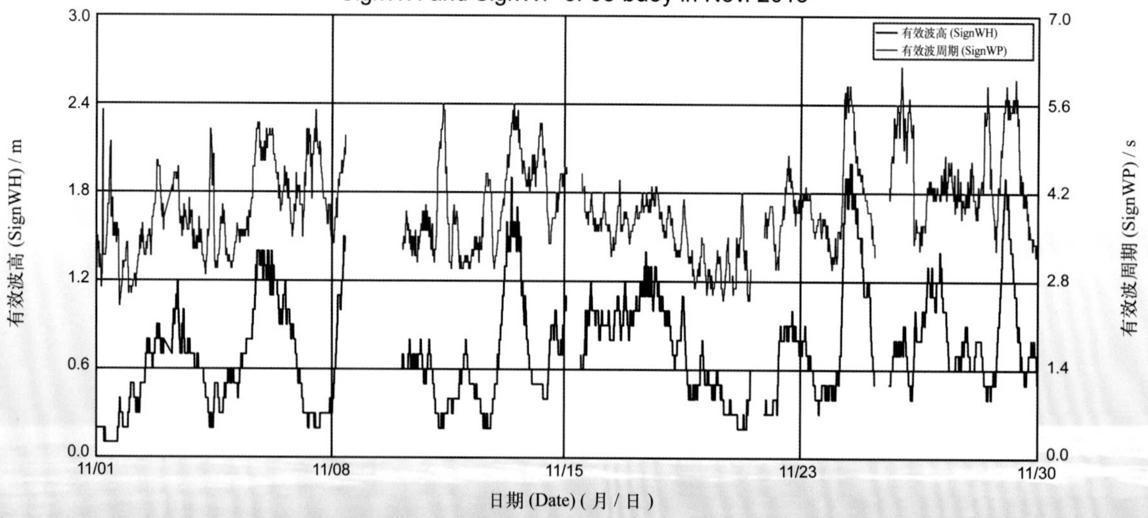

03 号浮标 2013 年 12 月有效波高、有效波周期观测数据曲线
SignWH and SignWP of 03 buoy in Dec. 2013

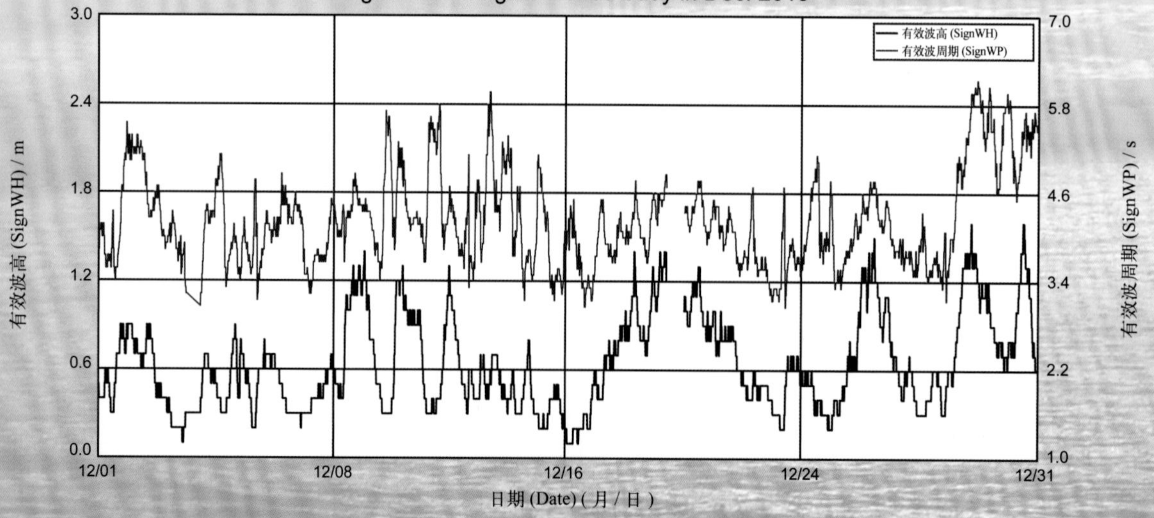

06 号浮标观测数据概述及曲线
（有效波高和有效波周期）

2012 年，06 号浮标共获取 237 天的有效波高和有效波周期长序列观测数据。获取数据的区间共两个时间段，具体为 3 月 30 日 14:10 至 9 月 12 日 18:40 和 10 月 20 日 09:50 至 12 月 28 日 03:20。

2013 年，06 号浮标共获取 352 天的有效波高和有效波周期长序列观测数据。获取数据的主要区间共两个时间段，具体为 1 月 1 日 00:00 至 1 月 14 日 00:40 和 1 月 24 日 15:00 至 12 月 31 日 23:30。

通过对获取数据质量控制和分析，06 号浮标观测海域 2012 年度和 2013 年度有效波高、有效波周期数据和季节数据特征如下。

2012 年度有效波高平均值为 1.26 m，年度有效波周期平均值为 6.48 s；测得的年度最大有效波高为 7.4 m（8 月 27 日），对应的有效波周期为 11.9 s，当时有效波高≥2 m 的海浪持续了 82.3 h（8 月 25—28 日），其中有效波高≥4 m 的灾害性海浪持续了 35.8 h（8 月 26—28 日）；测得的年度最长有效波周期为 13.1 s（6 月 19 日）。以 5 月为春季代表月，观测海域春季的平均有效波高是 1.01 m，平均有效波周期是 6.59 s；以 8 月为夏季代表月，观测海域夏季的平均有效波高是 1.99 m，平均有效波周期是 7.44 s；以 11 月为秋季代表月，观测海域秋季的平均有效波高是 1.37 m，平均有效波周期是 6.12 s。

2013 年度有效波高平均值为 1.30 m，年度有效波周期平均值为 6.18 s；测得的年度最大有效波高为 5.2 m（8 月 21 日和 10 月 7 日），对应的有效波周期分别为 9.9 s 和 10.7 s，8 月对应的年度最大有效波高期间，当时有效波高≥2 m 的海浪持续了 68.5 h（8 月 20—23 日），期间有效波高≥4 m 的灾害性海浪持续了 17 h（8 月 21—22 日）；10 月对应的年度最大有效波高期间，有效波高≥2 m 的海浪持续了 115 h（10 月 4—9 日），期间有效波高≥4 m 的灾害性海浪持续了 25.5 h（10 月 6—7 日）；测得的年度最长有效波周期为 13.8 s（7 月 12 日）。以 2 月为冬季代表月，观测海域冬季的平均有效波高是 1.21 m，平均有效波周期是 6.09 s；以 5 月为春季代表月，观测海域春季的平均有效波高是 0.93 m，平均有效波周期是 5.90 s；以 8 月为夏季代表月，观测海域夏季的平均有效波高是 1.19 m，平均有效波周期是 6.01 s；以 11 月为秋季代表月，观测海域秋季的平均有效波高是 1.45 m，平均有效波周期是 6.17 s。

2012 年和 2013 年，06 号浮标观测海域有效波高、有效波周期的月平均值和最大值、最小值数据参见表 16。

表 16　06 号浮标各月份有效波高、有效波周期数据

月份		有效波高 / m			有效波周期 / s			备注
		平均	最大	最小	平均	最长	最短	
1	2012 年	—	—	—	—	—	—	缺测数据
	2013 年	0.96	2.4	0.0	5.87	8.8	0.0	缺测 10 天数据
2	2012 年	—	—	—	—	—	—	缺测数据
	2013 年	1.21	3.6	0.0	6.09	8.6	0.0	
3	2012 年	—	—	—	—	—	—	缺测 29 天数据
	2013 年	1.11	4.2	0.3	6.22	11.3	3.7	记录 1 次≥ 4 m 过程
4	2012 年	0.96	3.8	0.3	6.14	9.7	3.7	
	2013 年	1.04	4.8	0.2	5.69	9.1	3.5	记录 1 次≥ 4 m 过程
5	2012 年	1.01	3.2	0.2	6.59	10.0	3.6	
	2013 年	0.93	3.4	0.0	5.90	8.8	0.0	
6	2012 年	1.26	3.0	0.4	7.25	13.1	5.0	
	2013 年	1.21	4.7	0.0	6.40	10.8	0.0	记录 1 次≥ 4 m 过程
7	2012 年	1.03	2.4	0.0	6.27	11.2	0.0	
	2013 年	1.52	4.9	0.0	5.95	13.8	0.0	记录 1 次≥ 4 m 过程
8	2012 年	1.99	7.4	0.0	7.44	12.7	0.0	记录 4 次台风过程，记录 3 次≥ 4 m 过程
	2013 年	1.19	5.2	0.0	6.01	11.6	0.0	记录 1 次台风过程，记录 1 次≥ 4 m 过程
9	2012 年	0.62	1.1	0.0	5.18	8.0	0.0	缺测 18 天数据
	2013 年	1.44	3.8	0.0	6.67	11.3	0.0	
10	2012 年	0.95	2.2	0.5	5.83	7.7	4.2	缺测 19 天数据
	2013 年	2.11	5.2	0.5	7.23	13.7	4.2	缺测 2 天数据，记录 2 次台风过程，记录 3 次≥ 4 m 过程
11	2012 年	1.37	3.9	0.0	6.12	8.4	0.0	
	2013 年	1.45	3.7	0.0	6.17	8.6	0.0	缺测 1 天数据
12	2012 年	1.53	3.9	0.5	6.27	8.5	4.5	缺测 3 天数据，记录 1 次寒潮
	2013 年	1.44	4.8	0.3	6.03	9.4	3.5	记录 2 次≥ 4 m 过程

2012 年，06 号浮标获取到有效波高≥4 m 的灾害性海浪过程共 3 次，均发生在 8 月，且分别为 3 次台风期间。2012 年，06 号浮标记录到 1 次寒潮过程和 4 次台风过程。寒潮过程中，获取到有效波高≥2 m 的海浪持续时长为 36.8 h（12 月 21—24 日），该时间段的平均有效波高为 2.40 m，平均有效波周期为 6.65 s。第一次台风过程，06 号浮标获取到第 10 号台风“达维”期间最大有效波高为 4.3 m（8 月 3 日），对应的有效波周期为 9.3 s，有效波高≥2 m 的海浪持续时长为 165.3 h（7 月 31 日—8 月 4 日），该时间段的平均有效波高为 2.77 m，平均有效波周期为 8.83 s，其中有效波高≥4 m 的灾害性海浪过程持续时长为 2.3 h（8 月 3 日）；第二次台风过程，06 号浮标获取到第 11 号强台风“海葵”期间最大有效波高为 6.8 m（8 月 8 日），对应的有效波周期为 10.1 s，有效波高≥2 m 的海浪持续时长为 95.8 h（8 月 5—9 日），该时间段的平均有效波高为 3.69 m，平均有效波周期为 9.19 s，其中有效波高≥4 m 的灾害性海浪过程持续时长为 29.3 h（8 月 7—8 日）；第三次台风过程，06 号浮标获取到第 14 号强台风“天秤”期间最大有效波高为 7.4 m（8 月 27 日），对应的有效波周期为 11.9 s，有效波高≥2 m 的海浪持续时长为 89.8 h（8 月 25—28 日），该时间段的平均有效波高为 3.83 m，平均有效波周期为 9.75 s，其中有效波高≥4 m 的灾害性海浪过程持续时长为 31.3 h（8 月 27—28 日）；第四次台风过程，06 号浮标获取到第 15 号强台风“布拉万”期间最大有效波高为 3.5 m（8 月 29 日），对应的有效波周期为 10.7 s，有效波高≥2 m 的海浪持续时长为 16.3 h（8 月 29—30 日），该时间段的平均有效波高为 2.58 m，平均有效波周期为 9.15 s。

2013 年，06 号浮标获取到有效波高≥4 m 的灾害性海浪过程共有 10 次，分别为 3 月、4 月、6 月、7 月、8 月各 1 次，12 月 2 次，10 月 3 次。2013 年，06 号浮标记录到 4 次台风过程。第一次台风过程，06 号浮标获取到第 4 号热带风暴“丽琵”期间最大有效波高为 2.2 m（6 月 21 日），对应的有效波周期为 9.6 s，获取的波浪数据显示出较为明显的双峰，第一个有效波高超过 2 m 的过程持续了 4 h（6 月 19 日），第二个有效波高超过 2 m 的过程持续了 7.5 h（6 月 20—21 日）；第二次台风过程，06 号浮标获取到第 15 号强热带风暴“康妮”期间最大有效波高为 2.5 m（8 月 31 日），对应的有效波周期为 6.5 s，有效波高≥2 m 的海浪持续时长为 9.5 h（8 月 30—31 日），该时间段的平均有效波高为 2.08 m，平均有效波周期为 6.50 s；06 号浮标观测到的第三次第 15 号强热带风暴“菲特”和第四次第 24 号超强台风“丹娜丝”形成了“双台风”效应，于 10 月上旬形成了很强的海流增大效应，期间 06 号浮标获取到最大有效波高为 5.2 m（10 月 7 日），对应的有效波周期为 10.7 s，有效波高≥2 m 的海浪持续时长为 115 h（10 月 4—9 日），该时间段的平均有效波高为 3.27 m，平均有效波周期为 8.79 s，期间有效波高≥4 m 的灾害性海浪持续时长为 40 h（10 月 6—8 日）。

06 号浮标 2012 年有效波高、有效波周期观测数据曲线
SignWH and SignWP of 06 buoy in 2012

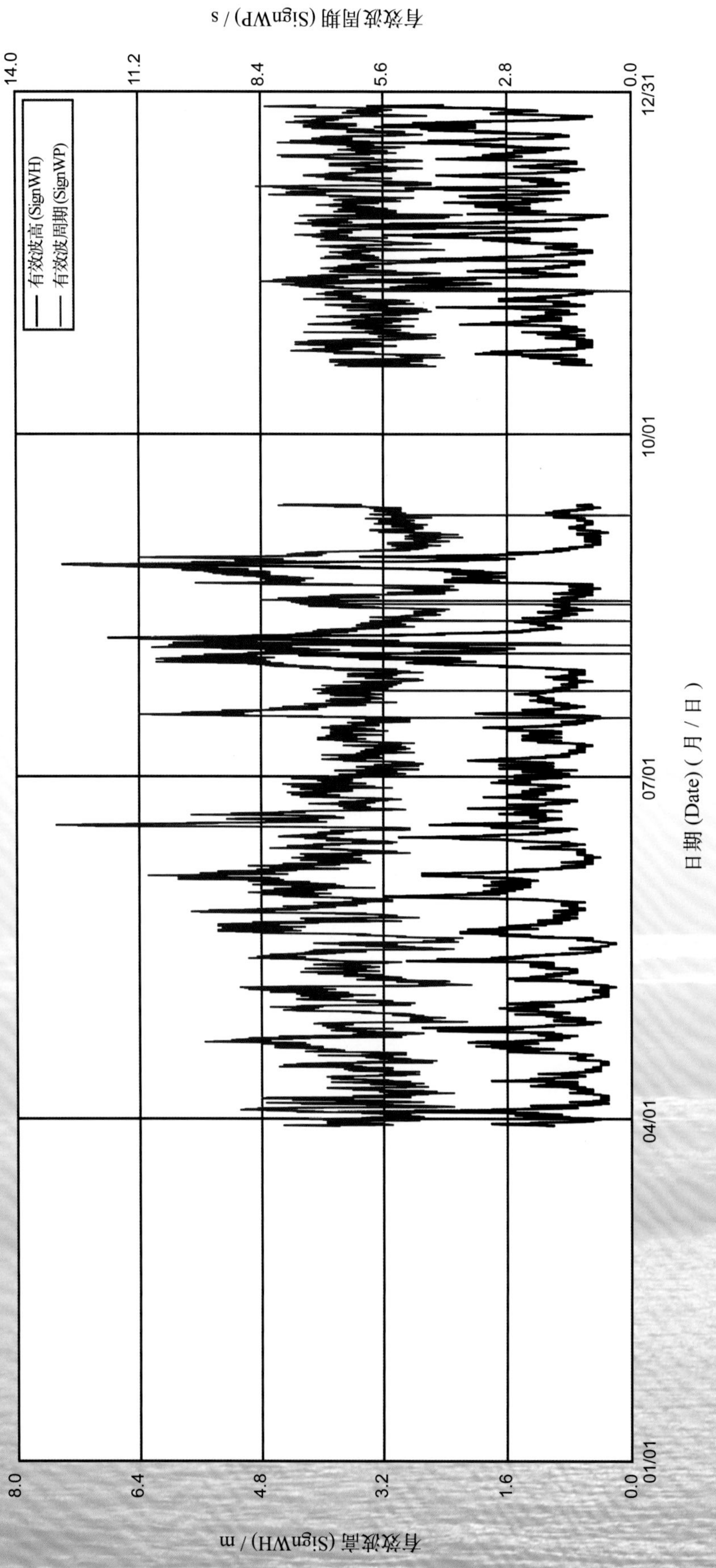

06 号浮标 2013 年有效波高、有效波周期观测数据曲线
SignWH and SignWP of 06 buoy in 2013

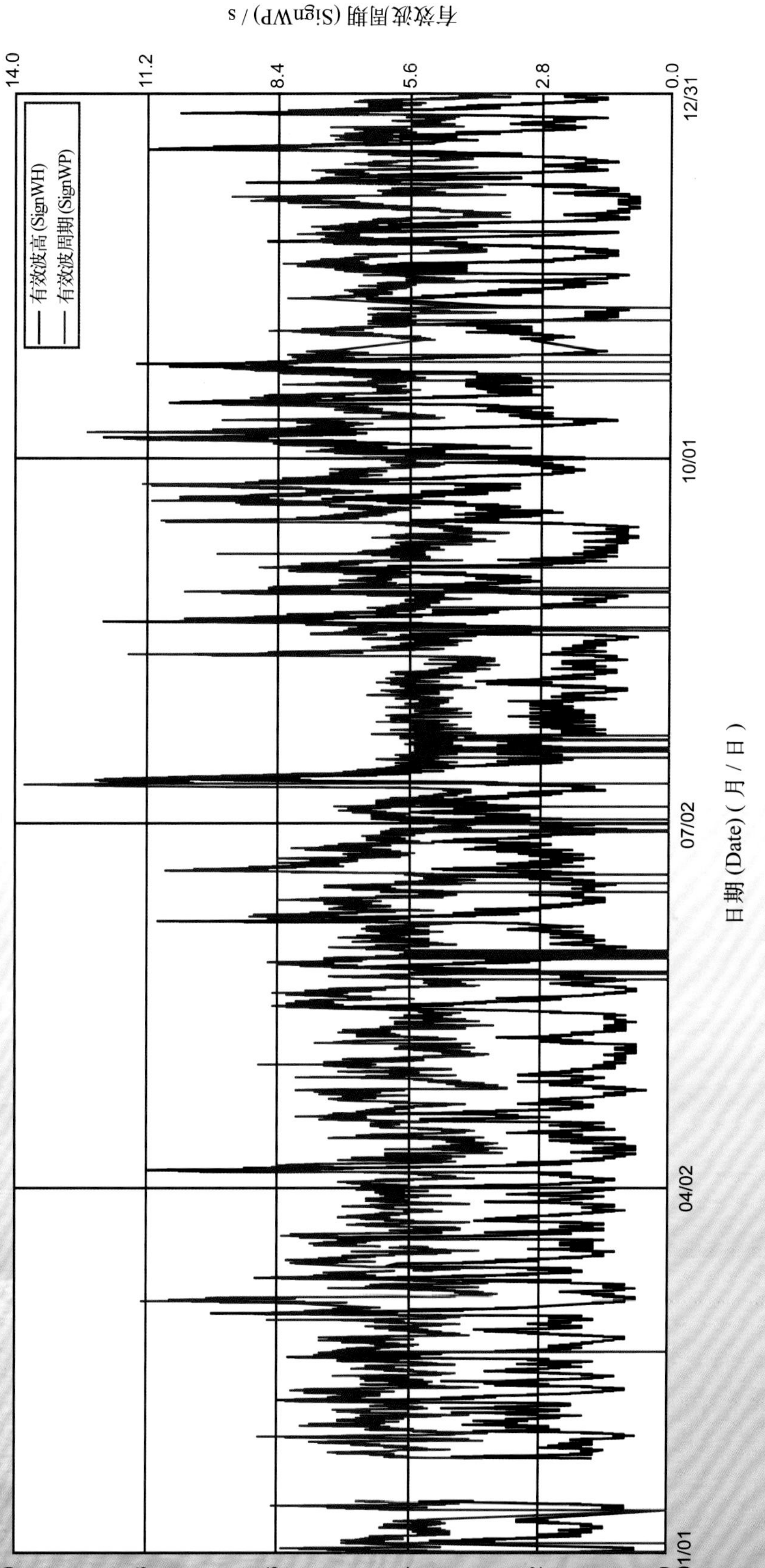

06 号浮标 2012 年 04 月有效波高、有效波周期观测数据曲线
SignWH and SignWP of 06 buoy in Apr. 2012

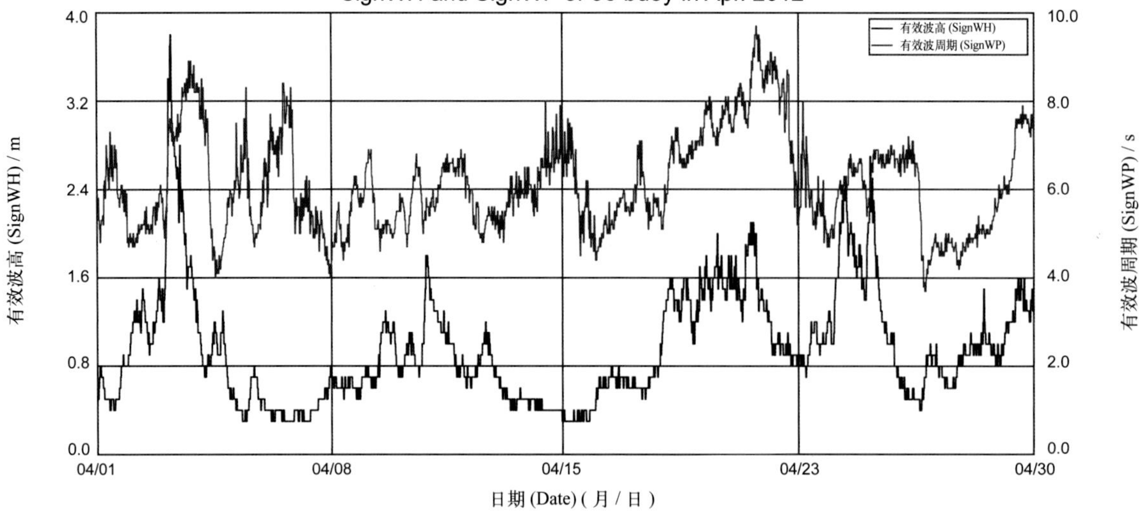

06 号浮标 2012 年 05 月有效波高、有效波周期观测数据曲线
SignWH and SignWP of 06 buoy in May 2012

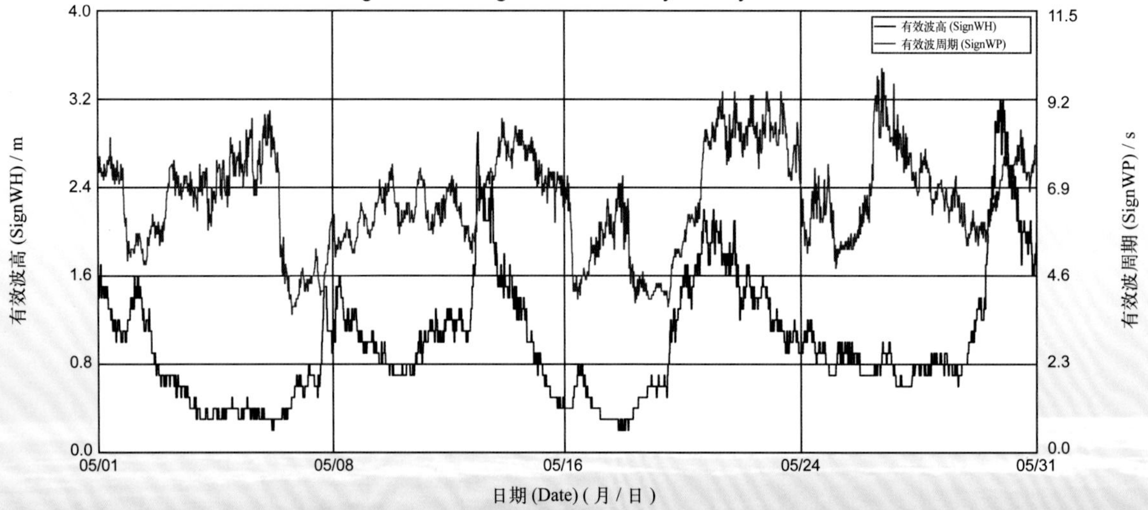

06 号浮标 2012 年 06 月有效波高、有效波周期观测数据曲线
SignWH and SignWP of 06 buoy in Jun. 2012

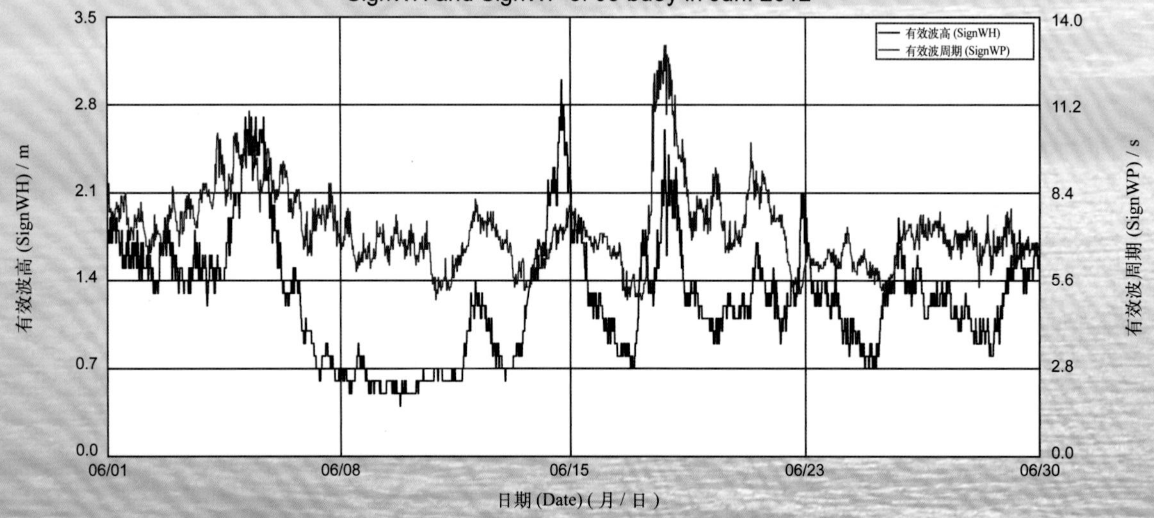

06号浮标2012年07月有效波高、有效波周期观测数据曲线
SignWH and SignWP of 06 buoy in Jul. 2012

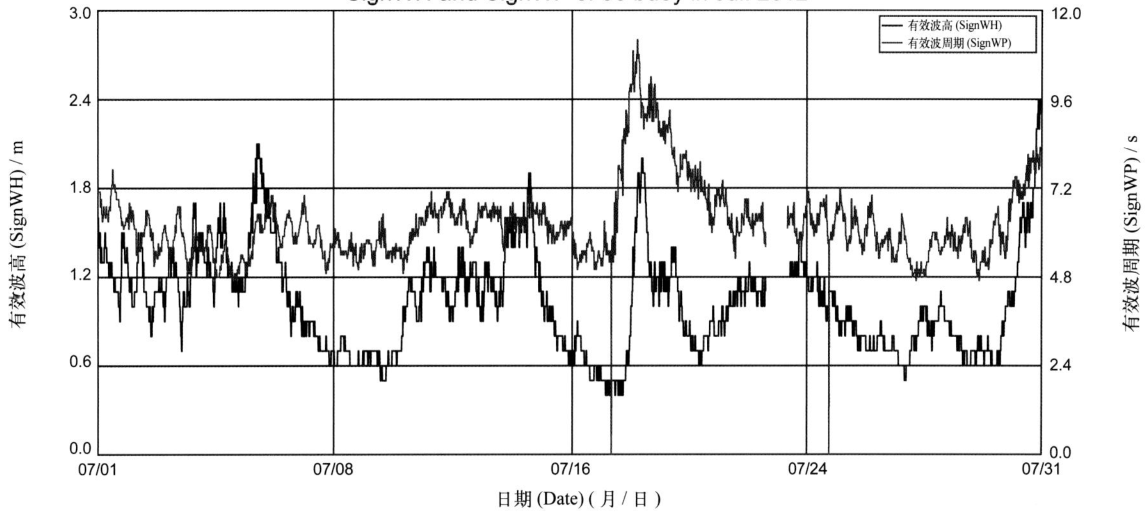

06号浮标2012年08月有效波高、有效波周期观测数据曲线
SignWH and SignWP of 06 buoy in Aug. 2012

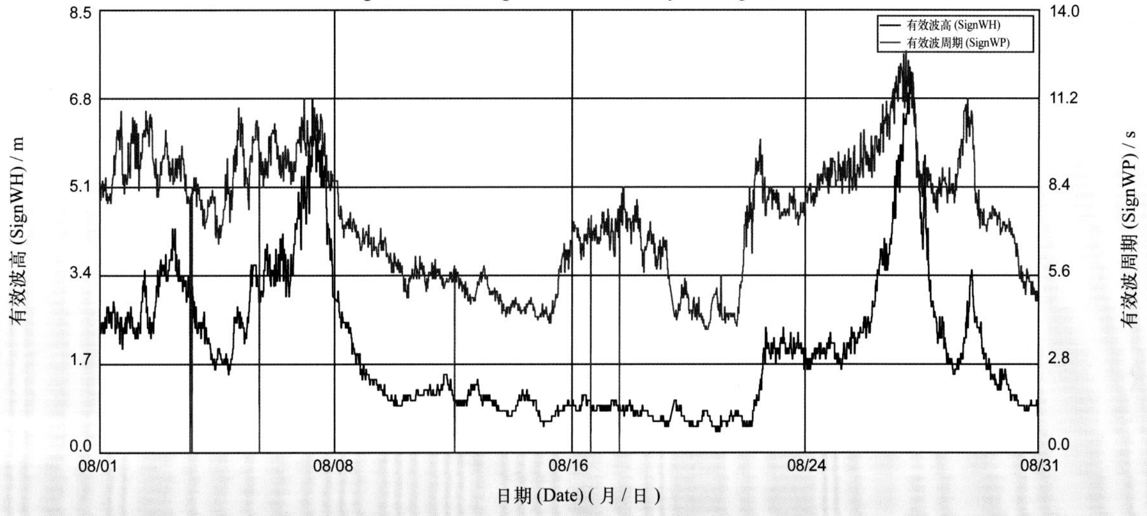

06号浮标2012年09月有效波高、有效波周期观测数据曲线
SignWH and SignWP of 06 buoy in Sep. 2012

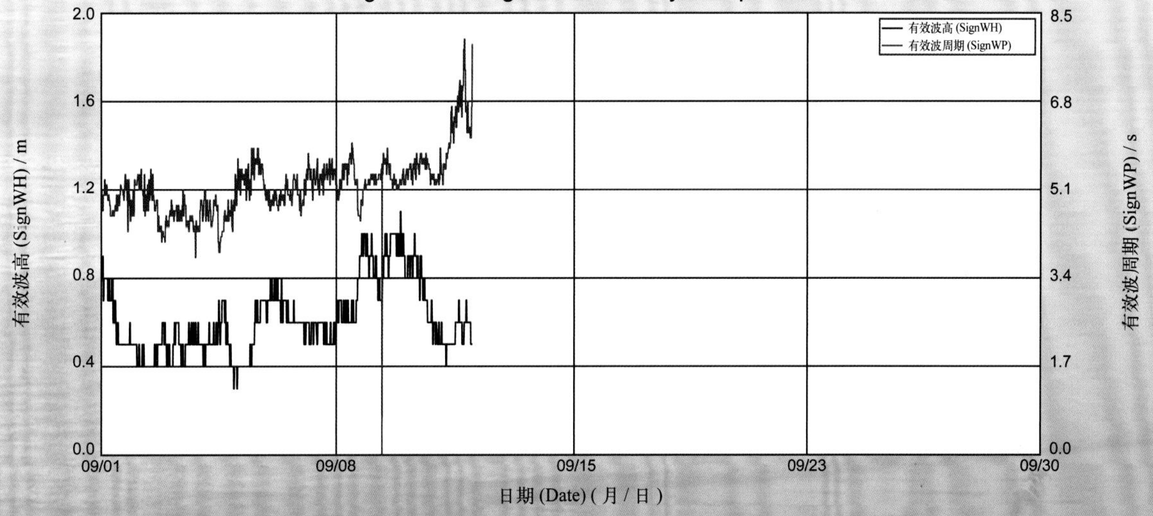

06 号浮标 2012 年 10 月有效波高、有效波周期观测数据曲线
SignWH and SignWP of 06 buoy in Oct. 2012

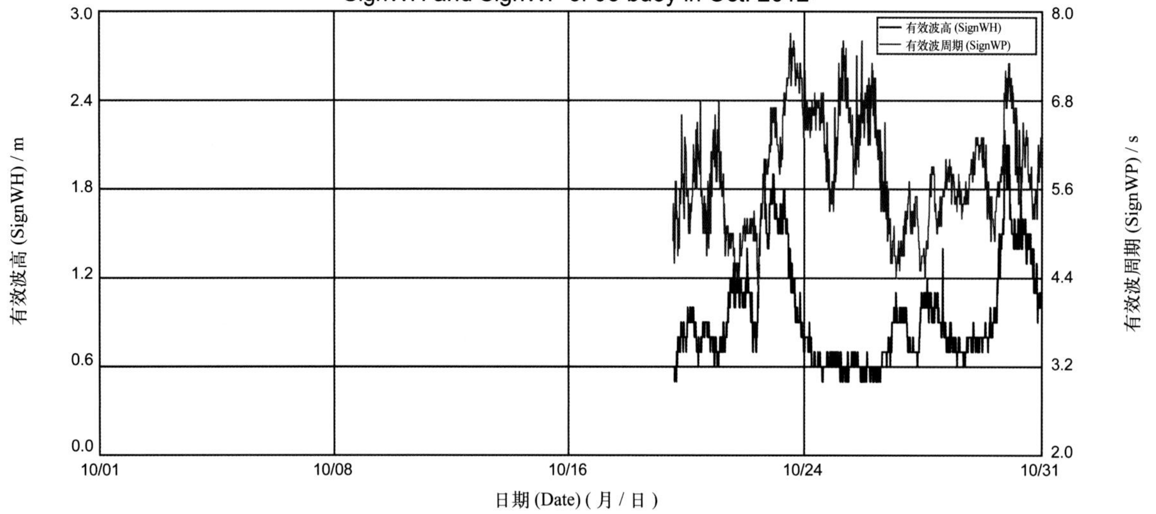

06 号浮标 2012 年 11 月有效波高、有效波周期观测数据曲线
SignWH and SignWP of 06 buoy in Nov. 2012

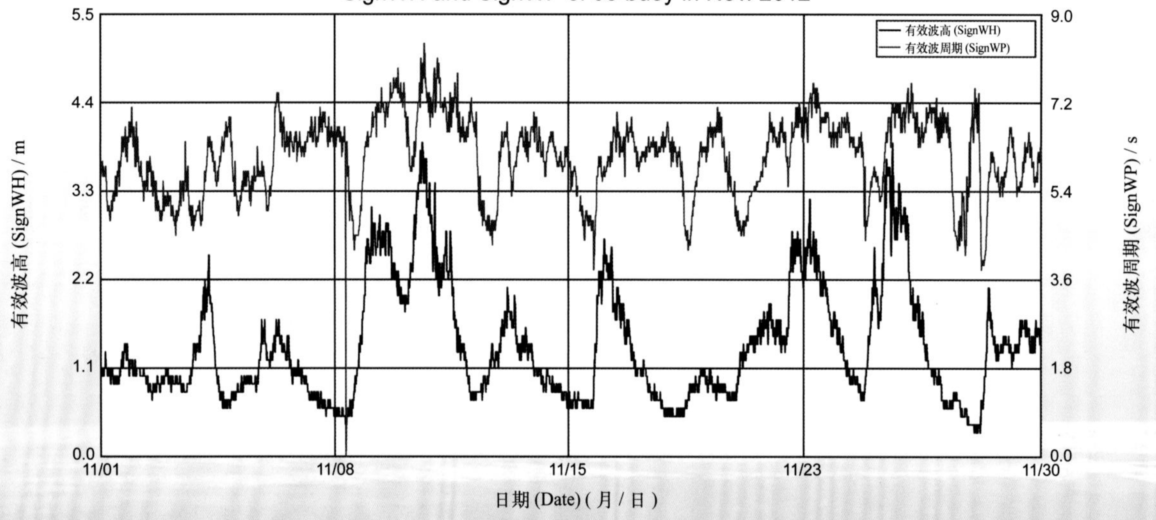

06 号浮标 2012 年 12 月有效波高、有效波周期观测数据曲线
SignWH and SignWP of 06 buoy in Dec. 2012

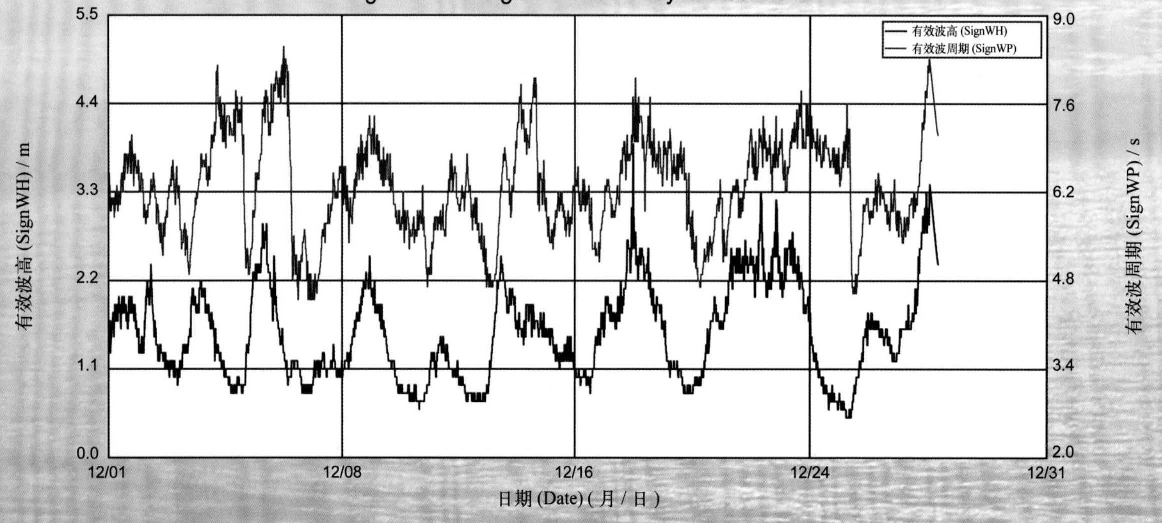

06 号浮标 2013 年 01 月有效波高、有效波周期观测数据曲线
SignWH and SignWP of 06 buoy in Jan. 2013

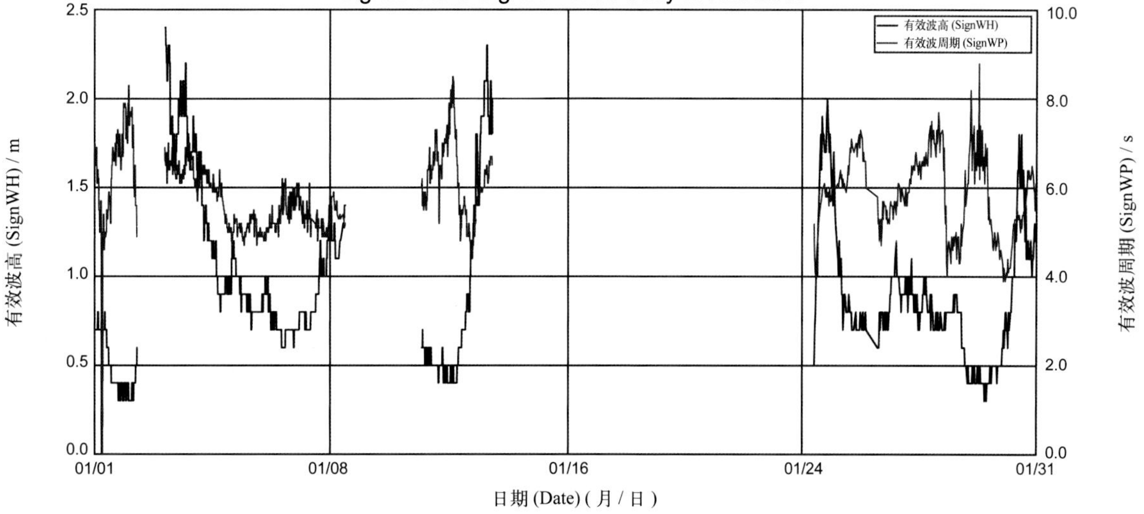

06 号浮标 2013 年 02 月有效波高、有效波周期观测数据曲线
SignWH and SignWP of 06 buoy in Feb. 2013

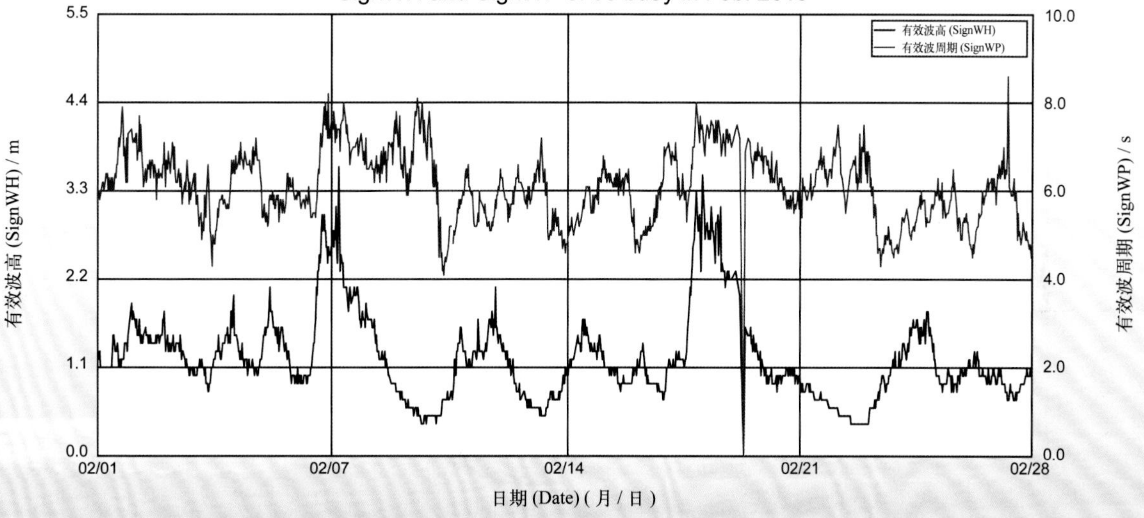

06 号浮标 2013 年 03 月有效波高、有效波周期观测数据曲线
SignWH and SignWP of 06 buoy in Mar. 2013

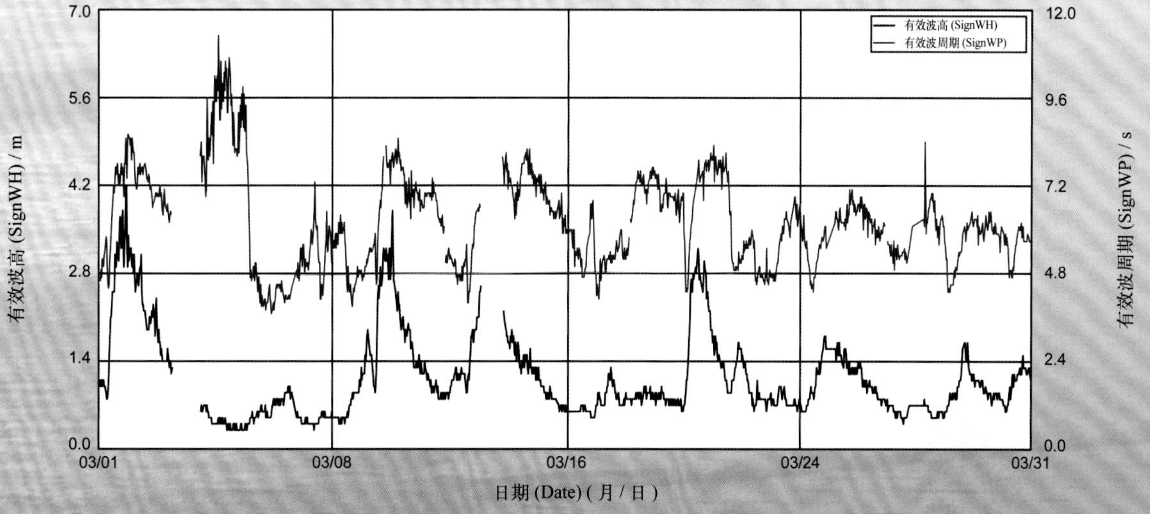

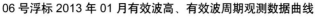

06 号浮标 2013 年 04 月有效波高、有效波周期观测数据曲线
SignWH and SignWP of 06 buoy in Apr. 2013

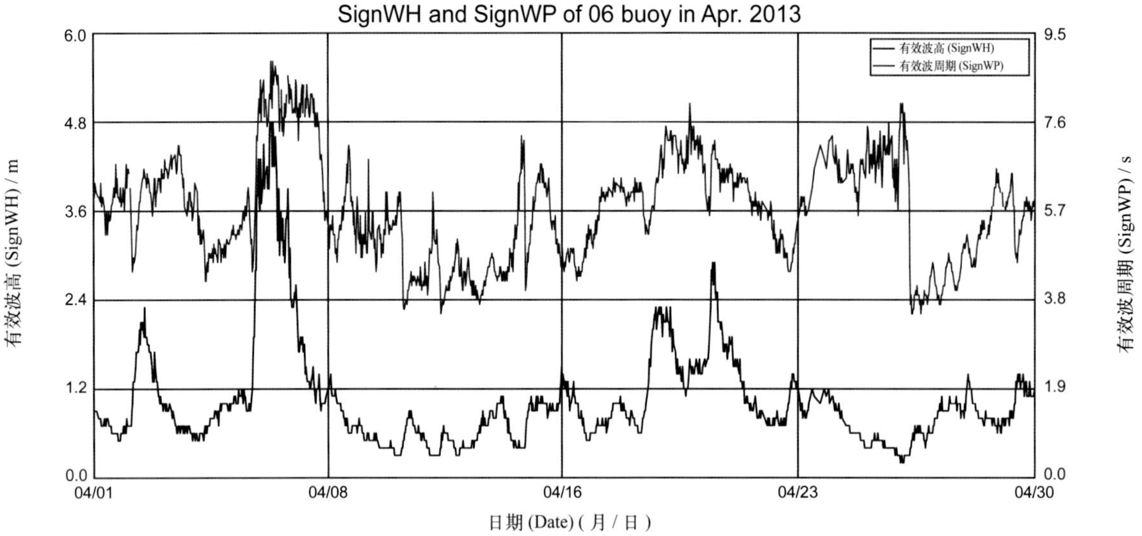

06 号浮标 2013 年 05 月有效波高、有效波周期观测数据曲线
SignWH and SignWP of 06 buoy in May 2013

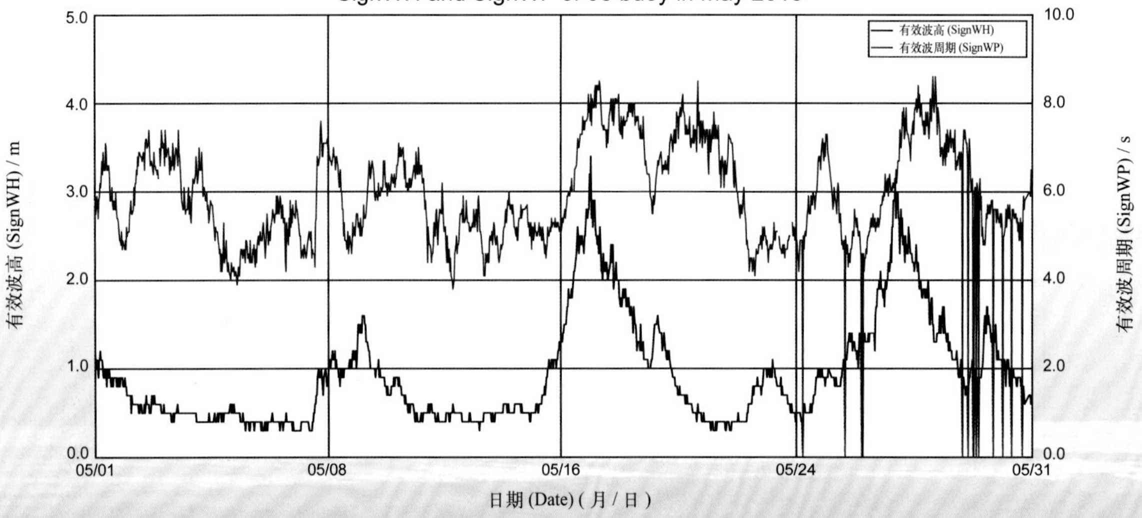

06 号浮标 2013 年 06 月有效波高、有效波周期观测数据曲线
SignWH and SignWP of 06 buoy in Jun. 2013

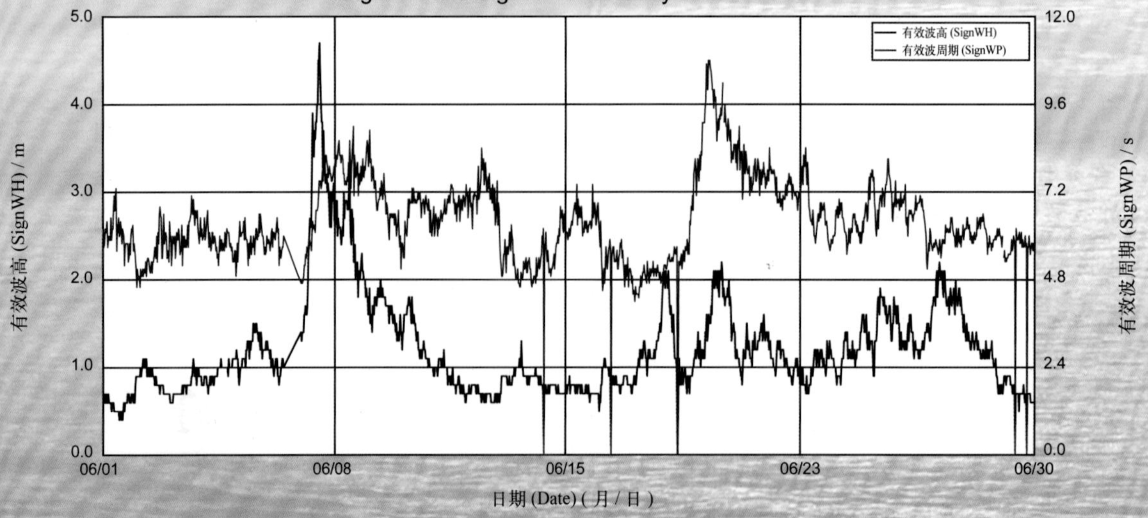

06 号浮标 2013 年 07 月有效波高、有效波周期观测数据曲线

SignWH and SignWP of 06 buoy in Jul. 2013

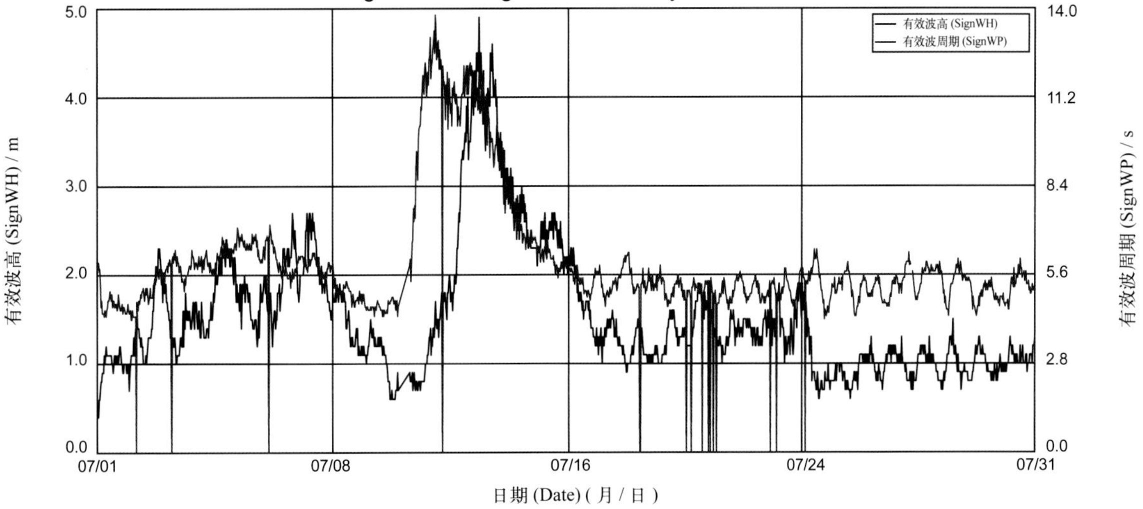

06 号浮标 2013 年 08 月有效波高、有效波周期观测数据曲线

SignWH and SignWP of 06 buoy in Aug. 2013

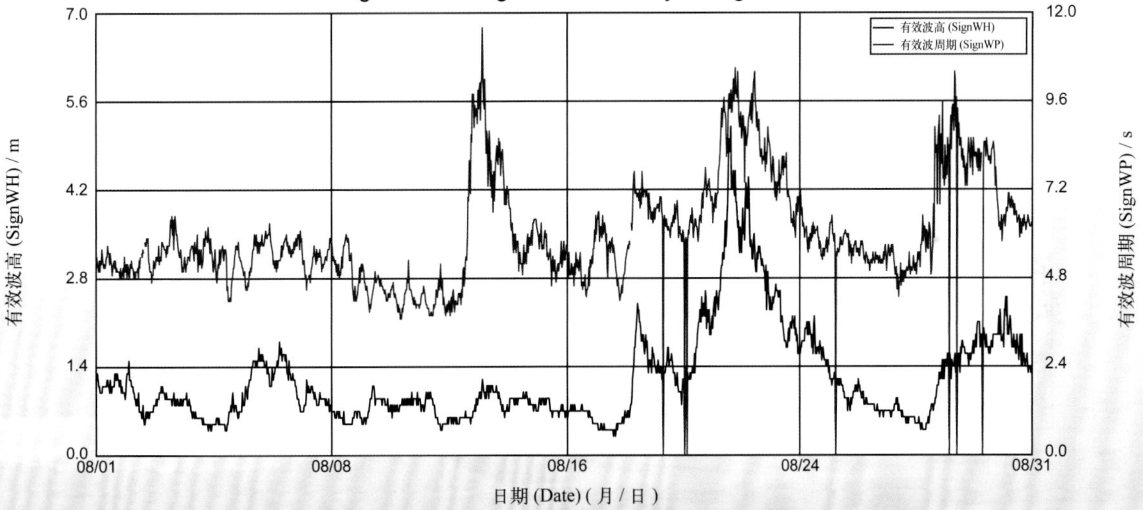

06 号浮标 2013 年 09 月有效波高、有效波周期观测数据曲线

SignWH and SignWP of 06 buoy in Sep. 2013

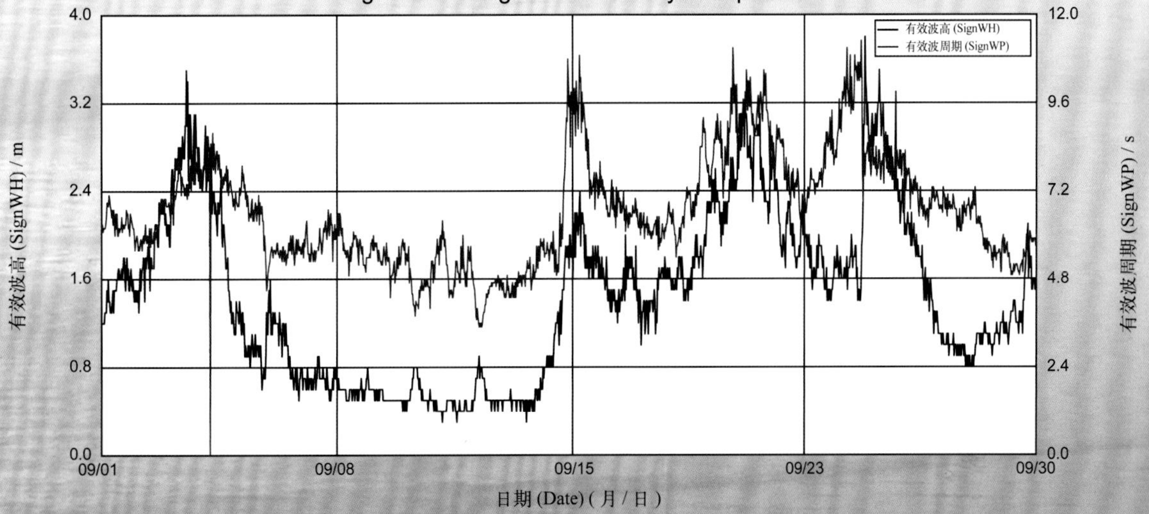

06 号浮标 2013 年 10 月有效波高、有效波周期观测数据曲线
SignWH and SignWP of 06 buoy in Oct. 2013

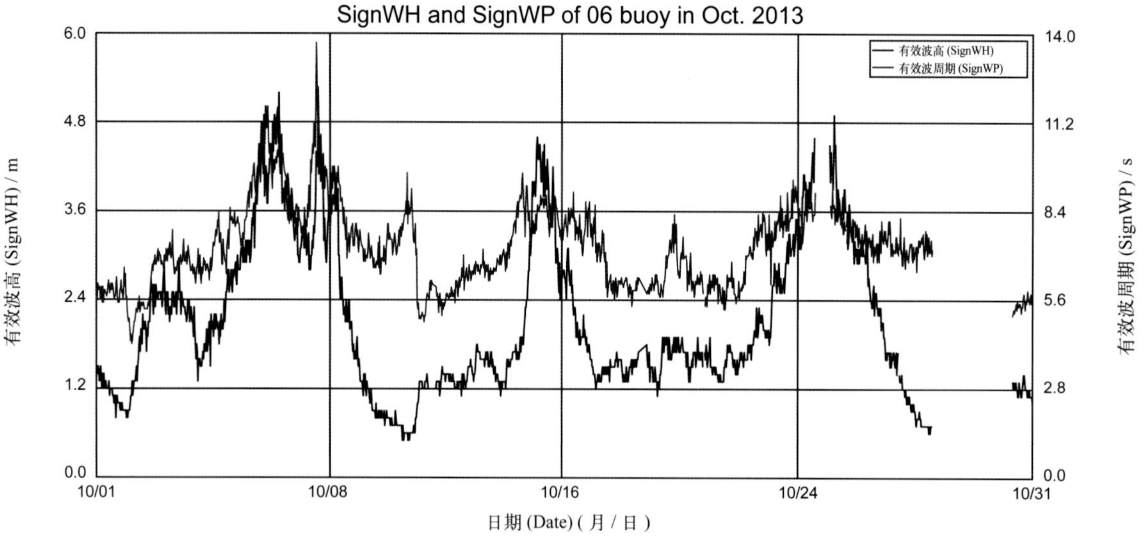

06 号浮标 2013 年 11 月有效波高、有效波周期观测数据曲线
SignWH and SignWP of 06 buoy in Nov. 2013

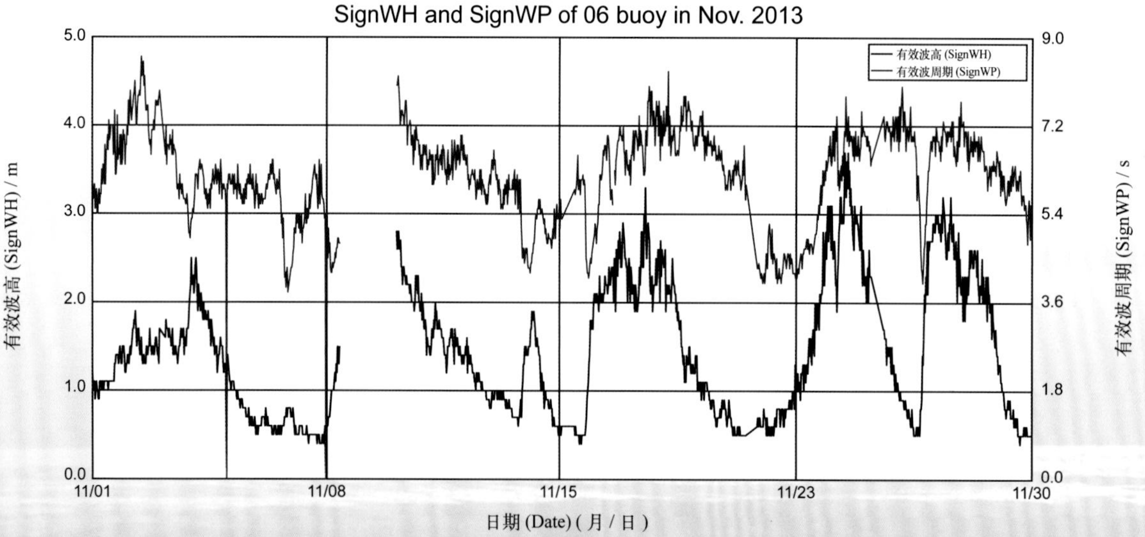

06 号浮标 2013 年 12 月有效波高、有效波周期观测数据曲线
SignWH and SignWP of 06 buoy in Dec. 2013

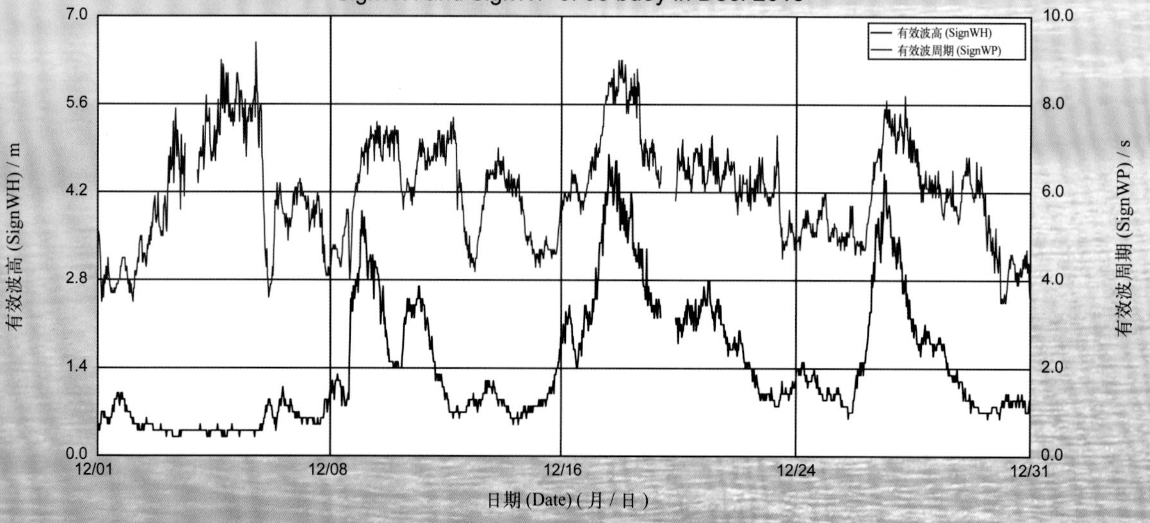

09 号浮标观测数据概述及曲线（有效波高和有效波周期）

2012 年，09 号浮标共获取 231 天的有效波高和有效波周期长序列观测数据。获取数据的主要区间为 3 月 30 日 14:10 至 11 月 16 日 02:10。

2013 年，09 号浮标共获取 270 天的有效波高和有效波周期长序列观测数据。获取数据的主要区间为 4 月 3 日 12:00 至 12 月 31 日 23:30。

通过对获取数据质量控制和分析，09 号浮标观测海域 2012 年度和 2013 年度有效波高、有效波周期数据和季节数据特征如下。

2012 年度有效波高平均值为 0.71 m，年度有效波周期平均值为 4.49 s；测得的年度最大有效波高为 3.6 m（8 月 3 日），对应的有效波周期分别为 7.7 s，当时有效波高≥2 m 的海浪持续了 15.3 h（8 月 2—3 日）；测得的年度最长有效波周期为 11.1 s（8 月 28 日）。以 5 月为春季代表月，观测海域春季的平均有效波高是 0.49 m，平均有效波周期是 4.45 s；以 8 月为夏季代表月，观测海域夏季的平均有效波高是 0.85 m，平均有效波周期是 5.41 s；以 11 月为秋季代表月，观测海域秋季的平均有效波高是 0.96 m，平均有效波周期是 3.88 s。

2013 年度有效波高平均值为 0.50 m，年度有效波周期平均值为 4.69 s；测得的年度最大有效波高为 3.3 m（5 月 27 日），对应的有效波周期分别为 7.6 s，当时有效波高≥2 m 的海浪持续了 14 h（5 月 26—27 日）；测得的年度最长有效波周期为 12.5 s（10 月 9 日）。以 5 月为春季代表月，观测海域春季的平均有效波高是 0.58 m，平均有效波周期是 4.81 s；以 8 月为夏季代表月，观测海域夏季的平均有效波高是 0.54 m，平均有效波周期是 4.87 s；以 11 月为秋季代表月，观测海域秋季的平均有效波高是 0.38 m，平均有效波周期是 4.06 s。

2013 年，09 号浮标观测海域有效波高、有效波周期的月平均值和最大值、最小值数据参见表 17。

2012 年，09 号浮标获取到有效波高≥2 m 的海浪过程共有 3 次，分别为 5 月 1 次，11 月 2 次。

2013 年，09 号浮标获取到有效波高≥2 m 的海浪过程共有 1 次，发生在 5 月。

表 17　09 号浮标各月份有效波高、有效波周期数据

月份		有效波高 / m			有效波周期 / s			备注
		平均	最大	最小	平均	最长	最短	
1	2012 年	—	—	—	—	—	—	缺测数据
	2013 年	—	—	—	—	—	—	缺测数据
2	2012 年	—	—	—	—	—	—	缺测数据
	2013 年	—	—	—	—	—	—	缺测数据
3	2012 年	—	—	—	—	—	—	缺测 29 天数据
	2013 年	—	—	—	—	—	—	缺测数据
4	2012 年	0.63	1.6	0.1	4.30	9.7	2.2	
	2013 年	0.56	1.4	0.1	4.45	8.3	2.3	缺测 2 天数据
5	2012 年	0.49	1.2	0.1	4.45	8.2	2.3	
	2013 年	0.58	3.3	0.1	4.81	8.6	2.8	记录 1 次≥ 2 m 过程
6	2012 年	0.79	2.5	0.3	5.18	8.1	3.1	记录 1 次≥ 2 m 过程
	2013 年	0.48	1.2	0.2	4.96	10.6	3.1	
7	2012 年	0.70	1.5	0.2	4.60	8.6	2.6	
	2013 年	0.58	1.7	0.2	5.22	8.4	2.9	
8	2012 年	0.85	3.6	0.3	5.41	11.1	2.3	
	2013 年	0.54	1.4	0.2	4.87	7.5	2.9	
9	2012 年	0.67	1.6	0.2	3.82	8.0	2.3	缺测 1 天数据
	2013 年	0.48	1.1	0.1	4.65	7.7	2.7	
10	2012 年	0.75	1.9	0.2	3.93	9.4	2.3	
	2013 年	0.56	1.3	0.2	5.02	12.5	2.5	缺测 2 天数据
11	2012 年	0.96	3.0	0.2	3.88	8.2	2.4	缺测 14 天数据，记录 2 次≥ 2 m 过程
	2013 年	0.38	1.6	0.1	4.06	8.5	2.4	缺测 1 天数据
12	2012 年	—	—	—	—	—	—	缺测数据
	2013 年	0.36	1.0	0.1	4.08	8.7	2.4	

09 号浮标 2012 年有效波高、有效波周期观测数据曲线
SignWH and SignWP of 09 buoy in 2012

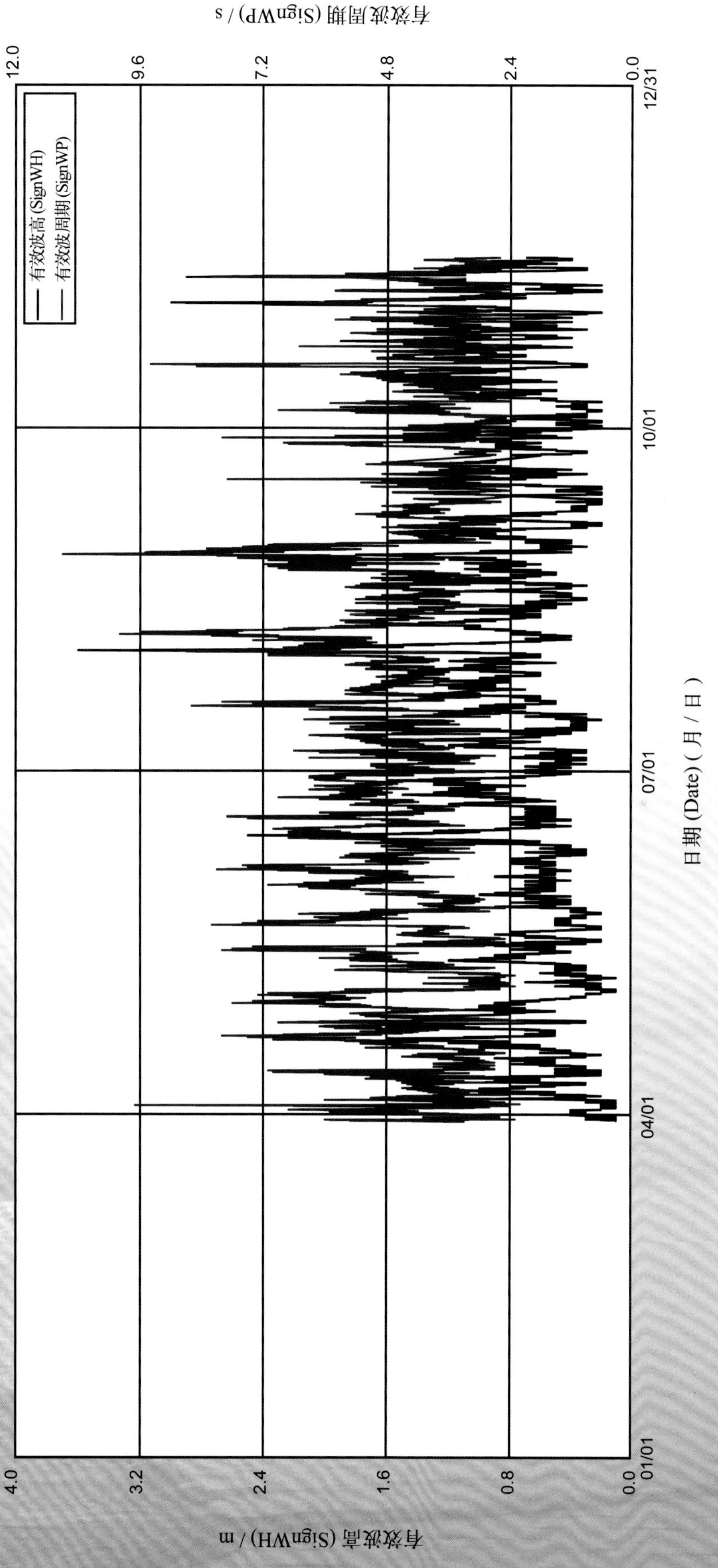

09 号浮标 2013 年有效波高、有效波周期观测数据曲线

SignWH and SignWP of 09 buoy in 2013

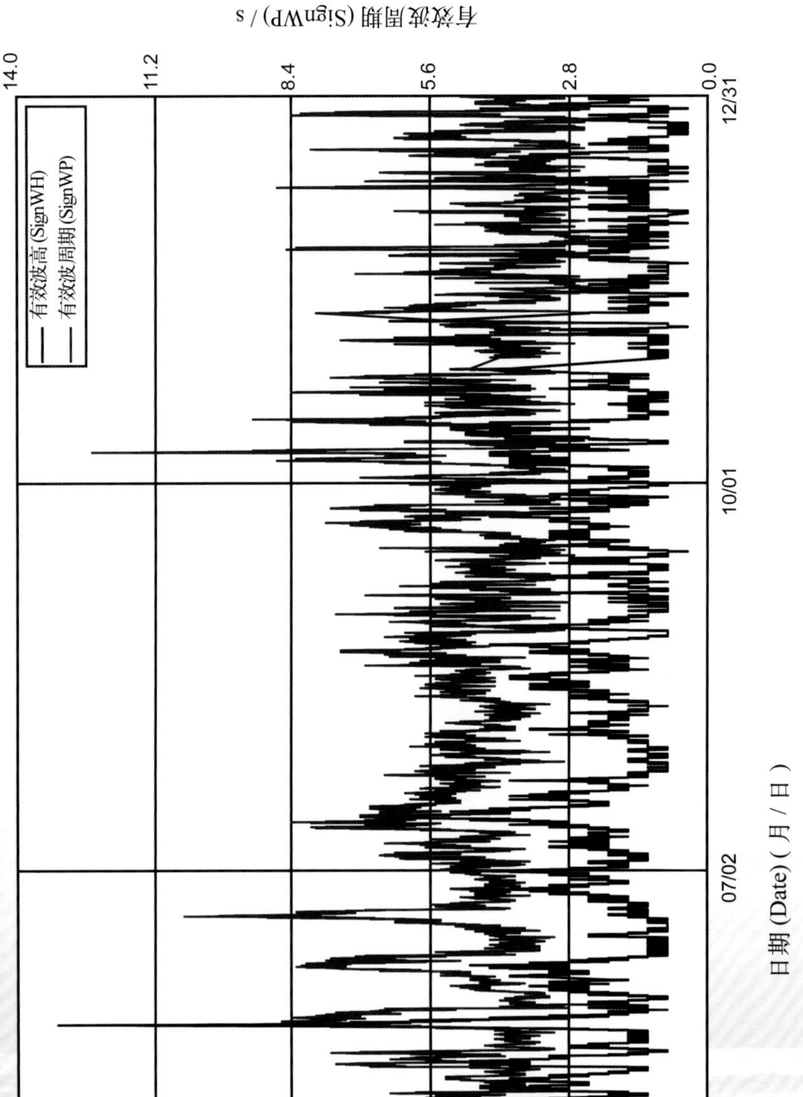

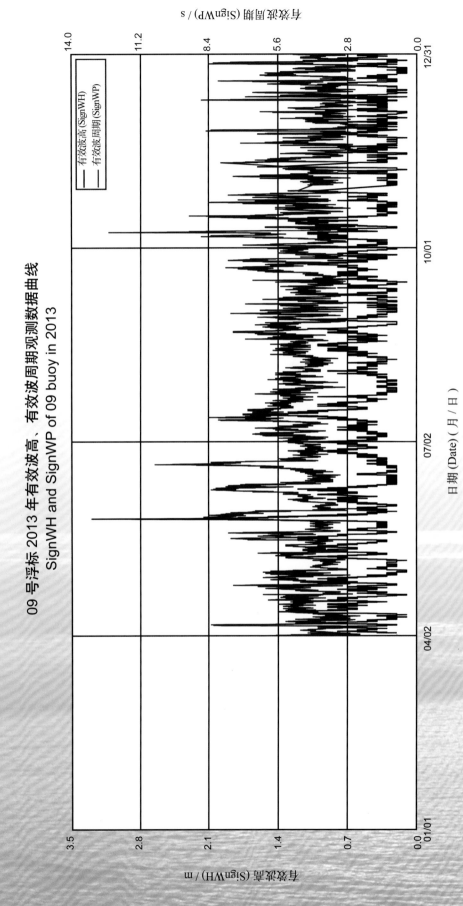

09 号浮标 2012 年 04 月有效波高、有效波周期观测数据曲线
SignWH and SignWP of 09 buoy in Apr. 2012

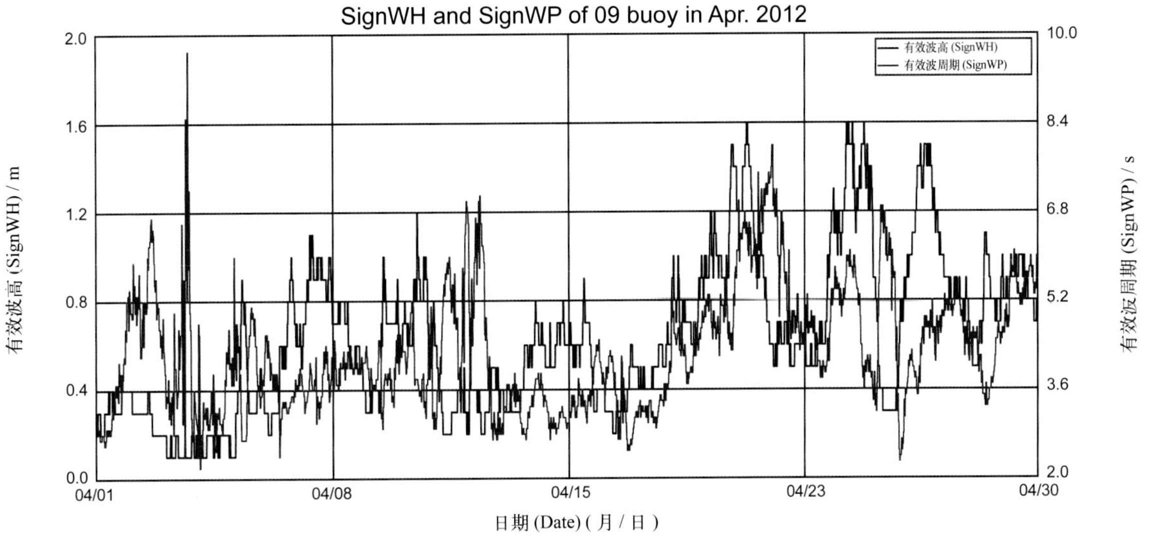

09 号浮标 2012 年 05 月有效波高、有效波周期观测数据曲线
SignWH and SignWP of 09 buoy in May 2012

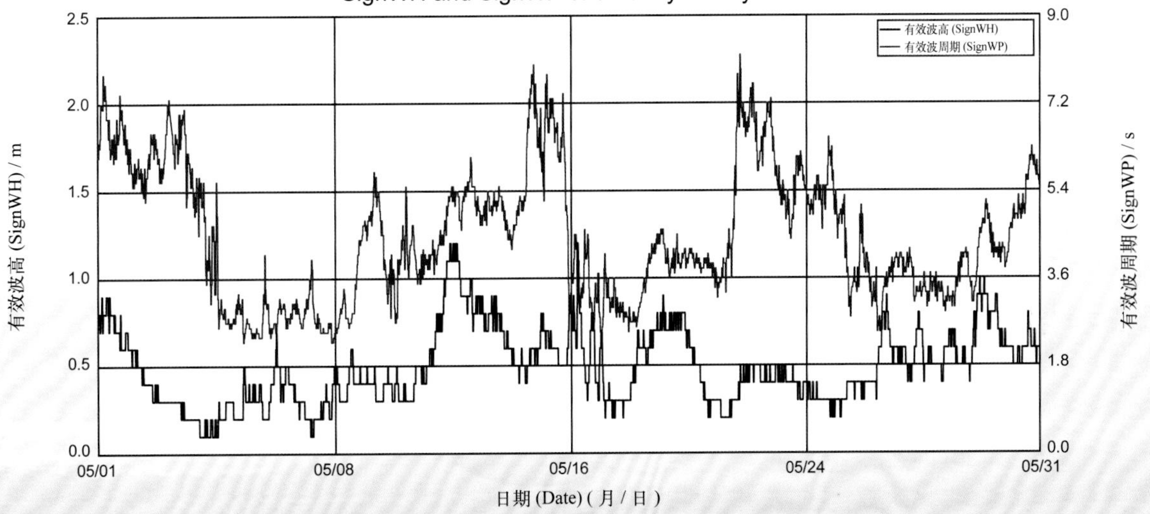

09 号浮标 2012 年 06 月有效波高、有效波周期观测数据曲线
SignWH and SignWP of 09 buoy in Jun. 2012

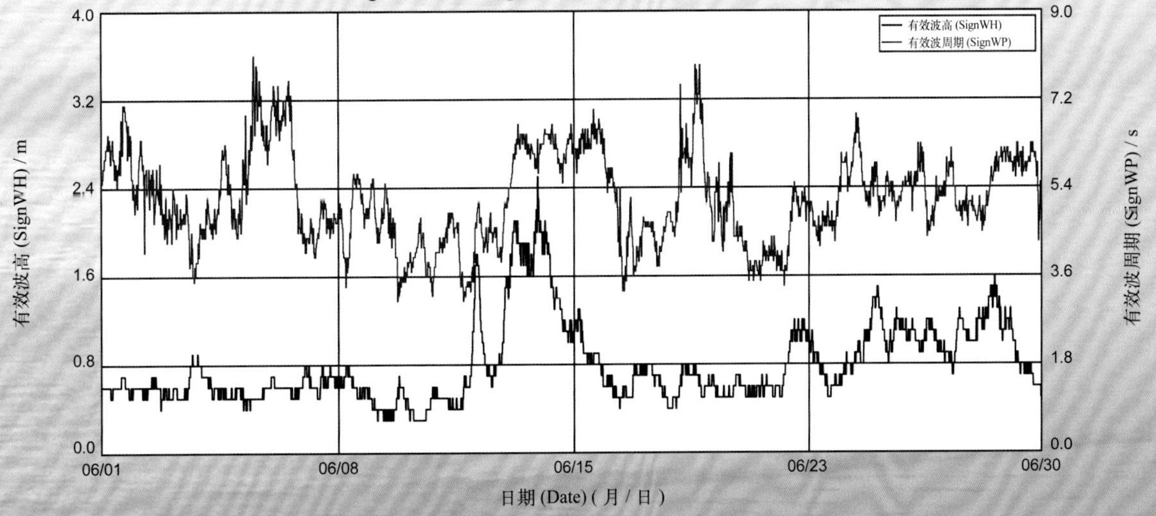

09 号浮标 2012 年 07 月有效波高、有效波周期观测数据曲线
SignWH and SignWP of 09 buoy in Jul. 2012

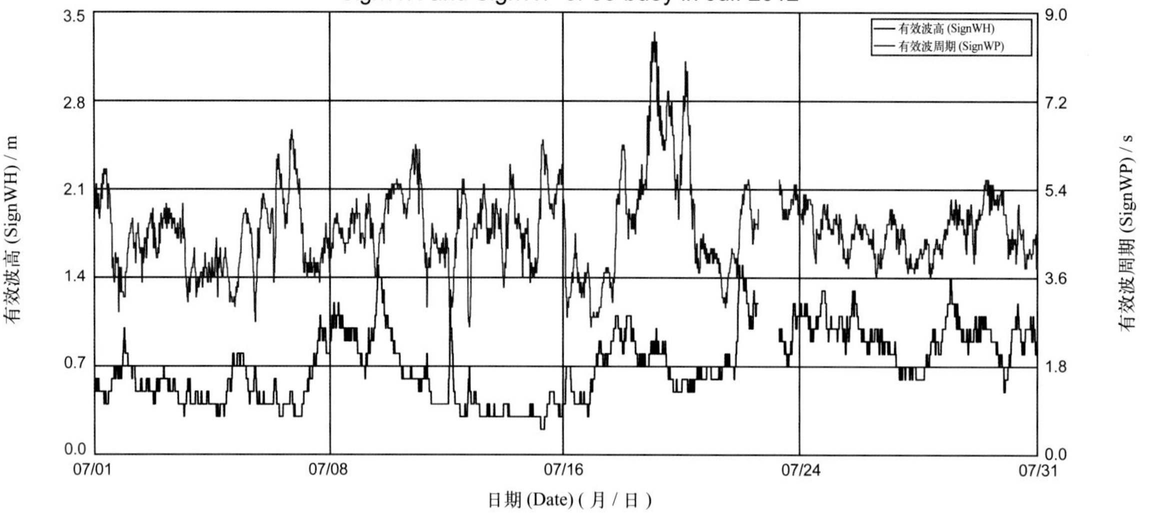

09 号浮标 2012 年 08 月有效波高、有效波周期观测数据曲线
SignWH and SignWP of 09 buoy in Aug. 2012

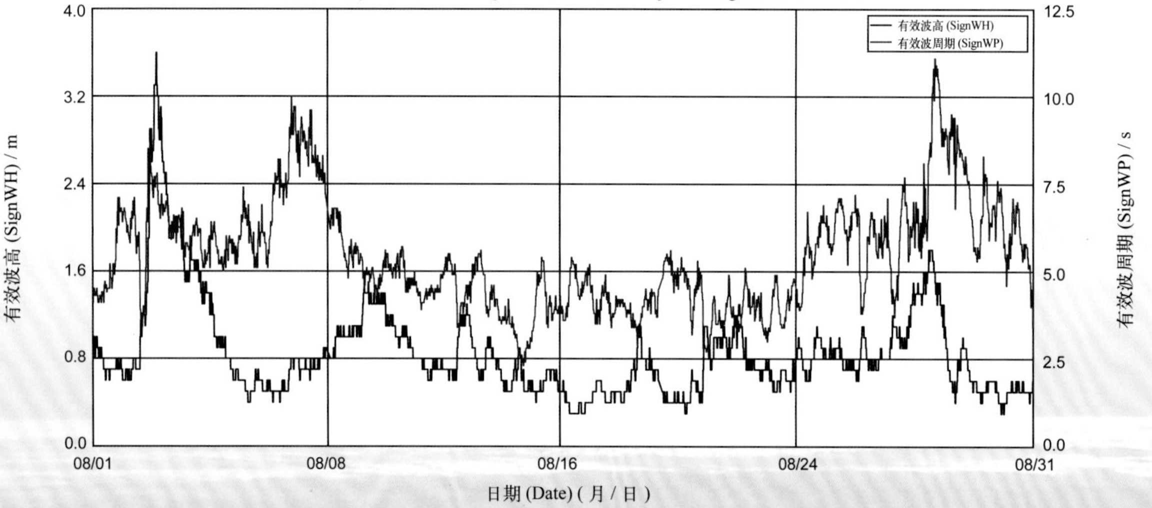

09 号浮标 2012 年 09 月有效波高、有效波周期观测数据曲线
SignWH and SignWP of 09 buoy in Sep. 2012

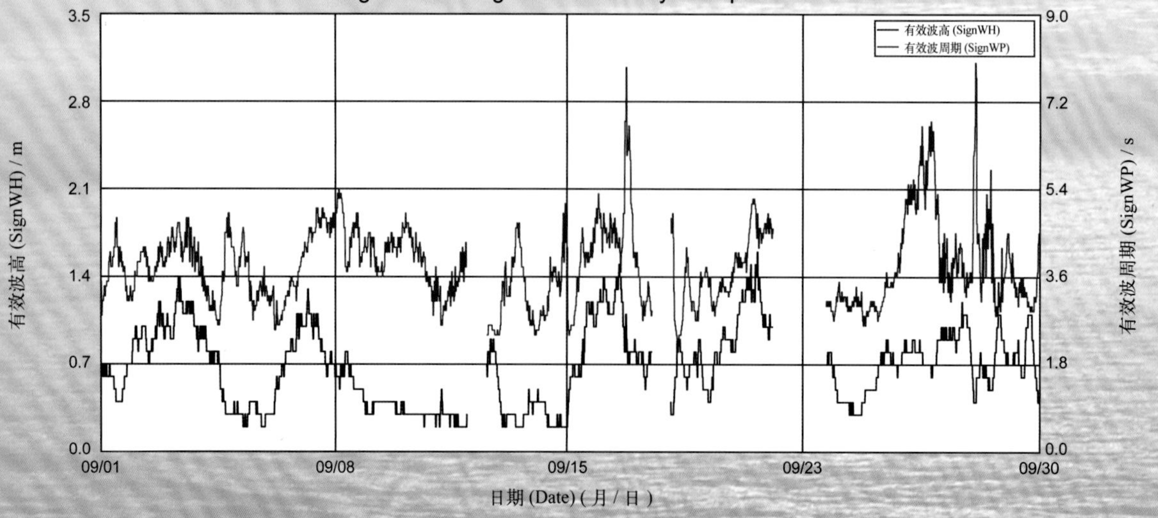

09 号浮标 2012 年 10 月有效波高、有效波周期观测数据曲线
SignWH and SignWP of 09 buoy in Oct. 2012

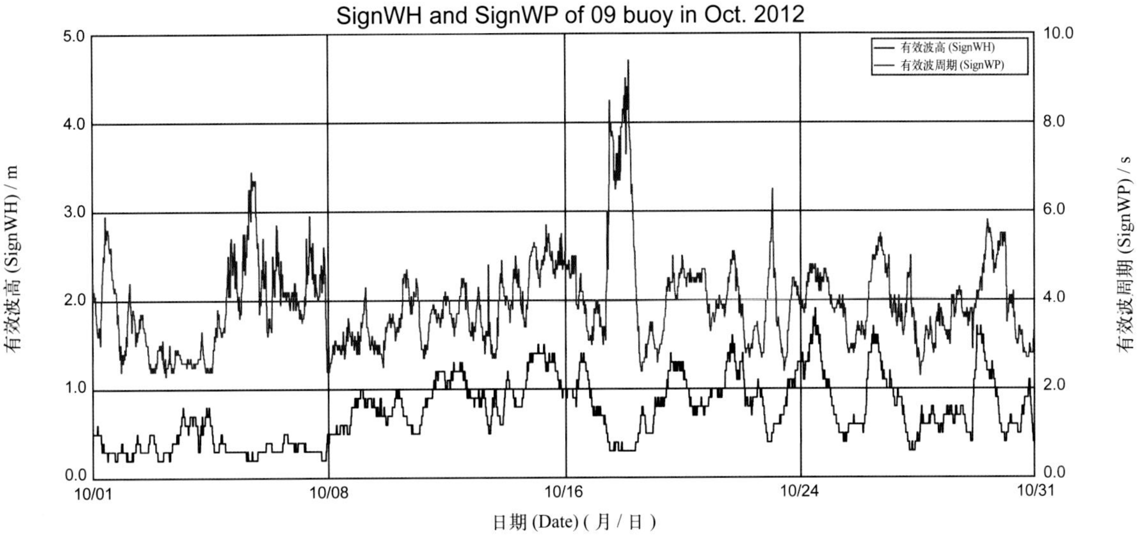

09 号浮标 2012 年 11 月有效波高、有效波周期观测数据曲线
SignWH and SignWP of 09 buoy in Nov. 2012

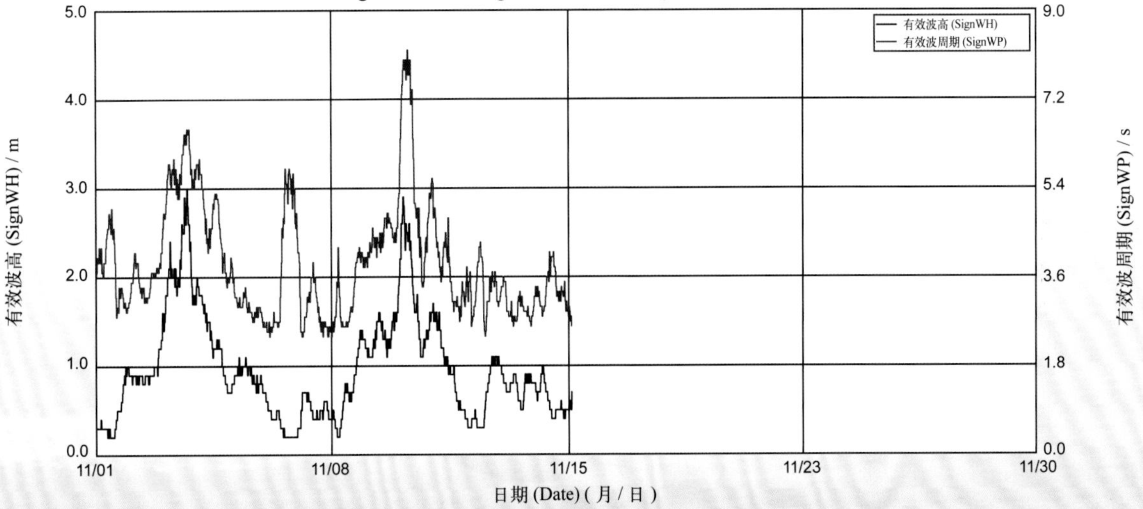

09 号浮标 2013 年 04 月有效波高、有效波周期观测数据曲线
SignWH and SignWP of 09 buoy in Apr. 2013

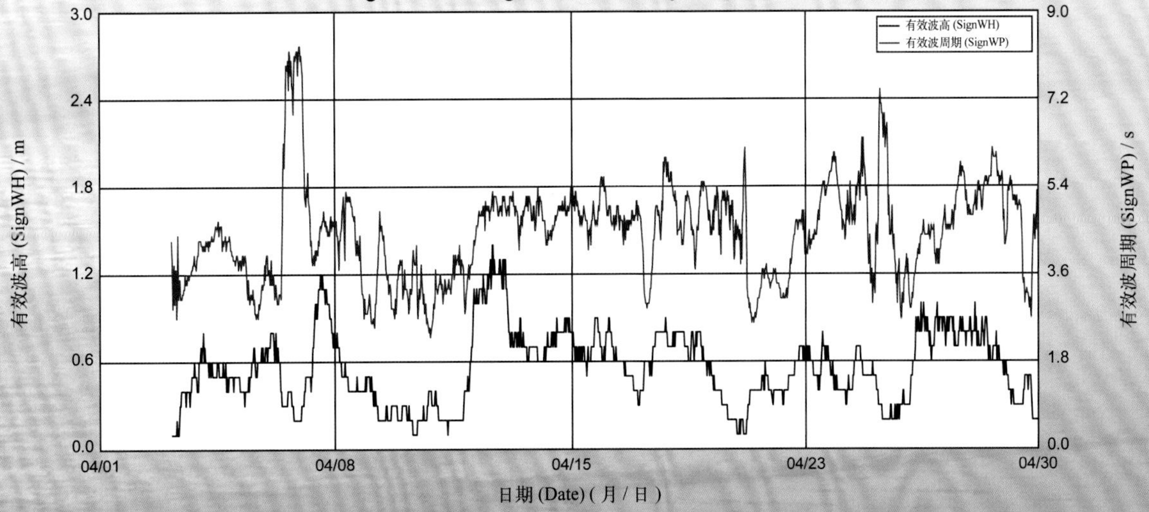

09 号浮标 2013 年 05 月有效波高、有效波周期观测数据曲线
SignWH and SignWP of 09 buoy in May 2013

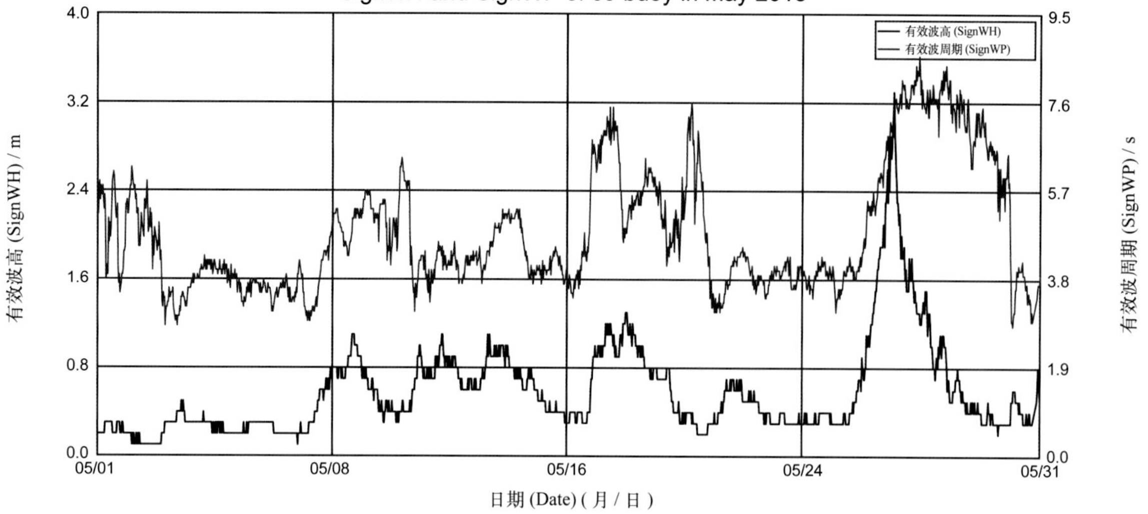

09 号浮标 2013 年 06 月有效波高、有效波周期观测数据曲线
SignWH and SignWP of 09 buoy in Jun. 2013

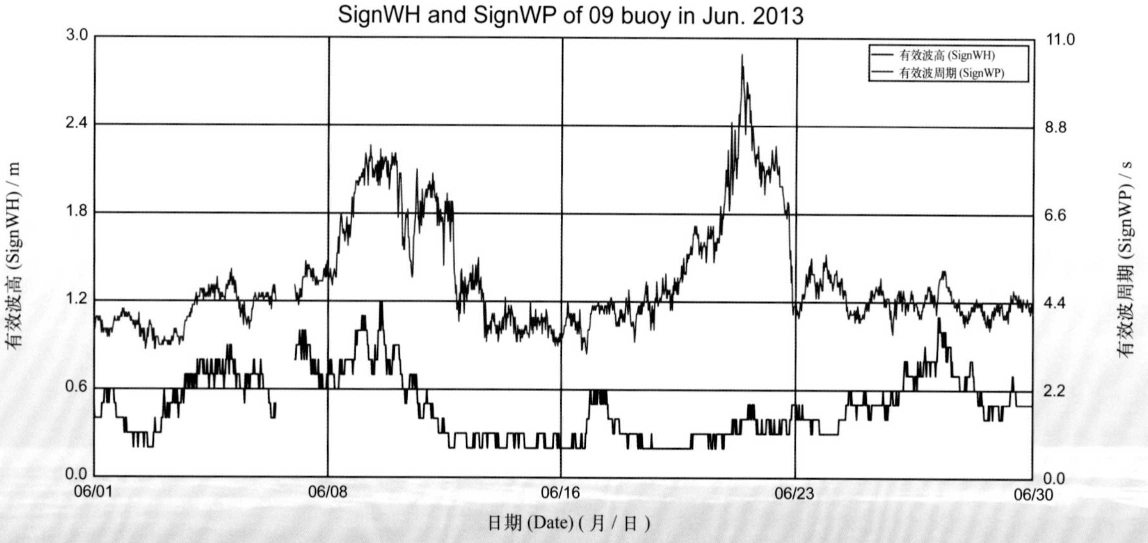

09 号浮标 2013 年 07 月有效波高、有效波周期观测数据曲线
SignWH and SignWP of 09 buoy in Jul. 2013

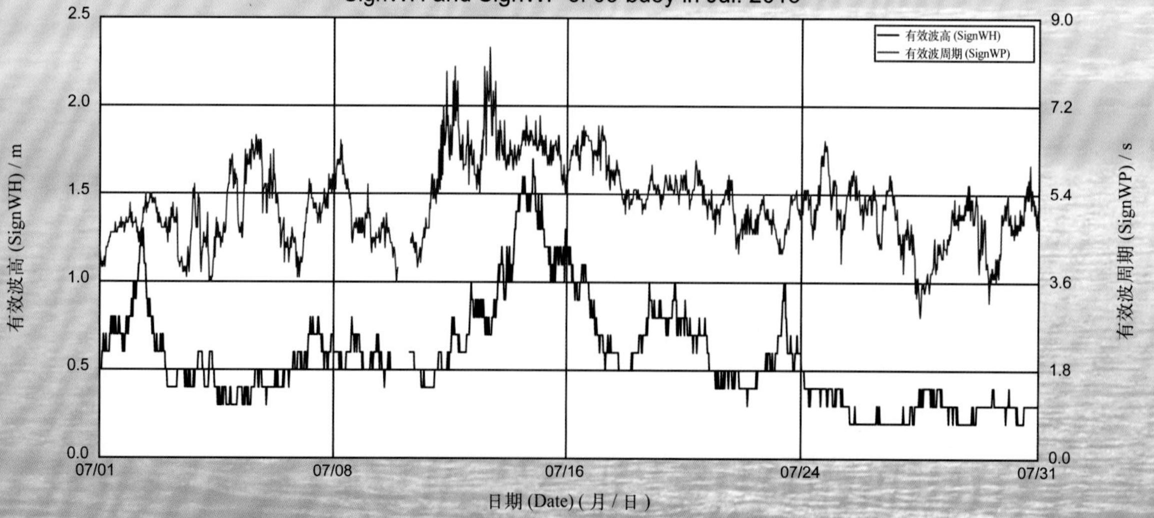

09 号浮标 2013 年 08 月有效波高、有效波周期观测数据曲线
SignWH and SignWP of 09 buoy in Aug. 2013

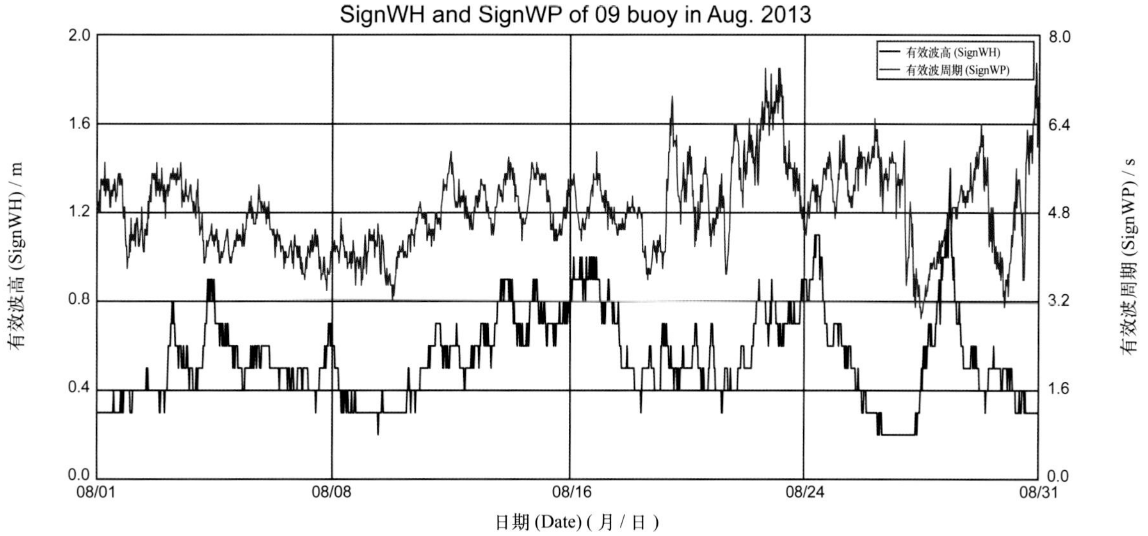

09 号浮标 2013 年 09 月有效波高、有效波周期观测数据曲线
SignWH and SignWP of 09 buoy in Sep. 2013

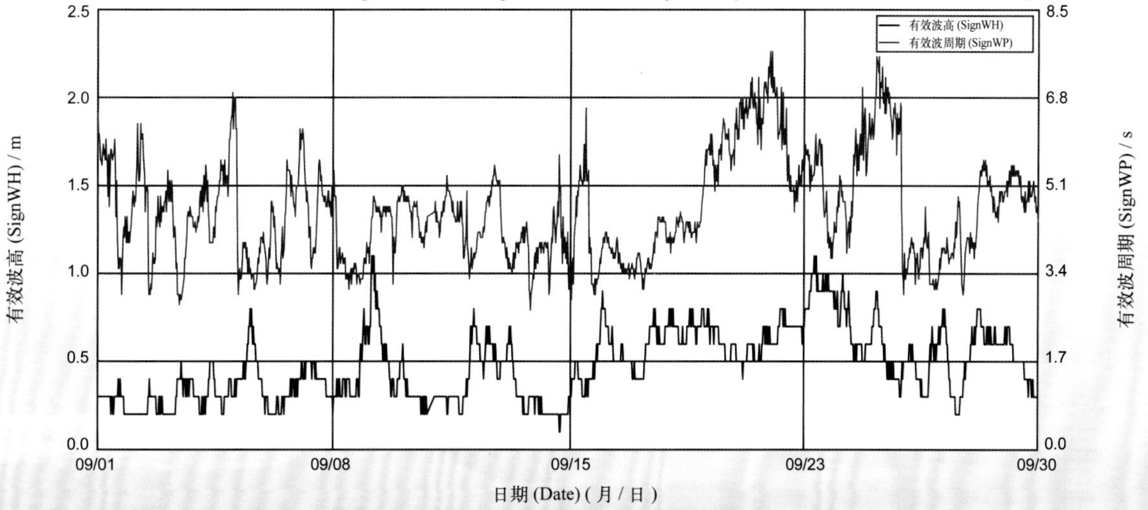

09 号浮标 2013 年 10 月有效波高、有效波周期观测数据曲线
SignWH and SignWP of 09 buoy in Oct. 2013

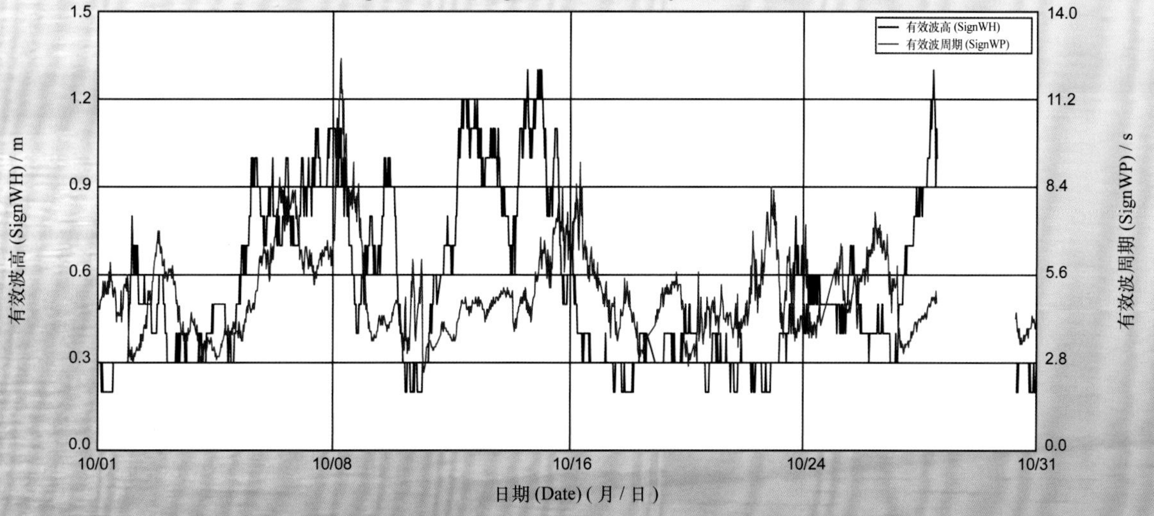

09 号浮标 2013 年 11 月有效波高、有效波周期观测数据曲线
SignWH and SignWP of 09 buoy in Nov. 2013

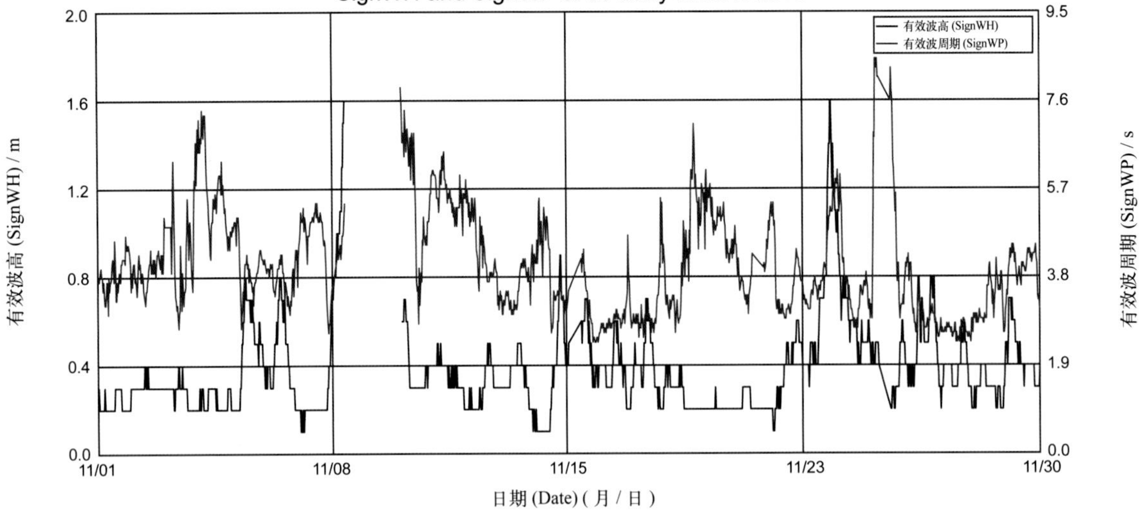

09 号浮标 2013 年 12 月有效波高、有效波周期观测数据曲线
SignWH and SignWP of 09 buoy in Dec. 2013

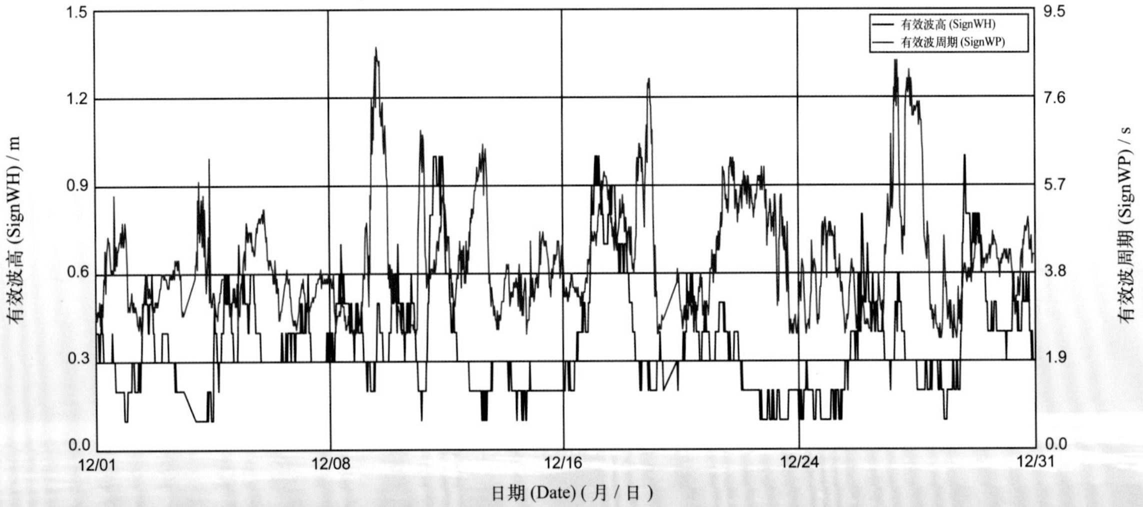

12 号浮标观测数据概述及曲线（有效波高和有效波周期）

2012 年，12 号浮标共获取 364 天的有效波高和有效波周期长序列观测数据。获取数据的主要区间为 1 月 1 日 00:00 至 12 月 31 日 23:50。

2013 年，12 号浮标共获取 198 天的有效波高和有效波周期长序列观测数据。获取数据的主要区间共五个时间段，具体为 1 月 1 日 00:00 至 5 月 15 日 11:50、6 月 24 日 15:10 至 7 月 4 日 09:50、7 月 31 日 12:40 至 8 月 16 日 09:40、11 月 30 日 14:20 至 12 月 3 日 21:40 和 12 月 9 日 11:50 至 31 日 23:50。

通过对获取数据质量控制和分析，12 号浮标观测海域 2012 年度和 2013 年度有效波高、有效波周期数据和季节数据特征如下。

2012 年度有效波高平均值为 0.76 m，年度有效波周期平均值为 6.63 s；测得的年度最大有效波高为 4.8 m（8 月 27 日），对应的有效波周期为 11.3 s，当时有效波高≥2 m 的海浪持续了 44.8 h（8 月 26—28 日），其中有效波高≥4 m 的灾害性海浪持续了 6.8 h（8 月 27 日）；测得的年度最长有效波周期为 13.7 s（6 月 19 日）。以 2 月为冬季代表月，观测海域冬季的平均有效波高是 0.69 m，平均有效波周期是 6.16 s；以 5 月为春季代表月，观测海域春季的平均有效波高是 0.75 m，平均有效波周期是 6.88 s；以 8 月为夏季代表月，观测海域夏季的平均有效波高是 1.25 m，平均有效波周期是 7.44 s；以 11 月为秋季代表月，观测海域秋季的平均有效波高是 0.69 m，平均有效波周期是 6.04 s。

2013 年度有效波高平均值为 0.60 m，年度有效波周期平均值为 6.24 s；测得的年度最大有效波高为 3.0 m（12 月 18 日），对应的有效波周期分别为 9.2 s，当时有效波高≥2 m 的海浪持续了 28.3 h（12 月 17—18 日）；测得的年度最长有效波周期为 12.9 s（3 月 4 日）。以 2 月为冬季代表月，观测海域冬季的平均有效波高是 0.71 m，平均有效波周期是 6.39 s；以 5 月为春季代表月，观测海域春季的平均有效波高是 0.45 m，平均有效波周期是 6.02 s；以 8 月为夏季代表月，观测海域夏季的平均有效波高是 0.55 m，平均有效波周期是 6.05 s。

2012 年和 2013 年，12 号浮标观测海域有效波高、有效波周期的月平均值和最大值、最小值数据参见表 18。

表 18　12 号浮标各月份有效波高、有效波周期数据

月份		有效波高 / m			有效波周期 / s			备注
		平均	最大	最小	平均	最长	最短	
1	2012 年	0.75	2.2	0.2	6.21	9.1	4.0	记录 2 次≥2 m 过程
	2013 年	0.56	1.5	0.2	6.40	9.8	4.2	
2	2012 年	0.69	1.8	0.3	6.16	9.6	4.1	
	2013 年	0.71	1.7	0.2	6.39	10.6	4.1	
3	2012 年	0.63	1.8	0.2	6.66	9.9	3.8	
	2013 年	0.58	1.6	0.2	6.55	12.9	3.9	
4	2012 年	0.60	1.8	0.2	6.37	10.3	3.9	
	2013 年	0.56	1.9	0.1	6.03	10.2	3.8	
5	2012 年	0.75	3.0	0.1	6.88	10.0	3.7	记录 2 次≥2 m 过程
	2013 年	0.45	1.1	0.1	6.02	9.2	3.9	缺测 16 天数据
6	2012 年	0.93	2.2	0.3	7.39	13.7	5.1	记录 3 次≥2 m 过程
	2013 年	—	—	—	—	—	—	缺测 23 天数据
7	2012 年	0.65	2.3	0.2	6.52	11.0	4.3	
	2013 年	—	—	—	—	—	—	缺测 26 天数据
8	2012 年	1.25	4.8	0.2	7.44	12.1	4.1	缺测 2 天数据，记录 4 次台风过程，记录 4 次≥2 m 过程，记录 1 次≥4 m 过程
	2013 年	0.55	2.0	0.2	6.05	12.3	3.8	缺测 12 天数据，记录 1 次≥2 m 过程
9	2012 年	0.79	2.9	0.1	6.81	12.5	3.8	记录 1 次台风过程，记录 1 次≥2 m 过程
	2013 年	—	—	—	—	—	—	缺测 27 天数据
10	2012 年	0.79	1.8	0.2	7.04	12.7	4.0	
	2013 年	—	—	—	—	—	—	缺测数据
11	2012 年	0.69	3.0	0.2	6.04	9.6	3.5	记录 1 次≥2 m 过程
	2013 年	—	—	—	—	—	—	缺测 27 天数据
12	2012 年	0.74	2.2	0.2	6.21	10.7	4.2	记录 1 次≥2 m 过程
	2013 年	0.74	3.0	0.1	6.23	10.2	3.6	缺测 5 天数据，记录 1 次≥2 m 过程

2012 年，12 号浮标获取到有效波高≥2 m 的海浪过程共 14 次，其中 9 月、11 月和 12 月各 1 次，1 月和 5 月各 2 次，6 月 3 次，8 月 4 次。2012 年，12 号浮标记录到 5 次台风过程。第一次台风过程，12 号浮标获取到第 10 号台风“达维”期间最大有效波高为 3.5 m（8 月 3 日），对应的有效波周期为 8.6 s，当时有效波高≥2 m 的海浪持续时长为 29.8 h（8 月 2—3 日），该时间段的平均有效波高为 2.61 m，平均有效波周期为 9.00 s；第二次台风过程，12 号浮标获取到第 11 号强台风“海葵”期间最大有效波高为 2.5 m（8 月 8 日），对应的有效波周期为 6.8 s，当时有效波高≥2 m 的海浪持续时长为 6 h（8 月 8—9 日），该时间段的平均有效波高为 2.22 m，平均有效波周期为 6.89 s；第三次台风过程，12 号浮标获取到第 14 号强台风“天秤”期间最大有效波高为 2.7 m（8 月 29 日），对应的有效波周期为 10.8 s，当时有效波高≥2 m 的海浪持续时长为 3.8 h（8 月 29 日），该时间段的平均有效波高为 2.21 m，平均有效波周期为 10.53 s；第四次台风过程，12 号浮标获取到第 15 号强台风“布拉万”期间最大有效波高为 4.8 m（8 月 27 日），也是 12 号浮标获取到的 2012 年度有效波高最大值，对应的有效波周期为 11.8 s，当时有效波高≥2 m 的海浪持续时长为 34.8 h（8 月 26—28 日），该时间段的平均有效波高为 3.09 m，平均有效波周期为 10.51 s，期间有效波高≥4 m 的灾害性海浪持续时长为 6.8 h（8 月 27 日）；第五次台风过程，12 号浮标获取到第 16 号超强台风“三巴”期间最大有效波高为 2.9 m（9 月 17 日），对应的有效波周期为 11.3 s，当时有效波高≥ 2 m 的海浪持续时长为 29.2 h（9 月 16—17 日），该时间段的平均有效波高为 2.34 m，平均有效波周期为 8.98 s。

2013 年，12 号浮标获取到有效波高≥2 m 的海浪过程仅有 2 次，分别发生在 8 月和 12 月。2013 年，12 号浮标没有记录到灾害性海浪或台风数据。

12 号浮标 2012 年有效波高、有效波周期观测数据曲线
SignWH and SignWP of 12 buoy in 2012

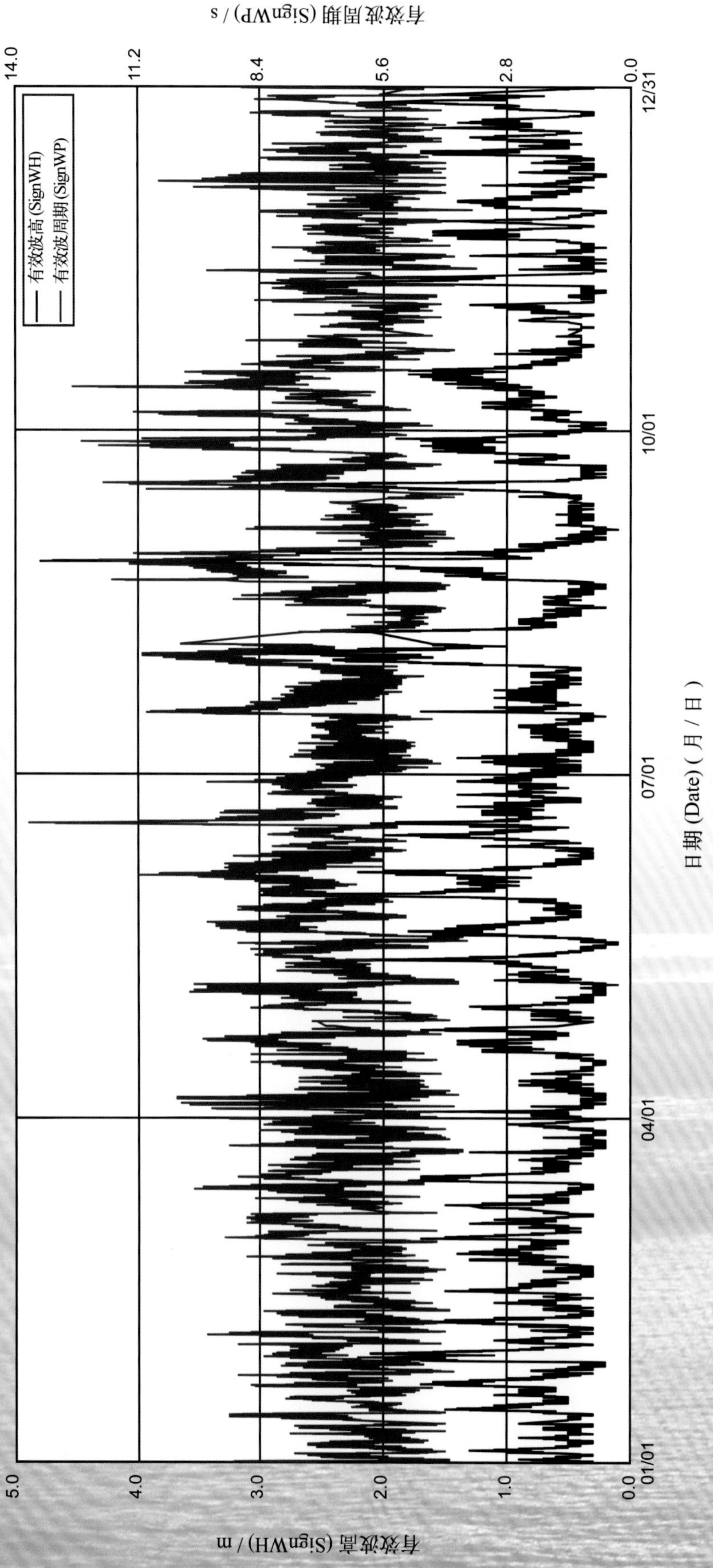

12 号浮标 2013 年有效波高、有效波周期观测数据曲线
SignWH and SignWP of 12 buoy in 2013

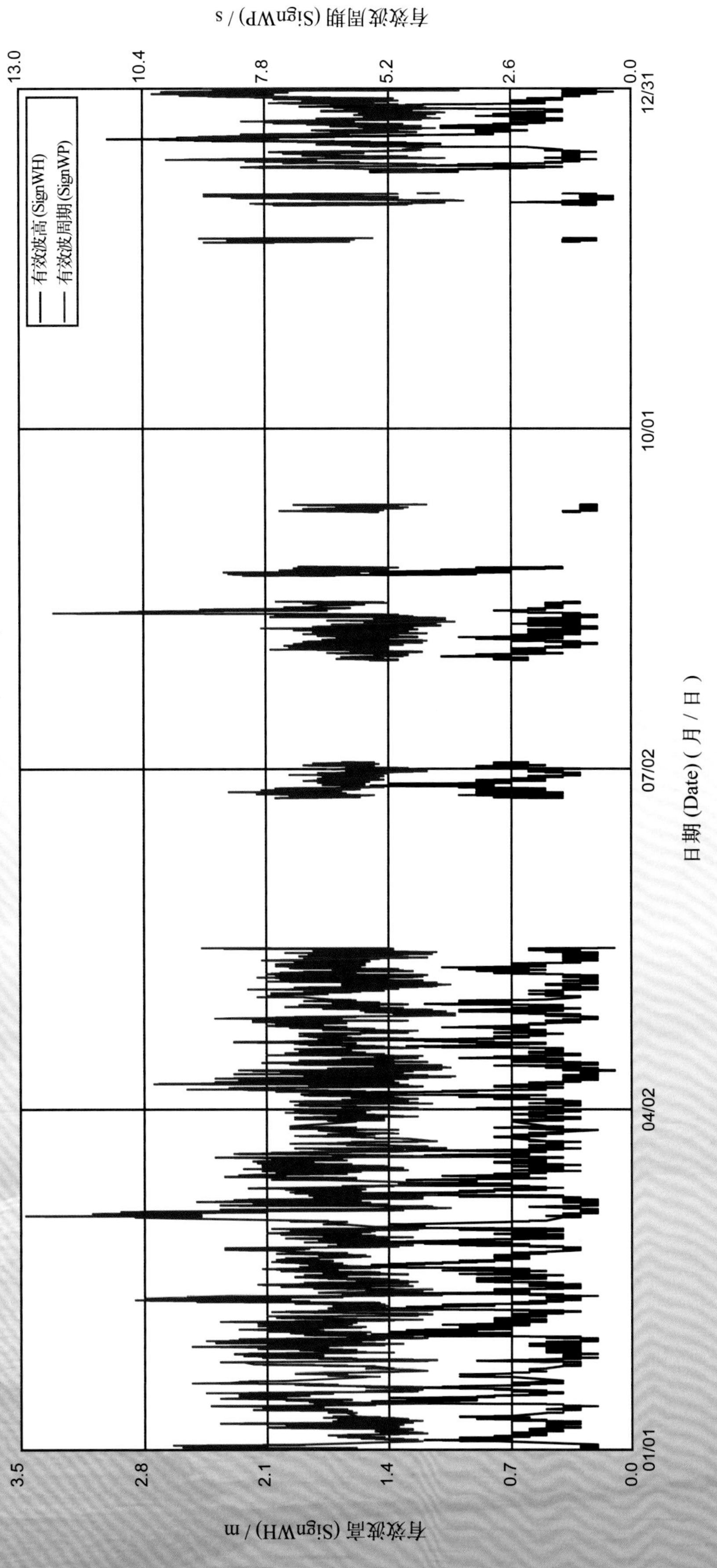

12 号浮标 2012 年 01 月有效波高、有效波周期观测数据曲线
SignWH and SignWP of 12 buoy in Jan. 2012

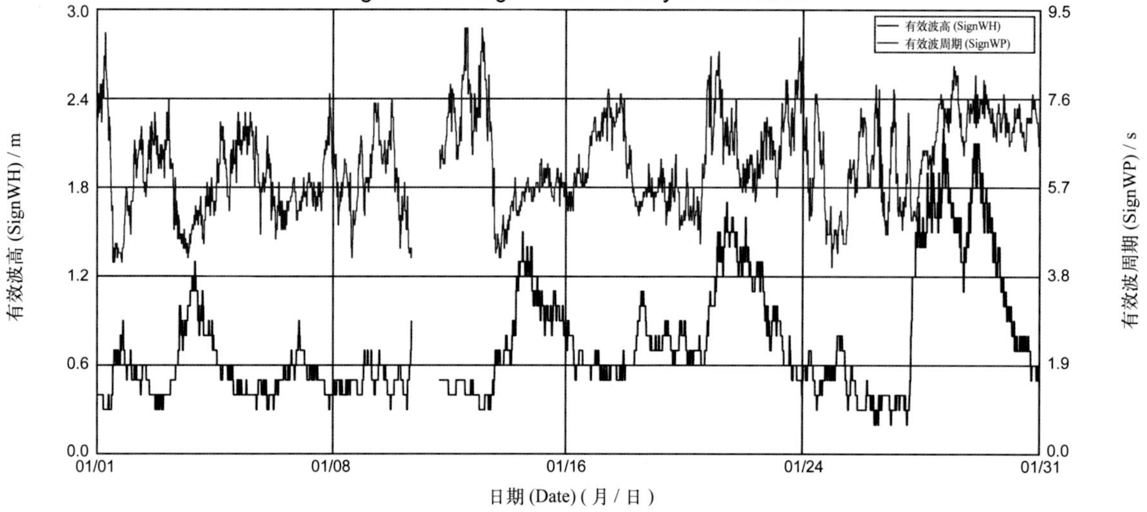

12 号浮标 2012 年 02 月有效波高、有效波周期观测数据曲线
SignWH and SignWP of 12 buoy in Feb. 2012

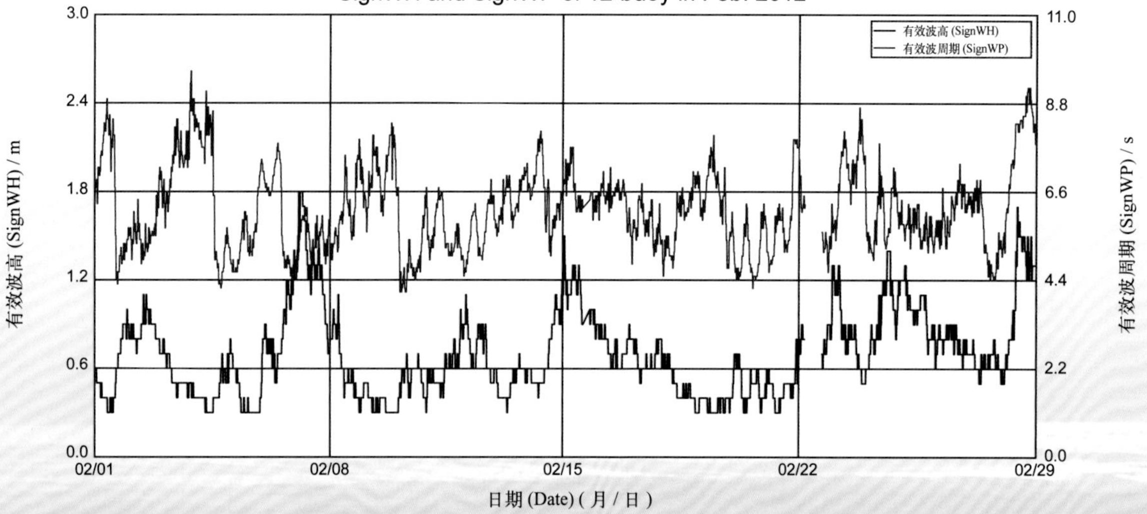

12 号浮标 2012 年 03 月有效波高、有效波周期观测数据曲线
SignWH and SignWP of 12 buoy in Mar. 2012

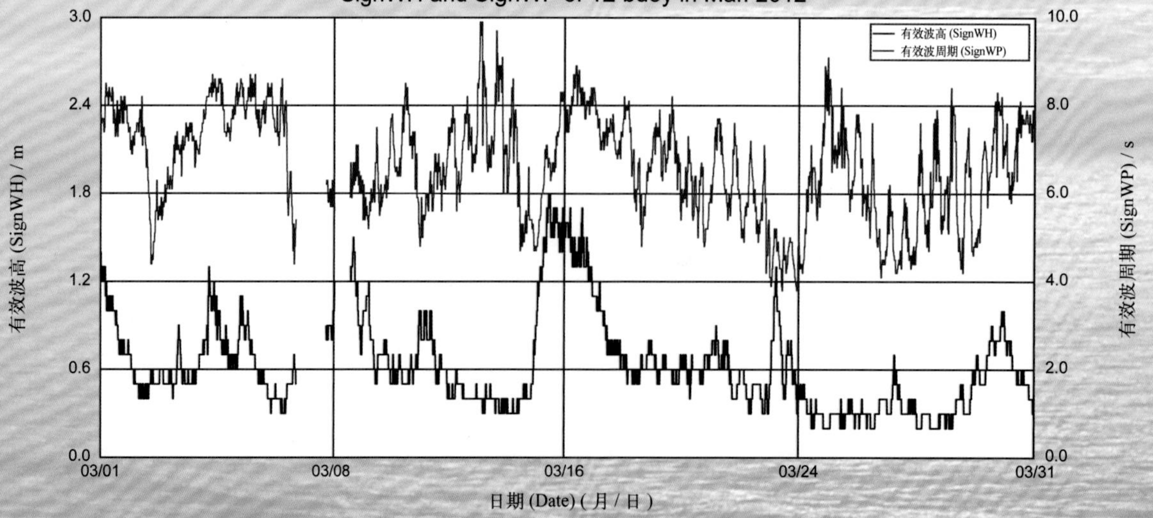

12 号浮标 2012 年 04 月有效波高、有效波周期观测数据曲线

SignWH and SignWP of 12 buoy in Apr. 2012

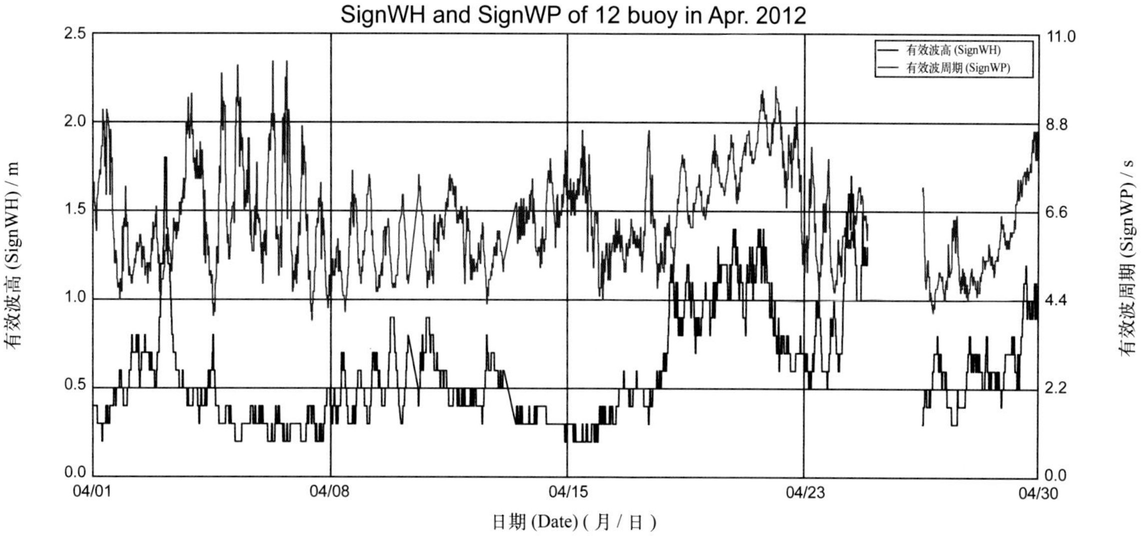

12 号浮标 2012 年 05 月有效波高、有效波周期观测数据曲线

SignWH and SignWP of 12 buoy in May 2012

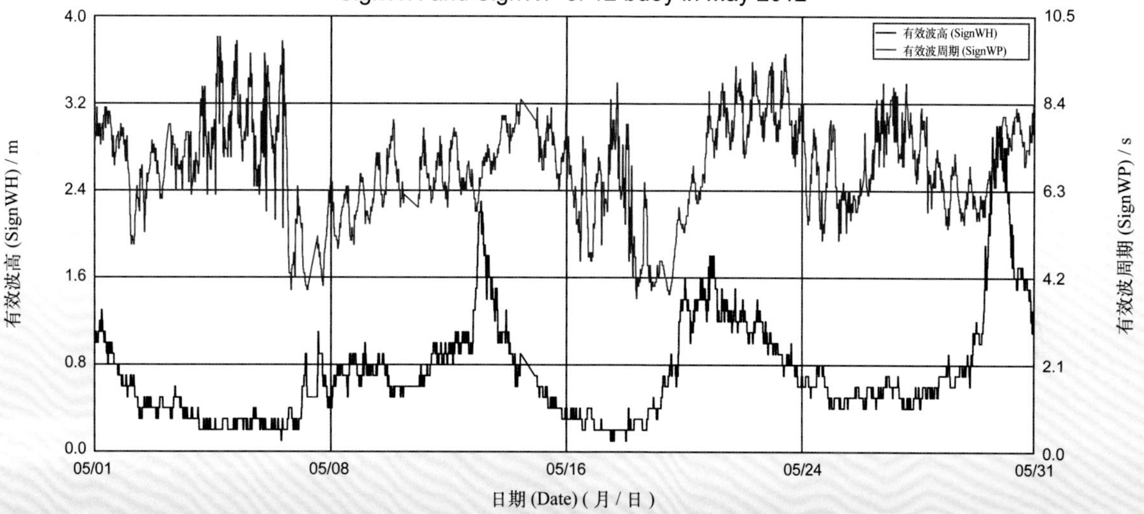

12 号浮标 2012 年 06 月有效波高、有效波周期观测数据曲线

SignWH and SignWP of 12 buoy in Jun. 2012

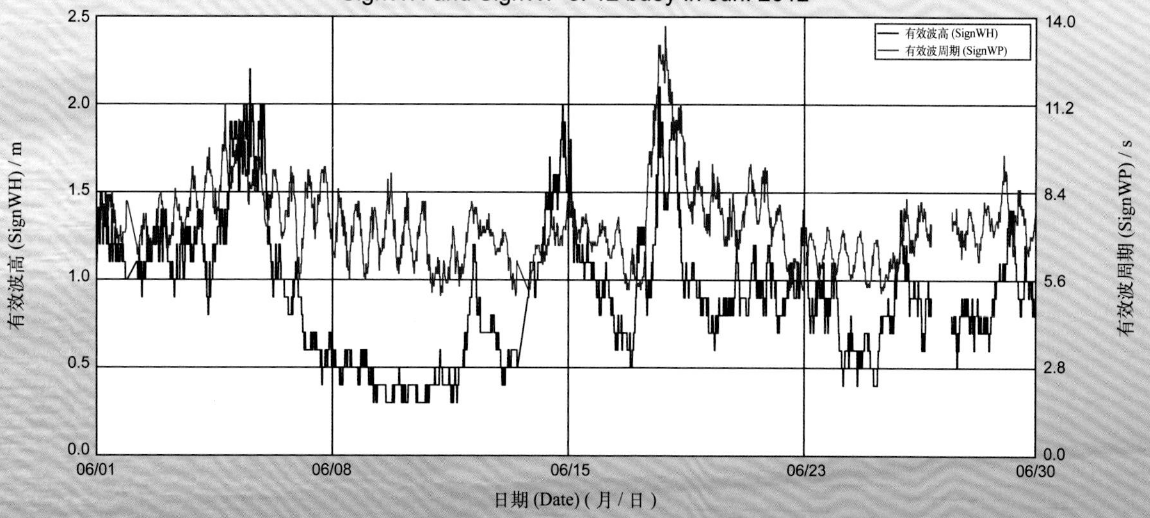

12 号浮标 2012 年 07 月有效波高、有效波周期观测数据曲线
SignWH and SignWP of 12 buoy in Jul. 2012

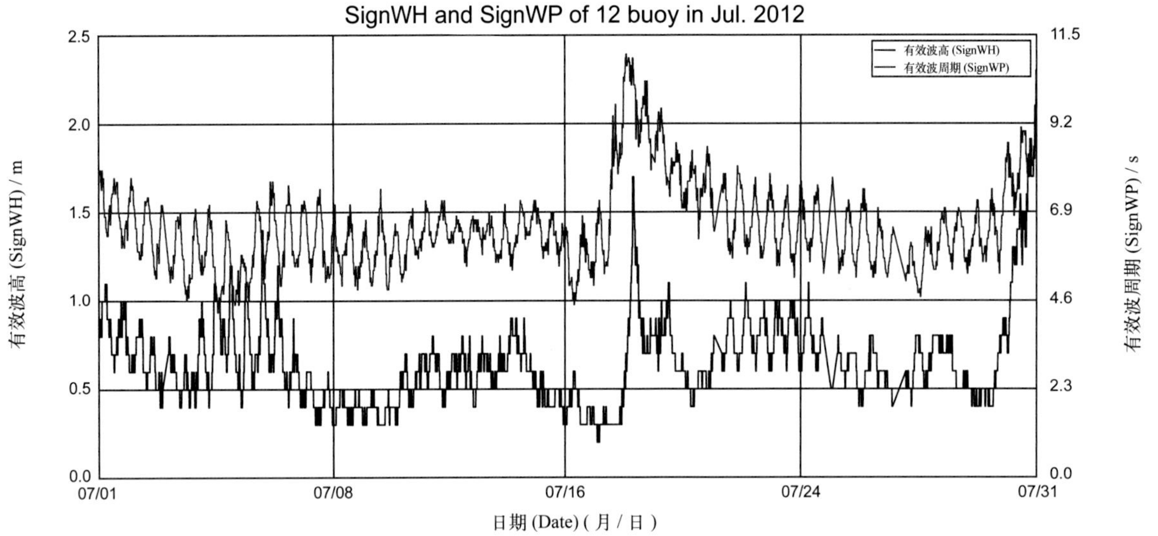

12 号浮标 2012 年 08 月有效波高、有效波周期观测数据曲线
SignWH and SignWP of 12 buoy in Aug. 2012

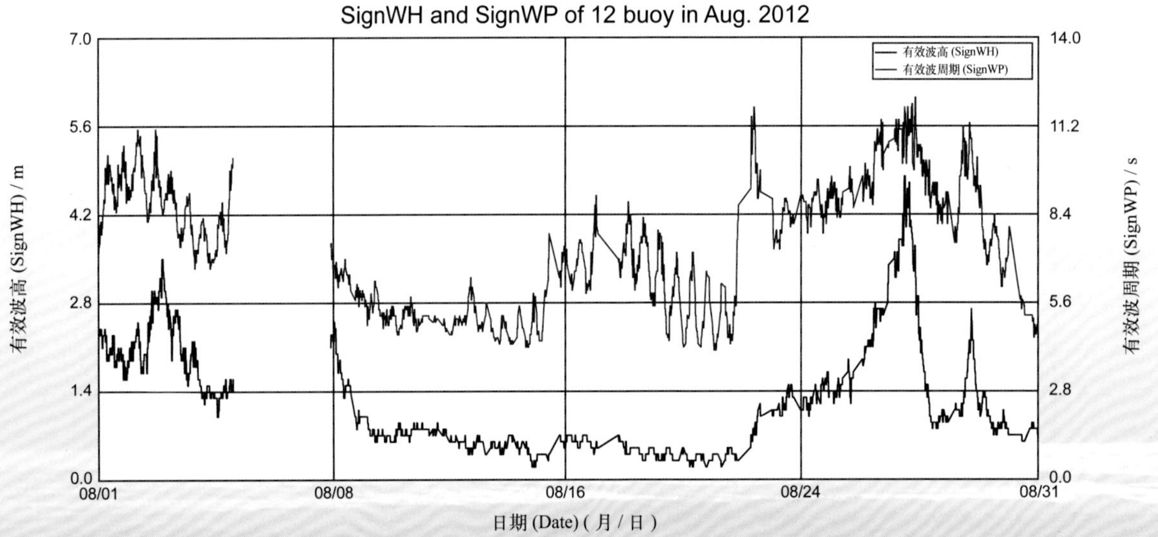

12 号浮标 2012 年 09 月有效波高、有效波周期观测数据曲线
SignWH and SignWP of 12 buoy in Sep. 2012

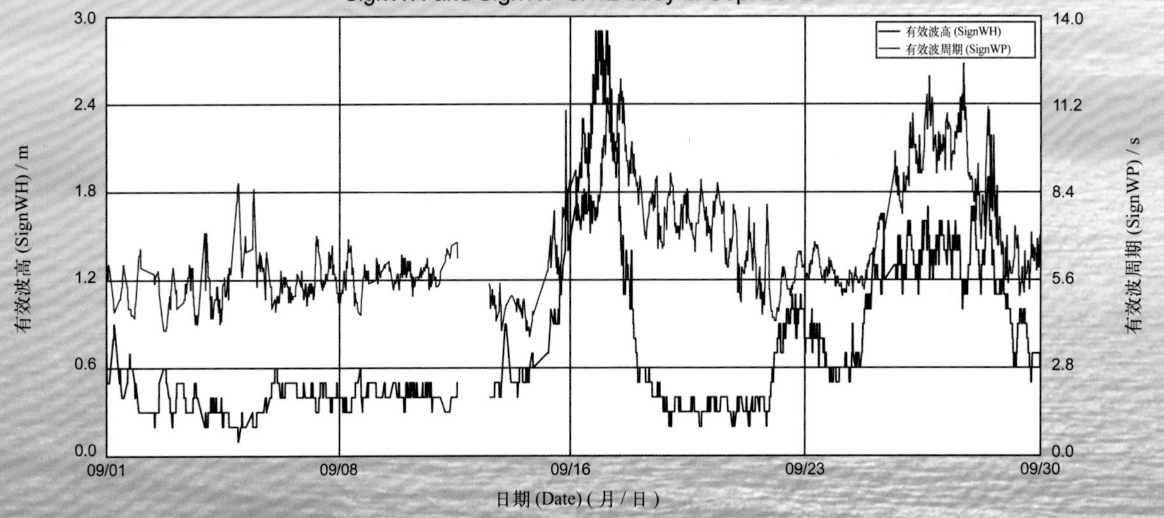

12 号浮标 2012 年 10 月有效波高、有效波周期观测数据曲线
SignWH and SignWP of 12 buoy in Oct. 2012

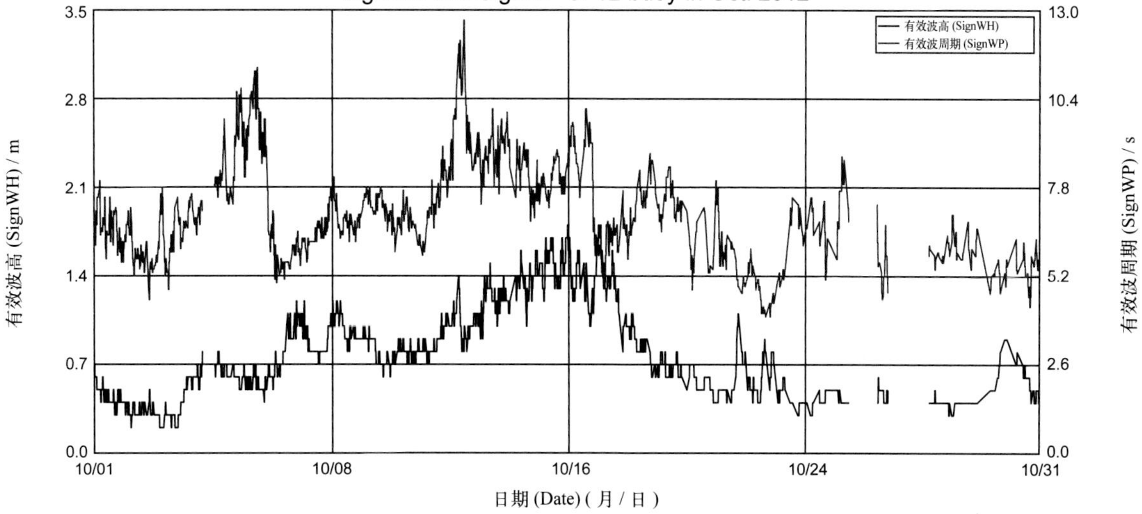

12 号浮标 2012 年 11 月有效波高、有效波周期观测数据曲线
SignWH and SignWP of 12 buoy in Nov. 2012

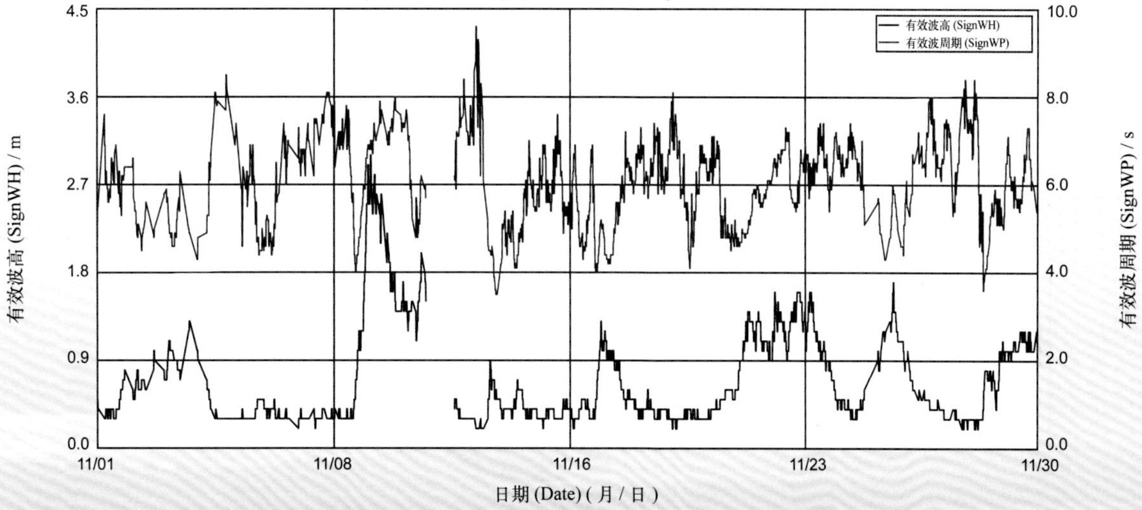

12 号浮标 2012 年 12 月有效波高、有效波周期观测数据曲线
SignWH and SignWP of 12 buoy in Dec. 2012

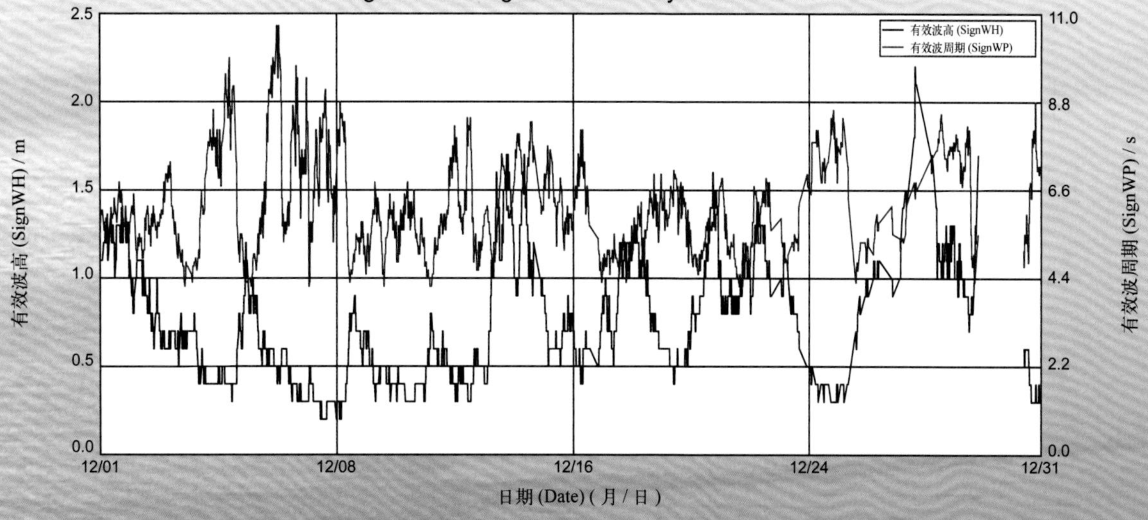

12 号浮标 2013 年 01 月有效波高、有效波周期观测数据曲线
SignWH and SignWP of 12 buoy in Jan. 2013

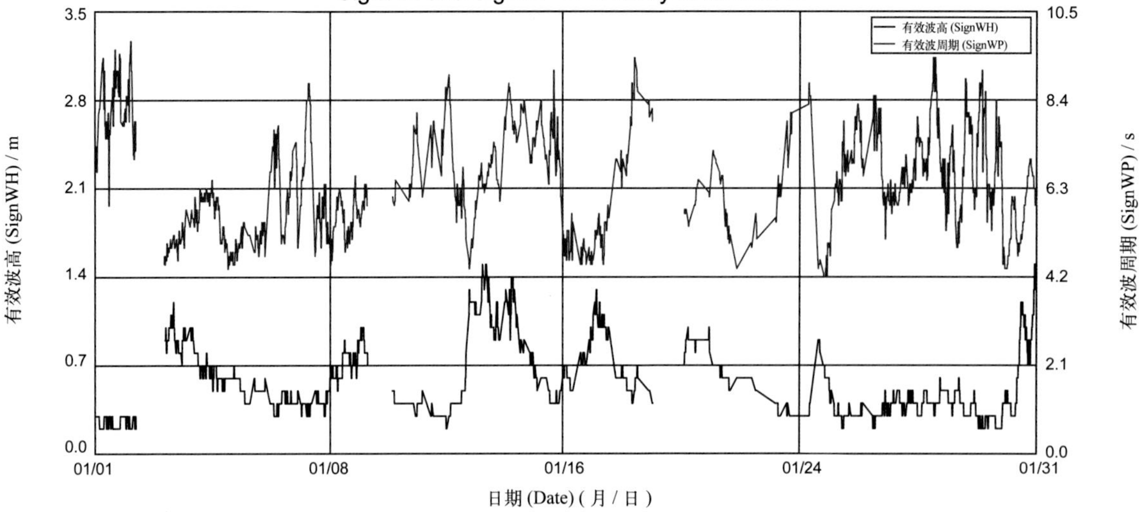

12 号浮标 2013 年 02 月有效波高、有效波周期观测数据曲线
SignWH and SignWP of 12 buoy in Feb. 2013

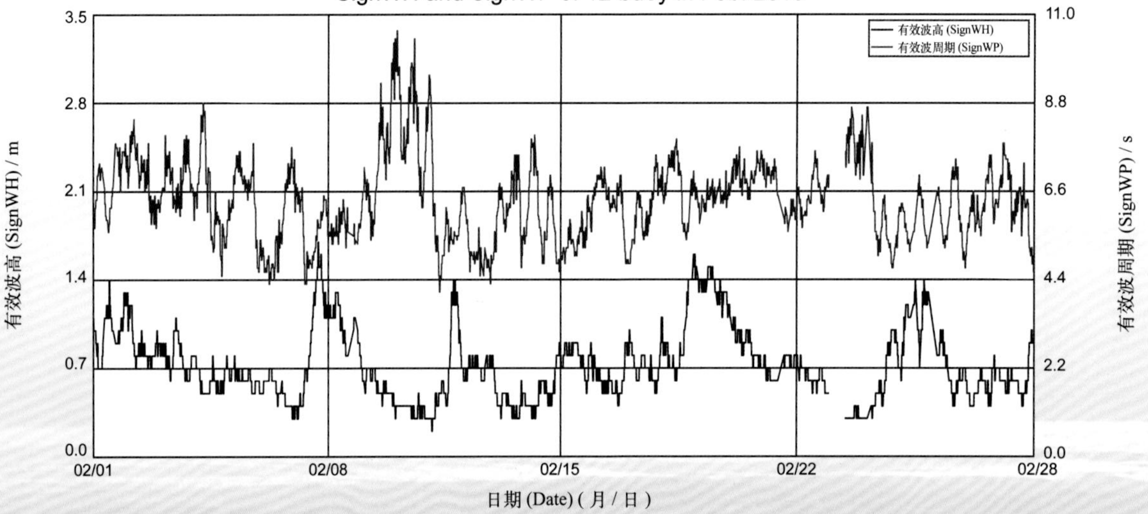

12 号浮标 2013 年 03 月有效波高、有效波周期观测数据曲线
SignWH and SignWP of 12 buoy in Mar. 2013

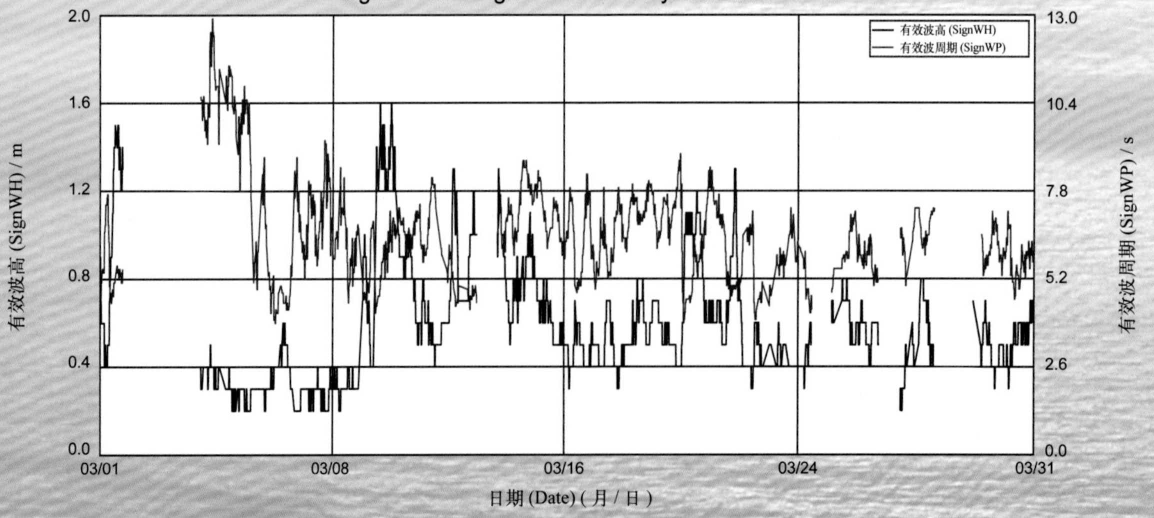

12 号浮标 2013 年 04 月有效波高、有效波周期观测数据曲线

SignWH and SignWP of 12 buoy in Apr. 2013

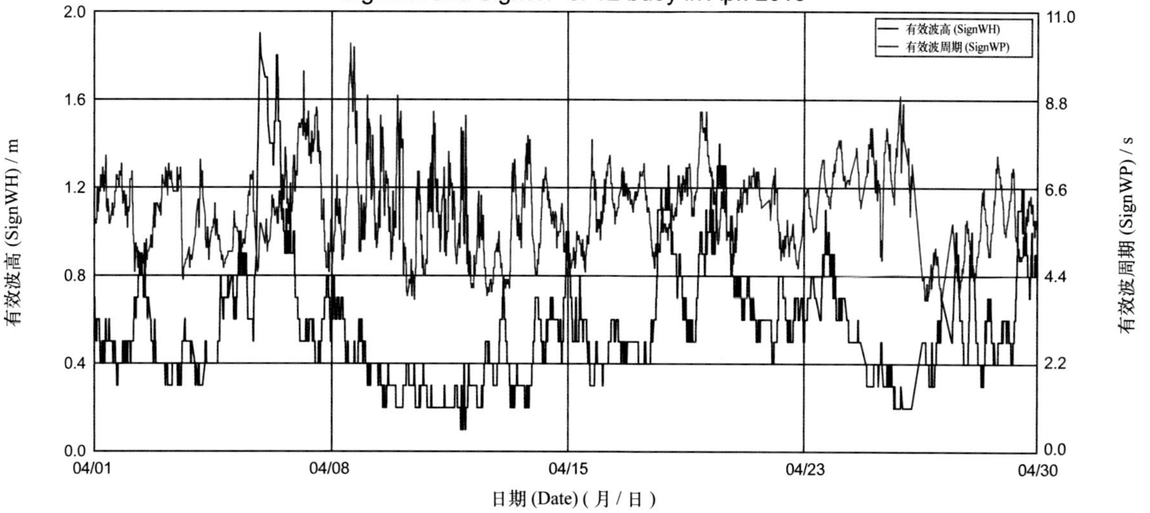

12 号浮标 2013 年 05 月有效波高、有效波周期观测数据曲线

SignWH and SignWP of 12 buoy in May 2013

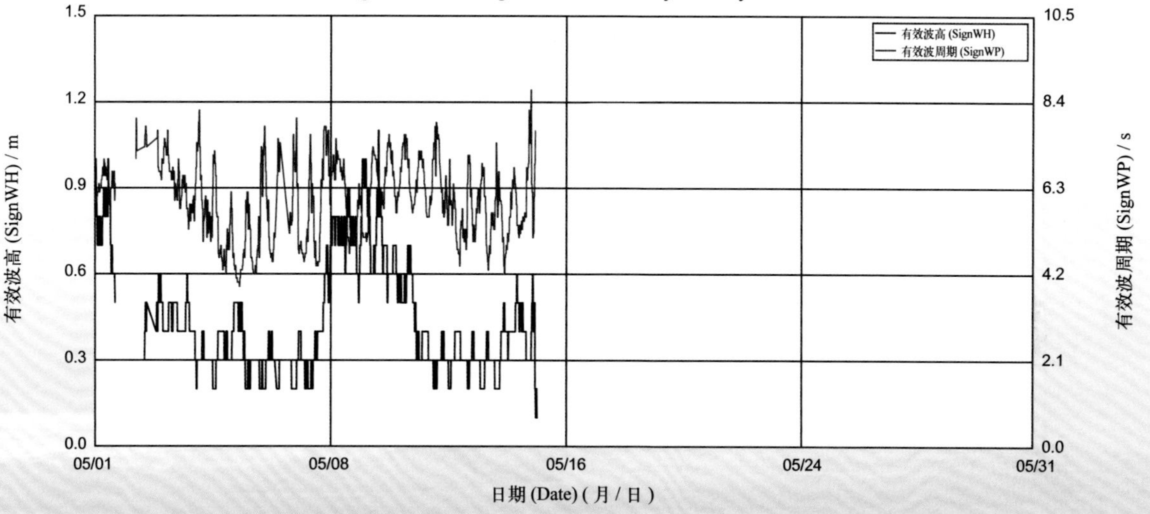

12 号浮标 2013 年 06 月有效波高、有效波周期观测数据曲线

SignWH and SignWP of 12 buoy in Jun. 2013

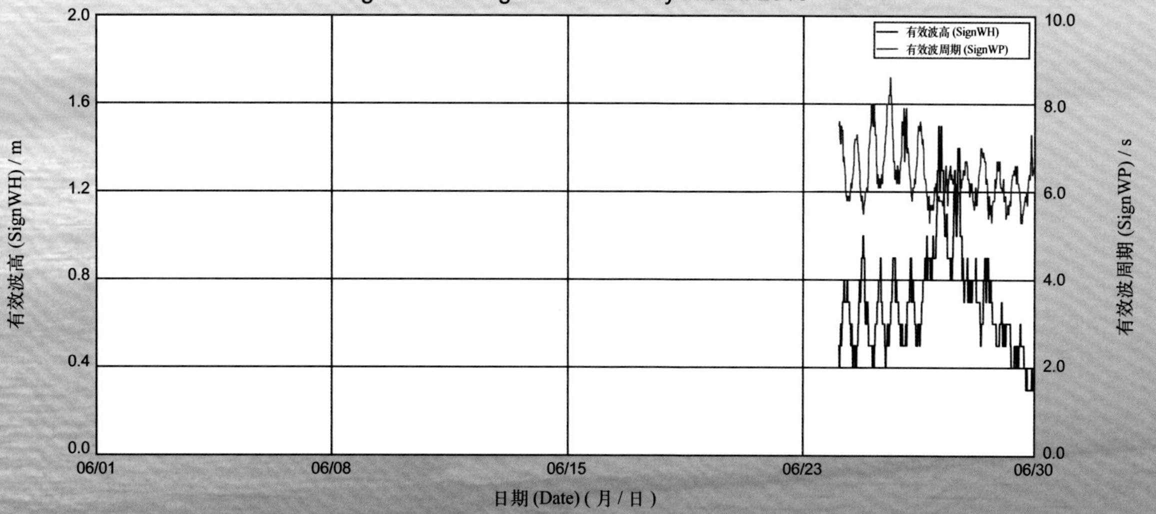

12 号浮标 2013 年 08 月有效波高、有效波周期观测数据曲线
SignWH and SignWP of 12 buoy in Aug. 2013

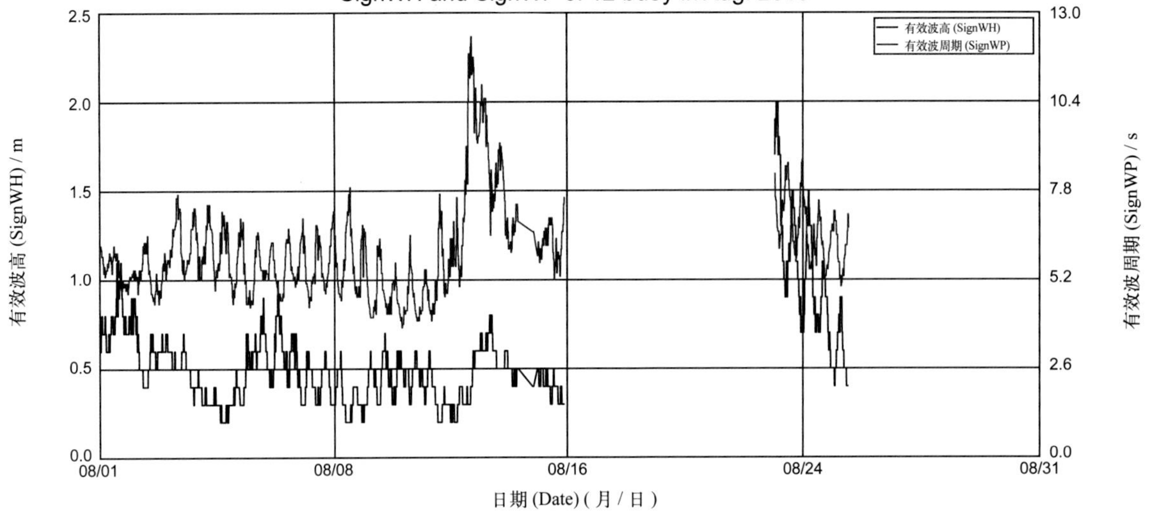

12 号浮标 2013 年 12 月有效波高、有效波周期观测数据曲线
SignWH and SignWP of 12 buoy in Dec. 2013

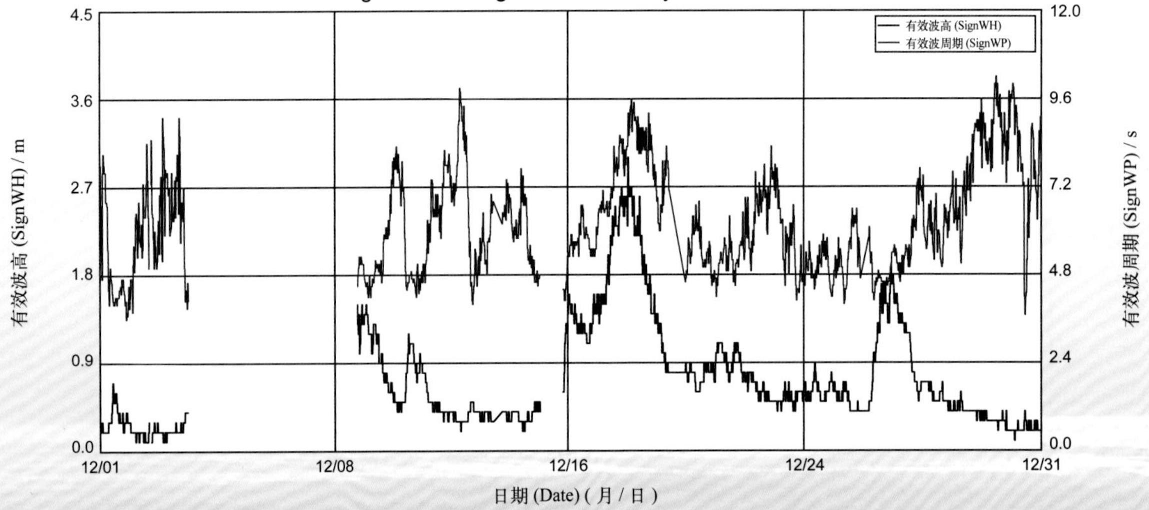

14 号浮标观测数据概述及曲线（有效波高和有效波周期）

2012 年，14 号浮标共获取 362 天的有效波高和有效波周期长序列观测数据。获取数据的主要区间共两个时间段，具体为 1 月 1 日 00:00 至 8 月 4 日 22:00 和 8 月 8 日 19:50 至 12 月 31 日 23:50。

2013 年，14 号浮标共获取 216 天的有效波高和有效波周期长序列观测数据。获取数据的主要区间共六个时间段，具体为 1 月 1 日 00:00 至 5 月 25 日 06:30、6 月 24 日 15:10 至 7 月 4 日 09:50、7 月 31 日 12:40 至 8 月 16 日 09:40、10 月 12 日 09:00 至 19 日 00:50、11 月 30 日 14:20 至 12 月 3 日 21:30 和 12 月 9 日 11:40 至 31 日 23:50。

通过对获取数据质量控制和分析，14 号浮标观测海域 2012 年度和 2013 年度有效波高、有效波周期数据和季节数据特征如下。

2012 年度有效波高平均值为 0.95 m，年度有效波周期平均值为 6.34 s；测得的年度最大有效波高为 5.5 m（8 月 27 日），对应的有效波周期为 10.1 s，当时有效波高≥2 m 的海浪持续了 57.8 h（8 月 26—28 日），其中有效波高≥4 m 的灾害性海浪持续了 21.8 h（8 月 27—28 日）；测得的年度最长有效波周期为 15.2 s（6 月 19 日）。以 2 月为冬季代表月，观测海域冬季的平均有效波高是 1.10 m，平均有效波周期是 6.12 s；以 5 月为春季代表月，观测海域春季的平均有效波高是 0.78 m，平均有效波周期是 6.69 s；以 8 月为夏季代表月，观测海域夏季的平均有效波高是 1.24 m，平均有效波周期是 6.92 s；以 11 月为秋季代表月，观测海域秋季的平均有效波高是 1.02 m，平均有效波周期是 5.82 s。

2013 年度有效波高平均值为 0.84 m，年度有效波周期平均值为 5.94 s；测得的年度最大有效波高为 3.4 m（4 月 6 日），对应的有效波周期分别为 7.9 s，当时有效波高≥2 m 的海浪持续了 24.8 h（4 月 6—7 日）；测得的年度最长有效波周期为 11.5 s（3 月 4 日）。以 2 月为冬季代表月，观测海域冬季的平均有效波高是 0.99 m，平均有效波周期是 6.04 s；以 5 月为春季代表月，观测海域春季的平均有效波高是 0.61 m，平均有效波周期是 5.72 s；以 8 月为夏季代表月，观测海域夏季的平均有效波高是 0.53 m，平均有效波周期是 5.43 s。

2012 年和 2013 年，14 号浮标观测海域有效波高、有效波周期的月平均值和最大值、最小值数据参见表 19。

表 19　14 号浮标各月份有效波高、有效波周期数据

月份		有效波高 / m			有效波周期 / s			备注
		平均	最大	最小	平均	最长	最短	
1	2012 年	1.08	2.6	0.2	5.99	8.5	3.7	
	2013 年	0.83	2.3	0.2	5.84	8.8	3.8	记录 2 次≥ 2 m 过程
2	2012 年	1.10	2.5	0.2	6.12	10.3	4.1	
	2013 年	0.99	2.8	0.3	6.04	8.9	3.9	记录 2 次≥ 2 m 过程
3	2012 年	0.86	2.3	0.2	6.26	9.1	3.9	
	2013 年	0.92	3.3	0.2	6.55	11.5	3.7	记录 4 次≥ 2 m 过程
4	2012 年	0.72	2.9	0.2	6.03	9.8	3.7	缺测 1 天数据
	2013 年	0.80	3.4	0.2	5.62	9.8	3.3	记录 3 次≥ 2 m 过程
5	2012 年	0.78	2.5	0.2	6.69	10.9	3.7	
	2013 年	0.61	2.3	0.2	5.72	8.9	3.6	缺测 6 天数据，记录 1 次≥ 2 m 过程
6	2012 年	0.91	2.2	0.3	7.27	15.2	4.4	
	2013 年	—	—	—	—	—	—	缺测 23 天数据
7	2012 年	0.57	2.0	0.3	6.23	11.3	3.7	记录 1 次台风过程
	2013 年	—	—	—	—	—	—	缺测 27 天数据
8	2012 年	1.24	5.5	0.2	6.92	12.1	3.7	缺测 3 天数据，记录 4 次台风过程，记录 1 次≥ 4 m 过程
	2013 年	0.53	1.6	0.2	5.43	10.9	3.5	缺测 12 天数据
9	2012 年	0.93	4.0	0.2	6.06	12.2	3.7	记录 1 次台风过程，记录 1 次≥ 4 m 过程
	2013 年	—	—	—	—	—	—	缺测 27 天数据
10	2012 年	1.00	2.5	0.3	6.69	12.6	4.0	
	2013 年	—	—	—	—	—	—	缺测 23 天数据，记录 1 次≥ 2 m 过程
11	2012 年	1.02	2.6	0.3	5.82	8.6	3.7	
	2013 年	—	—	—	—	—	—	缺测 27 天数据
12	2012 年	1.21	2.9	0.4	6.11	8.9	3.9	
	2013 年	1.05	3.2	0.2	6.02	9.3	3.5	缺测 5 天数据，记录 3 次≥ 2 m 过程

2012 年，14 号浮标获取到有效波高≥4 m 的灾害性海浪过程共 2 次，分别发生在 8 月和 9 月，第一次为第 15 号强台风“布拉万”期间，第二次为第 16 号超强台风“三巴”期间。2012 年，14 号浮标共记录到 5 次台风过程。第一次台风过程，14 号浮标获取到第 10 号台风“达维”期间最大有效波高为 2.8 m（8 月 2—3 日），对应的有效波周期为 9.9 s 和 10.0 s，当时有效波高≥2 m 的海浪持续时长为 39.3 h（8 月 2—3 日），该时间段的平均有效波高为 2.24 m，平均有效波周期为 9.04 s；第二次台风过程，14 号浮标获取到第 11 号强台风“海葵”期间最大有效波高为 1.9 m（8 月 8 日），对应的有效波周期为 7.5 s 和 6.8 s；第三次台风过程，14 号浮标获取到第 14 号强台风“天秤”期间最大有效波高为 2.9 m（8 月 29 日），对应的有效波周期为 11.1 s，当时有效波高≥2 m 的海浪持续时长为 6.3 h（8 月 29—30 日），该时间段的平均有效波高为 2.25 m，平均有效波周期为 9.62 s；第四次台风过程，14 号浮标获取到第 15 号强台风“布拉万”期间最大有效波高为 5.5 m（8 月 27 日），也是 14 号浮标获取到的 2012 年度有效波高的最大值，对应的有效波周期为 10.1 s，当时有效波高≥2 m 的海浪持续时长为 33.8 h（8 月 26—28 日），该时间段的平均有效波高为 3.39 m，平均有效波周期为 10.48 s，期间有效波高≥4 m 的灾害性海浪持续时长为 21.8 h（8 月 27—28 日）；第五次台风过程，14 号浮标获取到第 16 号超强台风“三巴”期间最大有效波高为 4.0 m（9 月 16 日），对应的有效波周期为 8.7 s，当时有效波高≥ 2 m 的海浪持续时长为 51.3 h（9 月 15—17 日），该时间段的平均有效波高为 2.70 m，平均有效波周期为 7.99 s。

2013 年，14 号浮标记录到有效波高≥2 m 的海浪过程共计 16 次，分别为 5 月和 10 月各 1 次，1 月和 2 月各 2 次，4 月和 12 月各 3 次，3 月 4 次；没有记录到灾害性海浪或台风数据。

14 号浮标 2012 年有效波高、有效波周期观测数据曲线
SignWH and SignWP of 14 buoy in 2012

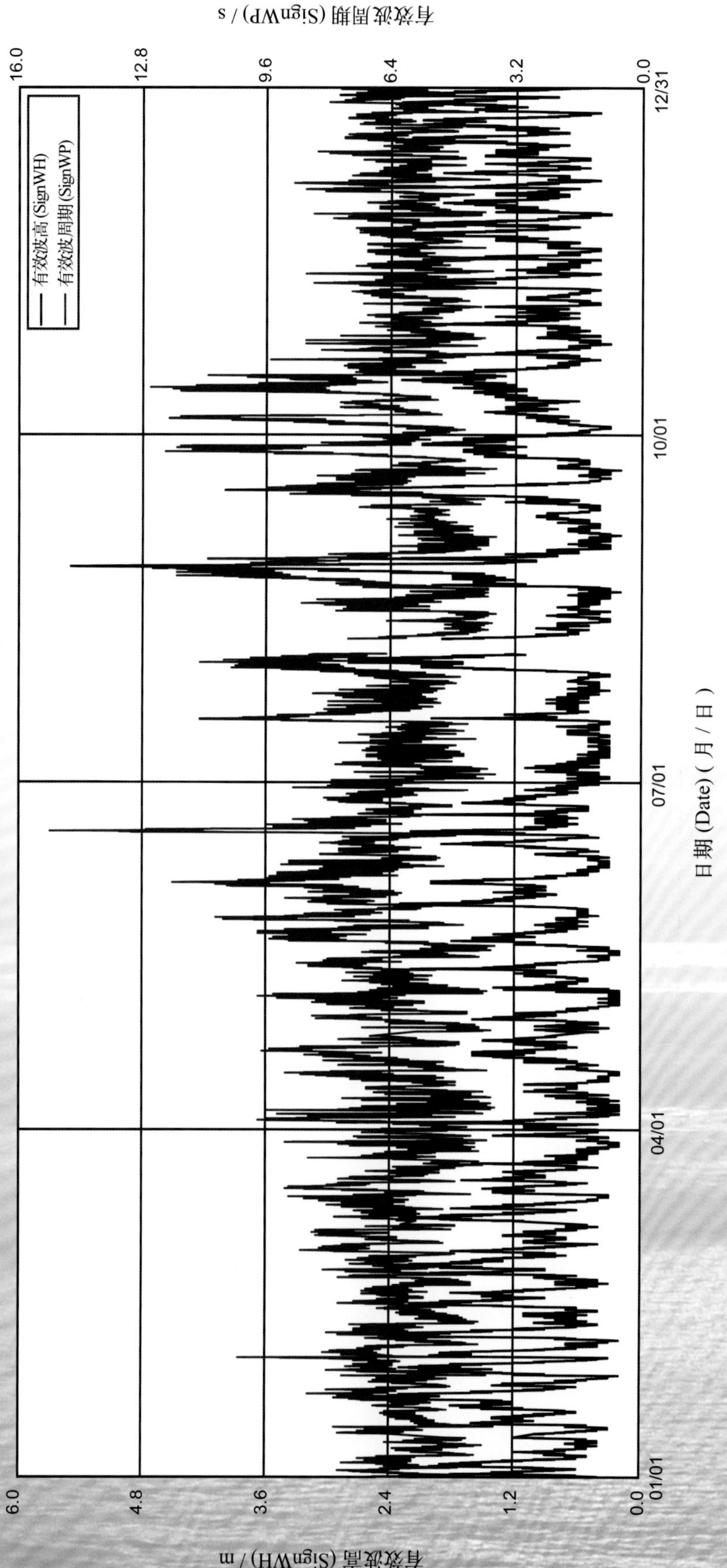

14 号浮标 2013 年有效波高、有效波周期观测数据曲线

SignWH and SignWP of 14 buoy in 2013

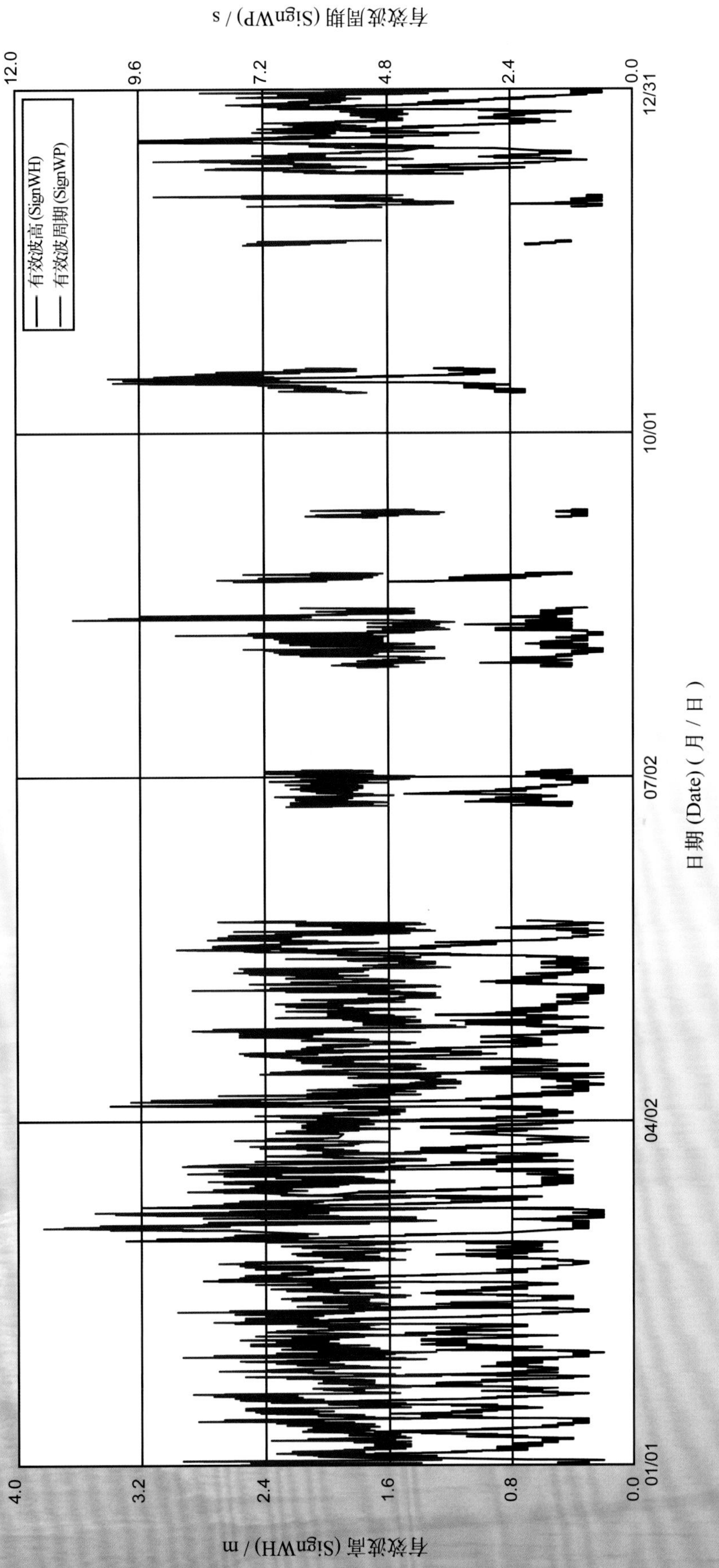

14 号浮标 2012 年 01 月有效波高、有效波周期观测数据曲线
SignWH and SignWP of 14 buoy in Jan. 2012

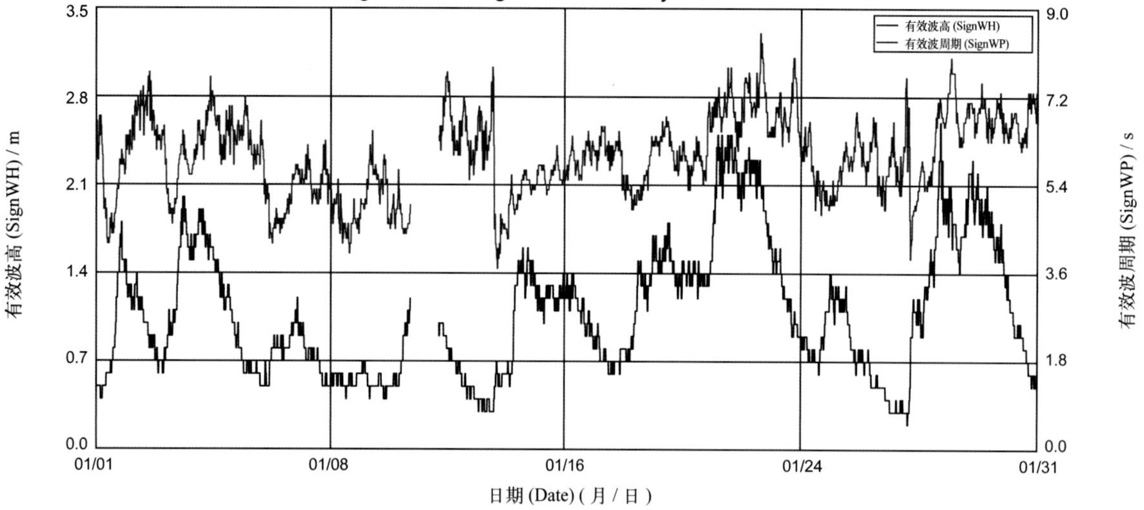

14 号浮标 2012 年 02 月有效波高、有效波周期观测数据曲线
SignWH and SignWP of 14 buoy in Feb. 2012

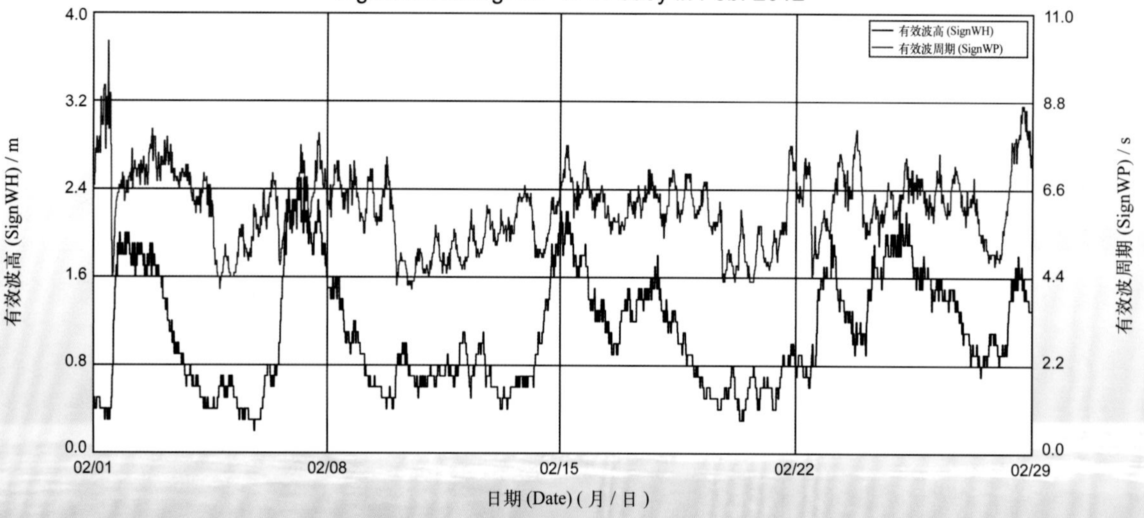

14 号浮标 2012 年 03 月有效波高、有效波周期观测数据曲线
SignWH and SignWP of 14 buoy in Mar. 2012

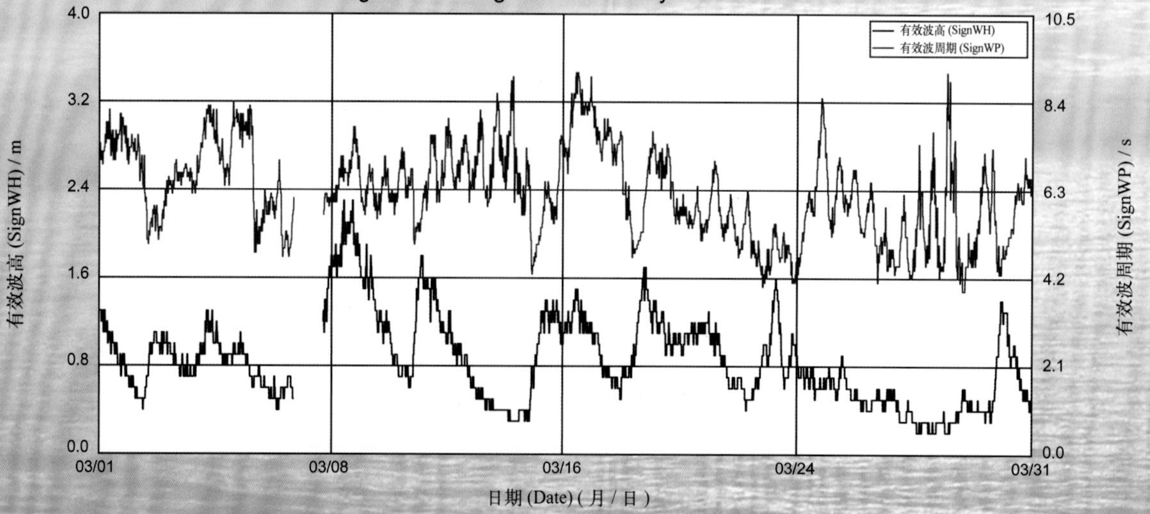

14 号浮标 2012 年 04 月有效波高、有效波周期观测数据曲线
SignWH and SignWP of 14 buoy in Apr. 2012

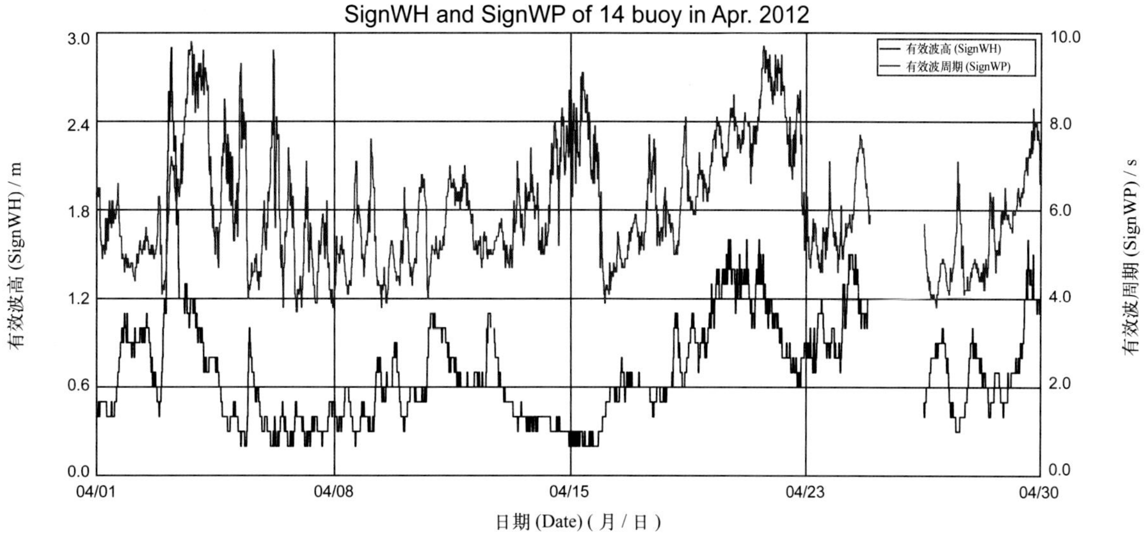

14 号浮标 2012 年 05 月有效波高、有效波周期观测数据曲线
SignWH and SignWP of 14 buoy in May 2012

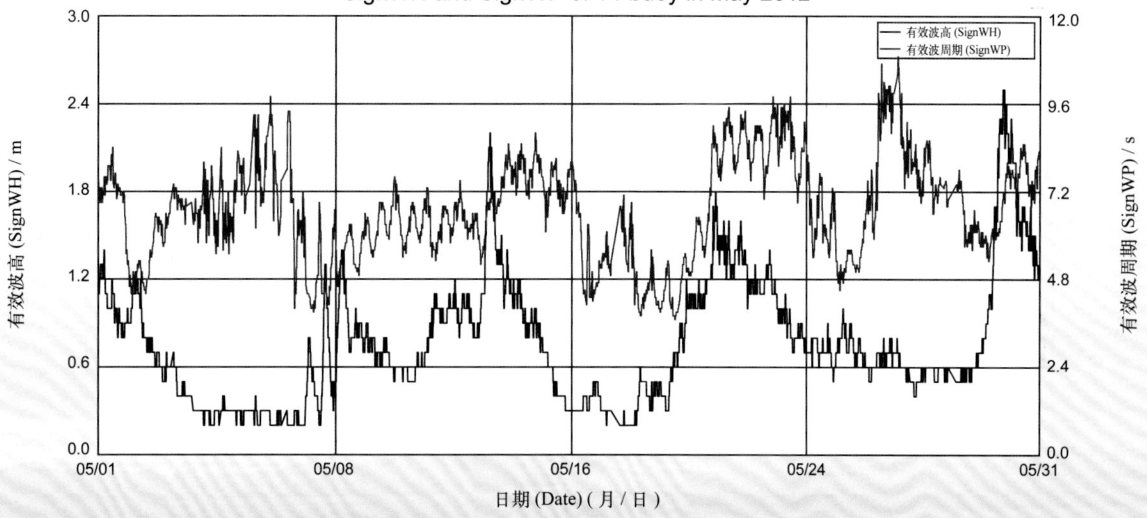

14 号浮标 2012 年 06 月有效波高、有效波周期观测数据曲线
SignWH and SignWP of 14 buoy in Jun. 2012

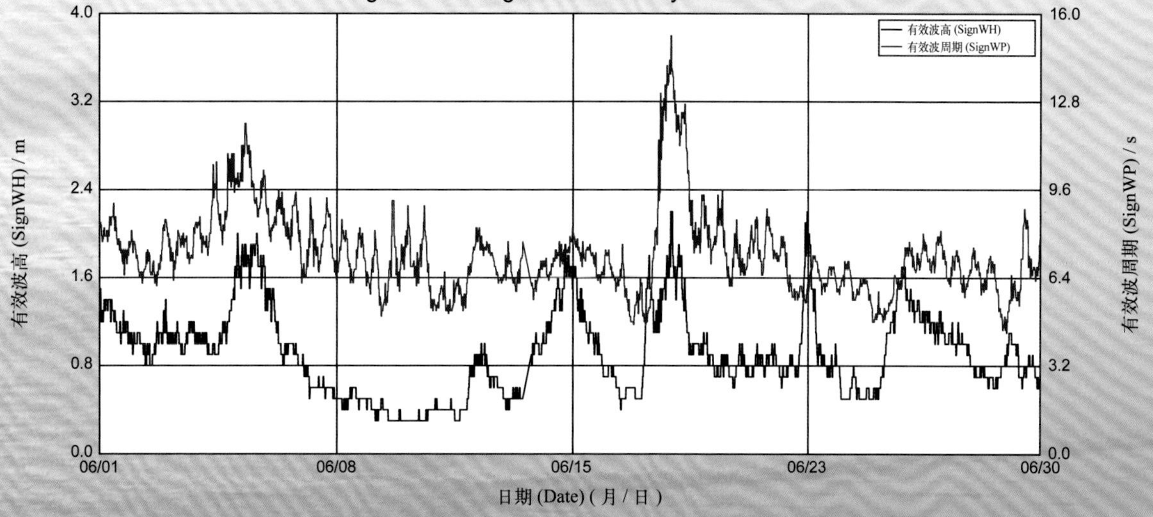

14 号浮标 2012 年 07 月有效波高、有效波周期观测数据曲线
SignWH and SignWP of 14 buoy in Jul. 2012

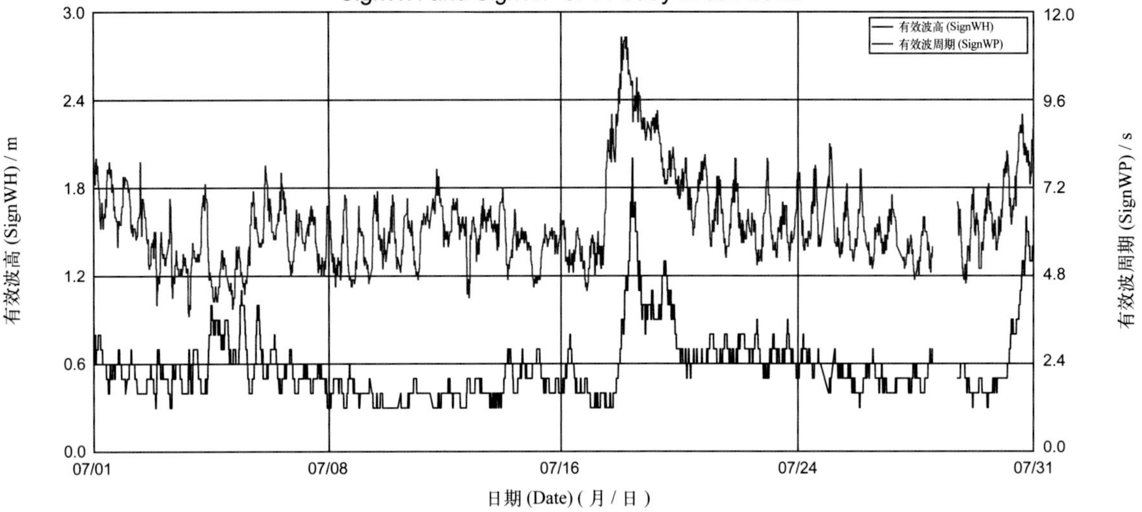

14 号浮标 2012 年 08 月有效波高、有效波周期观测数据曲线
SignWH and SignWP of 14 buoy in Aug. 2012

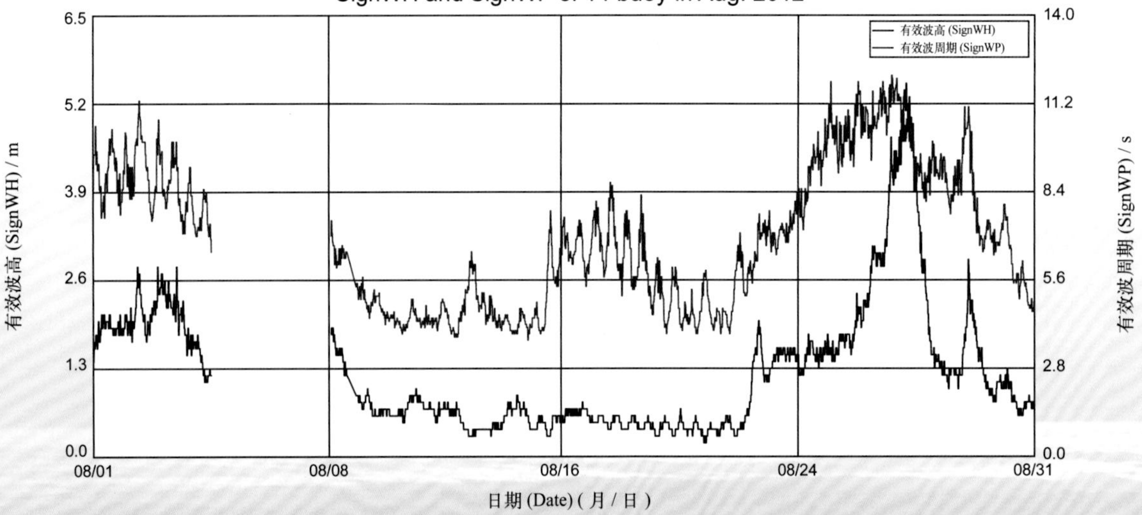

14 号浮标 2012 年 09 月有效波高、有效波周期观测数据曲线
SignWH and SignWP of 14 buoy in Sep. 2012

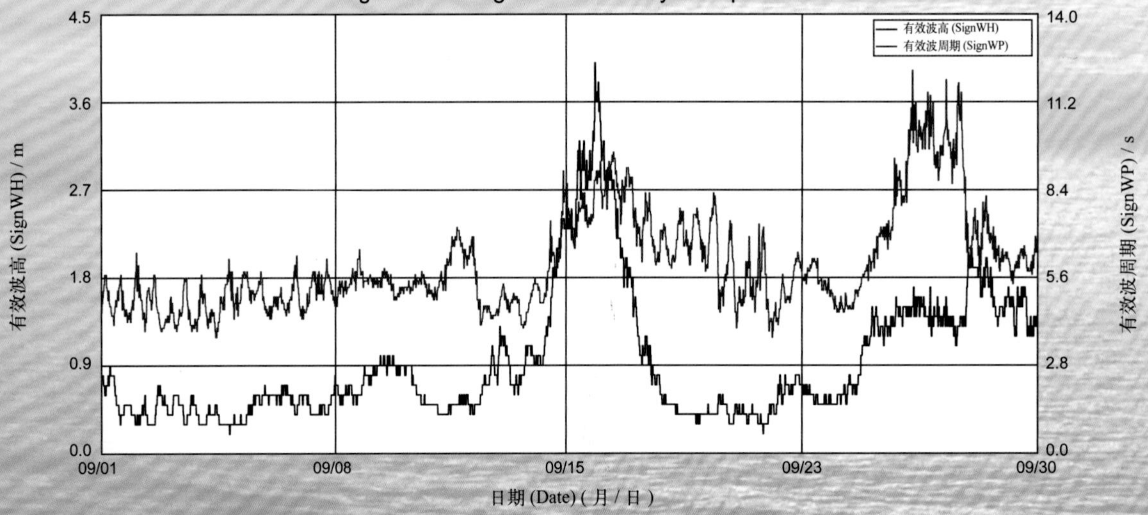

14 号浮标 2012 年 10 月有效波高、有效波周期观测数据曲线

SignWH and SignWP of 14 buoy in Oct. 2012

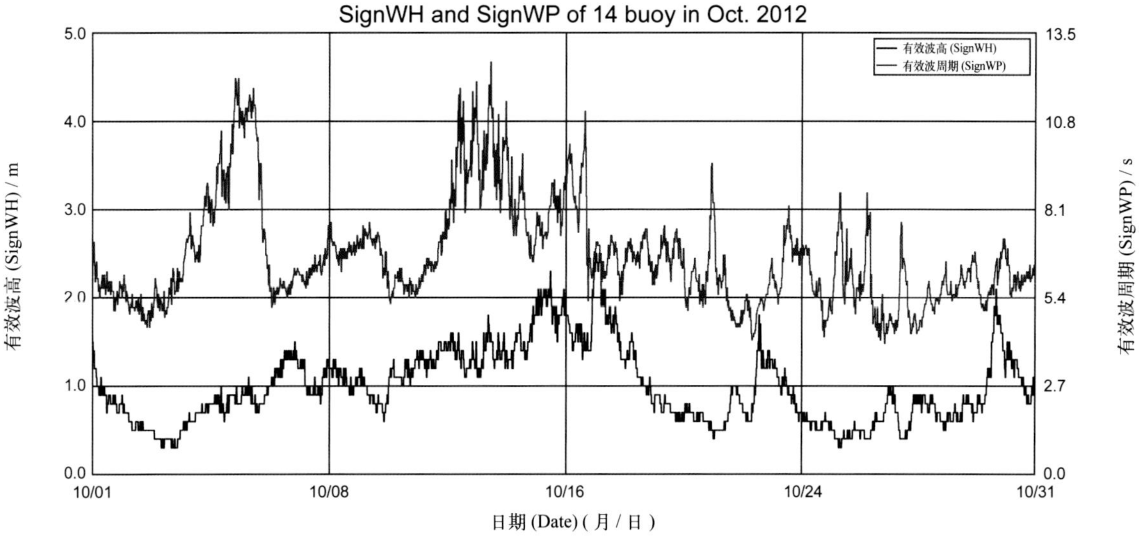

14 号浮标 2012 年 11 月有效波高、有效波周期观测数据曲线

SignWH and SignWP of 14 buoy in Nov. 2012

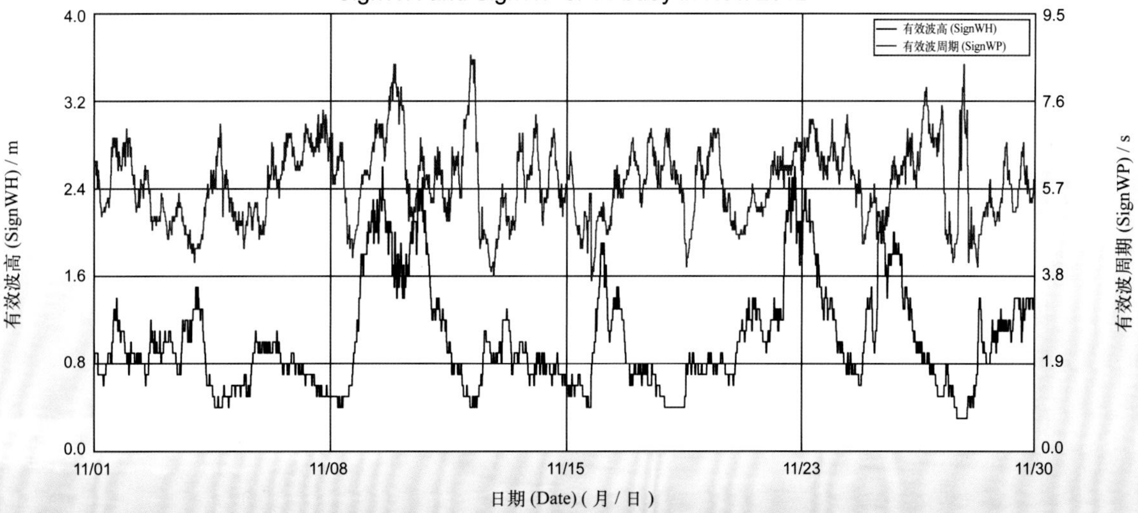

14 号浮标 2012 年 12 月有效波高、有效波周期观测数据曲线

SignWH and SignWP of 14 buoy in Dec. 2012

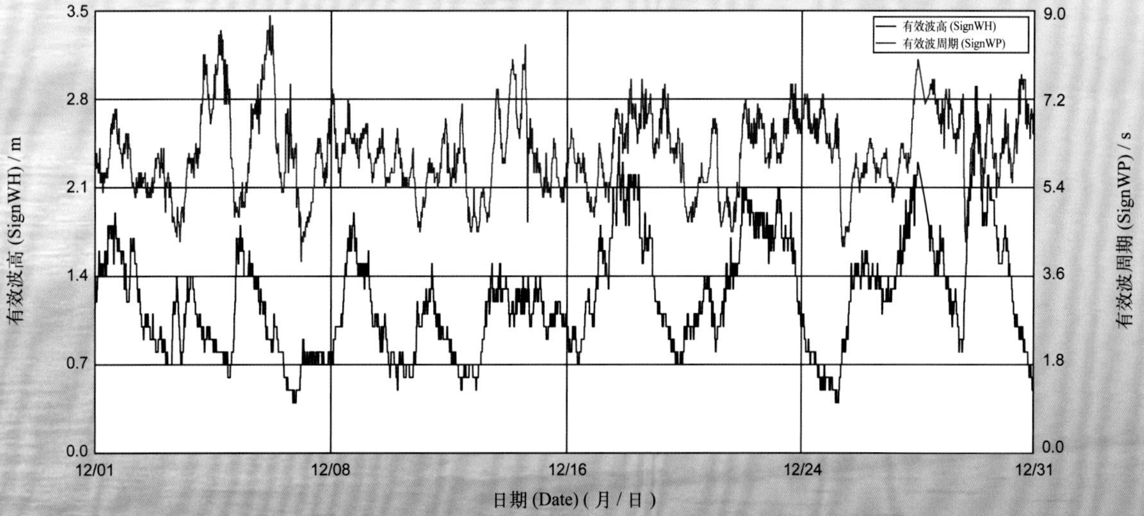

14 号浮标 2013 年 01 月有效波高、有效波周期观测数据曲线
SignWH and SignWP of 14 buoy in Jan. 2013

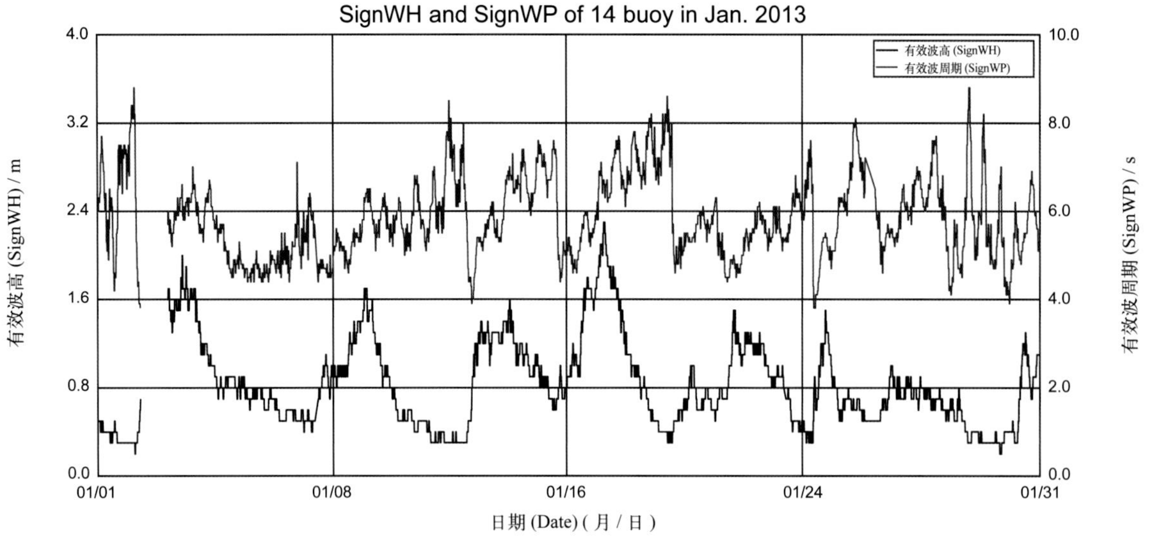

14 号浮标 2013 年 02 月有效波高、有效波周期观测数据曲线
SignWH and SignWP of 14 buoy in Feb. 2013

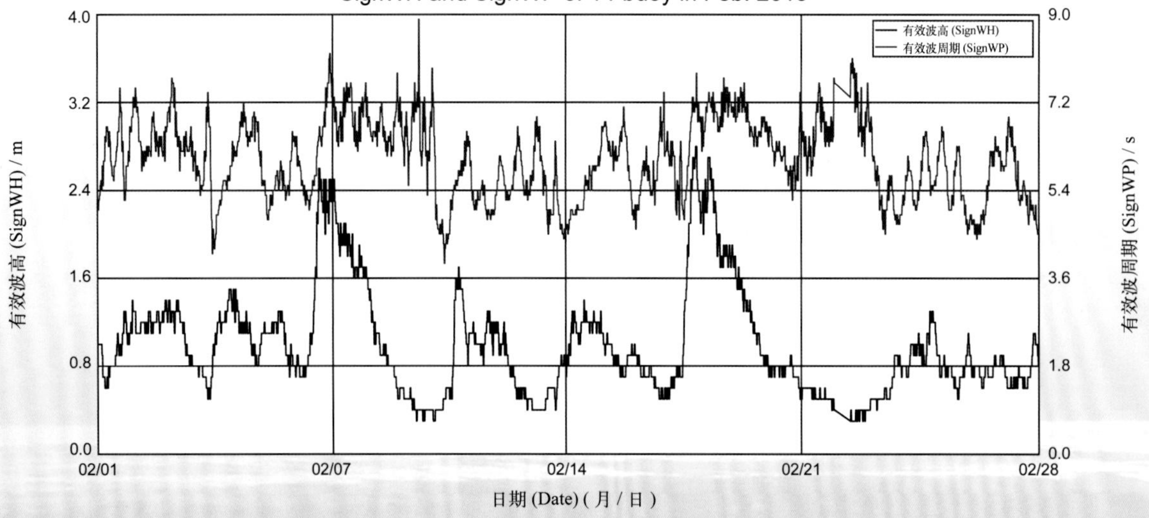

14 号浮标 2013 年 03 月有效波高、有效波周期观测数据曲线
SignWH and SignWP of 14 buoy in Mar. 2013

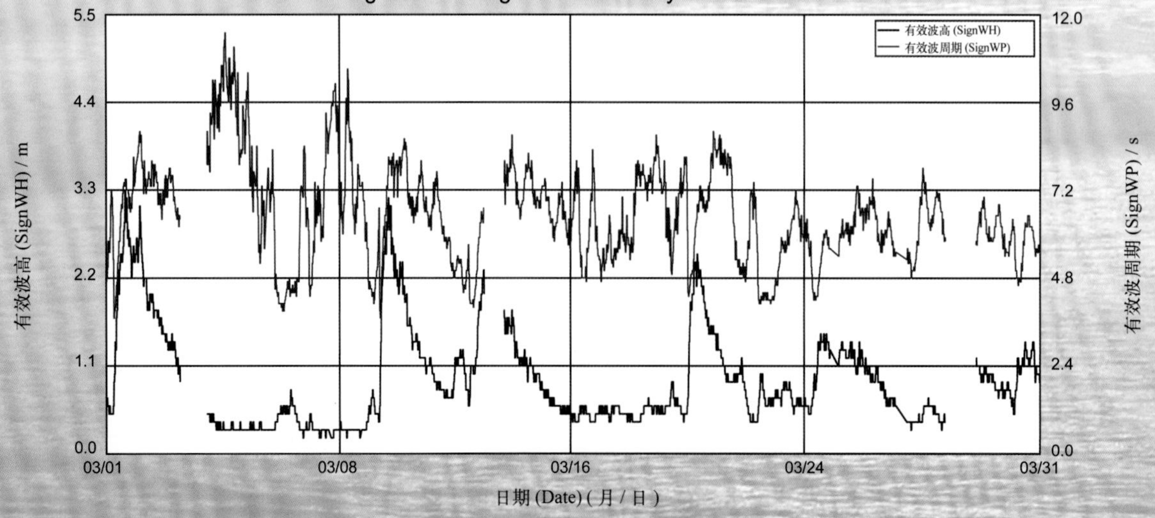

14 号浮标 2013 年 04 月有效波高、有效波周期观测数据曲线
SignWH and SignWP of 14 buoy in Apr. 2013

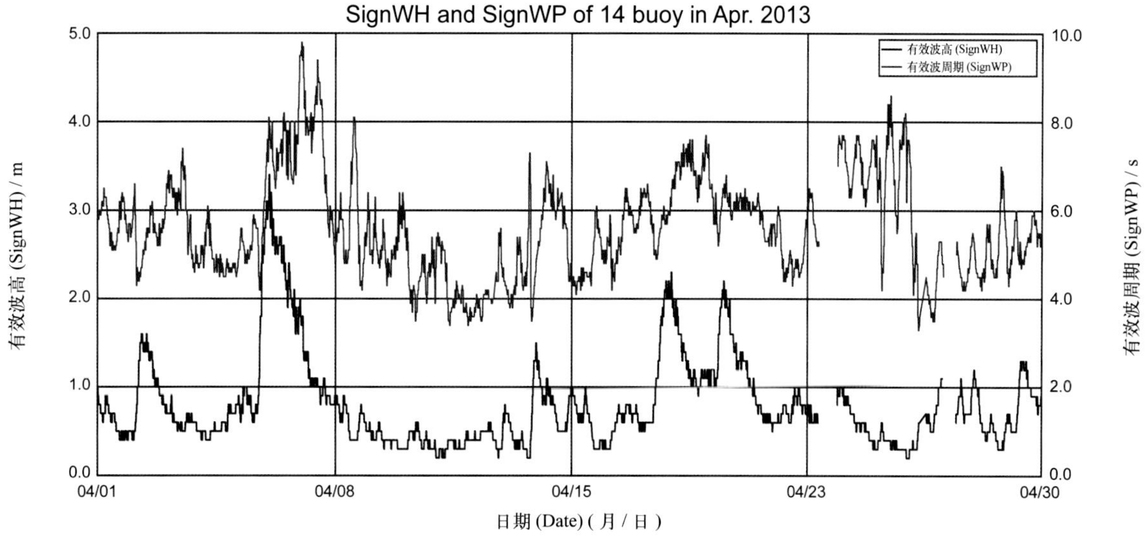

14 号浮标 2013 年 05 月有效波高、有效波周期观测数据曲线
SignWH and SignWP of 14 buoy in May 2013

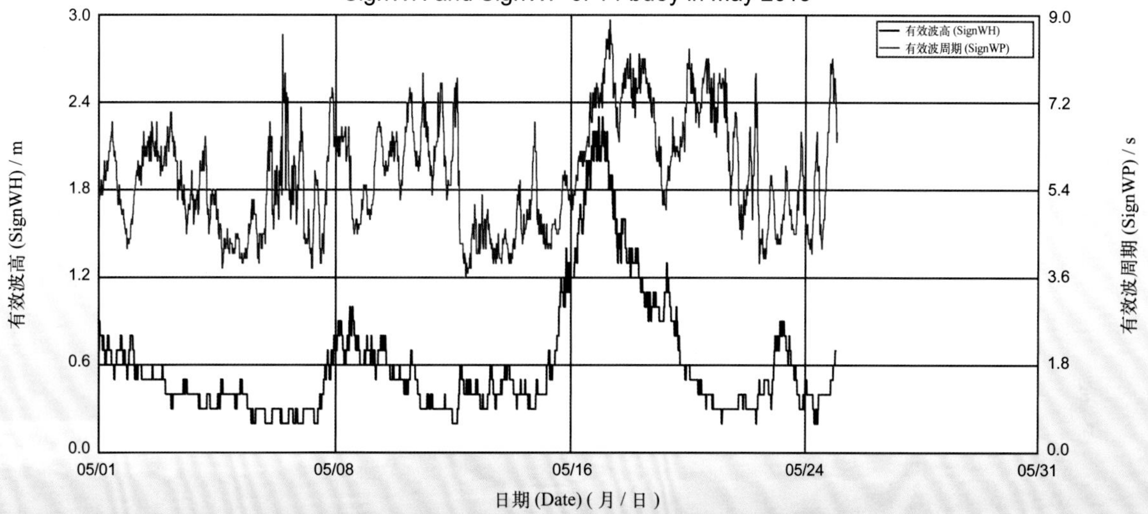

14 号浮标 2013 年 08 月有效波高、有效波周期观测数据曲线
SignWH and SignWP of 14 buoy in Aug. 2013

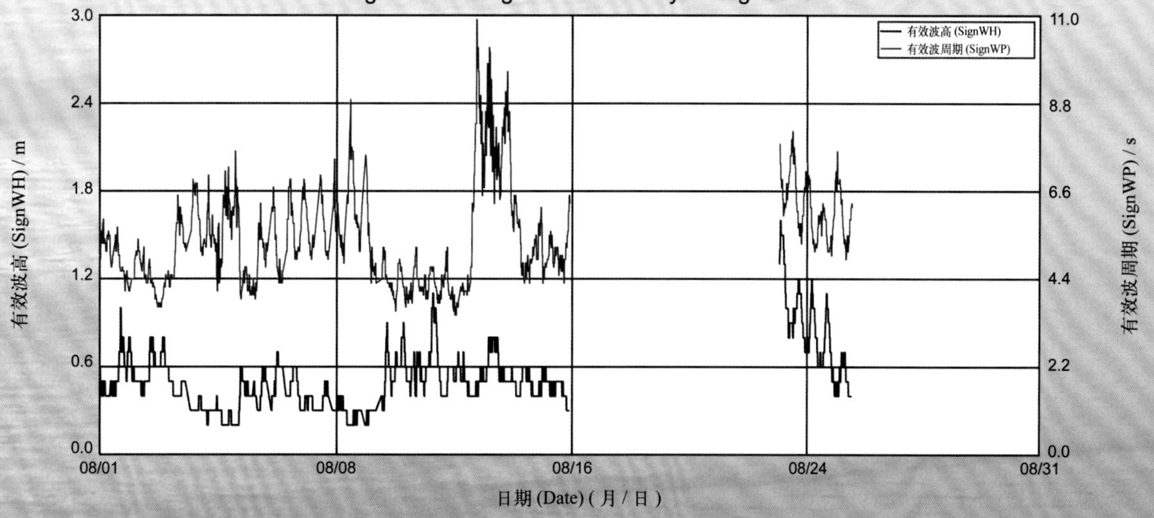

14 号浮标 2013 年 12 月有效波高、有效波周期观测数据曲线

SignWH and SignWP of 14 buoy in Dec. 2013

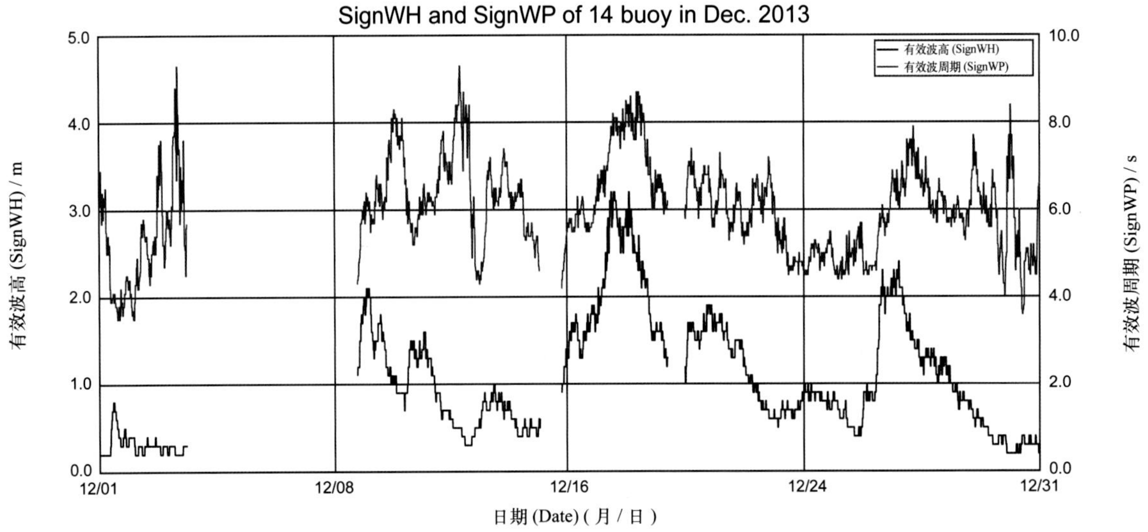